U0369050

大益茶道精品课程

大学茶道教程

（第二版）

吴远之◎主编

知识产权出版社
Intellectual Property Publishing House

作为大学生学习和了解茶道的一本基础教材，本书既有基础茶文化、茶专业知识的介绍，又有茶道核心思想和理念的传达，更有茶道价值观念和研修方法的传授。全书共分9章，从不同角度对茶道的概念、内涵、艺术、文化、科学、风俗、历史、国际交流等方面进行了简明的论述，力求做到思想性与艺术性、理论性与实际操作性、科学性与审美性的结合。

本书可供高校大学生以及茶道爱好者参考使用。

责任编辑：刘　睿　文　茜　　**责任校对**：董志英

文字编辑：徐　浩　　**责任出版**：卢运霞

图书在版编目（CIP）数据

大学茶道教程（第二版）/ 吴远之主编. —北京：知识产权出版社，2013.9

ISBN 978-7-5130-2305-4

Ⅰ. ①大…　Ⅱ. ①吴…　Ⅲ. ①茶－文化－高等学校－教材　Ⅳ. ① TS971

中国版本图书馆 CIP 数据核字（2013）第 228219 号

大学茶道教程（第二版）

Daxue Chadao Jiaocheng

吴远之　主编

出版发行：知识产权出版社
社　　址：北京市海淀区马甸南村 1 号
网　　址：http：//www.ipph.cn
发行电话：010-82000860 转 8101/8102
责编电话：010-82000860 转 8113
印　　刷：北京嘉恒彩色印刷有限责任公司
开　　本：787mm × 1092mm　1/16
版　　次：2013 年 9 月第二版
字　　数：316 千字
ISBN 978-7-5130-2305-4

邮　　编：100088
邮　　箱：bjb@cnipr.com
传　　真：010-82005070/82000893
责编邮箱：liurui@cnipr.com
经　　销：新华书店及相关销售网点
印　　张：19.75
印　　次：2013 年 9 月第二次印刷
定　　价：45.00 元

《大学茶道教程》作为大益茶道精品课程，于 2011 年 10 月由知识产权出版社正式出版。问世两年来，已有三十所高校与大益茶道院建立了合作关系，十多所高校先后开设了大学茶道课程；本书也在各地高校广为传播，颇受大学生的欢迎。天道酬勤，事在人为！一分耕耘，必有一分收获；一分付出，必有一分回报。对此，我们深感欣慰，甚至有一种“回甘”的体验了。借此机会，我们以茶人的诚挚之心，一并向给予本书帮助与指导的各位读者致以深深感谢！

在本书初版过程中，编委会拟订了严谨细致的编写计划，但因时间紧迫，在实际编写时，部分章节的内容与安排难免留下一些有待改进之处。有鉴于此，本书编委会决定于再版之际，对初版中存在的不足进行修订。第一，对部分章节的前后顺序进行了合理调整，以保障全书在结构上更为严谨；第二，对部分文字进行了修订、完善与补充，并新增了案例故事，以增强全书的可读性与实用性；第三，重新排版设计，增加了大量图片，以突出全书的艺术美感，适合大学生的阅读需要；第四，吸收了茶道研究的最新成果，以使其内容更富有时代感。

茶与古典文明结缘，孕育了古老而又神秘的中国茶道。重问茶道，探寻其中所蕴涵的艺术与精神成就，既是一个继承传统的话题，更是一个弘扬文化的命题。从某种意义上说这是一次中华文明的寻根之旅。而在这场追寻、探索、弘扬茶道文明的历程中，大学无疑担当着引领风气之先的重任，青年学子更是系茶道复兴之大任于一身的践行者——“大学在，茶道存；大学生在，茶道永存”。缘此，我们希望借助于《大学茶道教程》一书的出版，推动中国的大学茶道教育日益成熟、茶道学科建设逐步实现、茶道文明之风在高校里进一步普及。而茶道之花在大学生根开花之日，也必是中国茶道重振辉煌之时！在此，愿与诸位茶友读者共勉之。

本书的修订，由吴远之先生负责总体规划，徐学、王宏斌、白薇、高飞燕、陈玉成等几位同事组成了专门的编写小组，进行文本的设计与安排。云南财经大学李香君老师对本书提出了非常中肯的意见和建议；知识产权出版社刘睿女士也一如既往地担负起编辑审校的任务。但限于编写者的水平，不足之处仍在所难免。好在没有永远的成果，只有永远的努力。期望各位能够以一贯的包容之心，对我们的努力进行监督与批评，以便本书可以在下一次修订时更臻完美。

首次出版说明

《大学茶道教程》是大益茶道院专门为非茶学专业的大学生开设茶道公共选修课所编写的一本教材。

2010年6月，大益爱心基金会与全国范围内的高等院校合作，在众多高校建立具有爱心传递、勤工俭学和公益帮扶性质的“大益爱心茶室”。茶室的设立得到了高校的认可，获得了师生的一致好评。在建设爱心茶室的过程中，大益茶道院应邀为在校的大学生讲授关于茶叶、茶道与茶文化的知识，受到大学生的热烈欢迎。我们因此注意到，社会上虽然有各种各样的茶学、茶文化等方面的书籍，众多高校也开设了茶文化公共选修课，却没有专门为非茶学专业的在校大学生编写的教材。经过考虑，我们决定组织大益茶道院的骨干教师编写一本大学生茶道教材。经过一年多的努力，这本能够填补空白的《大学茶道教程》终于面世了。

茶是一种有益于身心健康、能够给人们带来精神享受的优质饮品，它既是传统的，又是现代的；既是品味的，又是艺术的；既是质朴的，又是时尚的。可以说，茶是自然之真、人文之善和艺术之美的化身，具有永恒的生命力。茶在现代意义上，代表一种俭朴而积极的人生态度、一种健康而优雅的生活方式。作为中华民族优秀文化核心的茶道精神，兼具智育、美育与德育之功能，它能够超越时代，为现在的年轻人所接受和喜爱。当代大学生思想活跃，才华横溢，具有较高的综合素质，乐于接受新鲜事物，相信他们也会爱上集健康之饮、和谐之饮、文明之饮与时尚之饮于一身的中国茶。

本书的具体编写分工如下：吴远之先生负责本书的总体构思、统稿以及第六章的编写工作；徐学先生负责第一章、第三章、第四章、第八章的编写；王宏斌先生负责第五章的编写；李乐骏先生负责第四章的编写；宋茜女士负责第七章的编写。高飞燕女士参与了本书后期的修订和完善工作。

本书的出版得到了知识产权出版社文史编辑室刘睿主任以及蔡敏敏、罗慧等编辑的大力支持。她们本身就是品茶、爱茶之人，具备了茶人的奉献与求真精神。同时，浙江树人大学关剑平老师以及北京航空航天大学田真老师在本书的编写过程中也提出了很好的意见，我们对他们的辛勤工作表示衷心的感谢。

由于出版时间较为紧迫，本书疏忽之处在所难免，还请各位同仁多加指教。

目录

第四章 饮茶技艺

下 篇　解茶道

第五章 茶道宗师

第六章 茶道理论

绪论

第一节　为什么要学习茶道

我国是世界上最早发现和利用“茶”的国家，而今茶与可可、咖啡已成为世界三大饮料。“茶为国饮，身心大益”——从解渴生津到醒脑提神、从以茶代酒到以茶行礼、从以茶会友到品茶论道，茶带给人们太多物质上与精神上的满足和享受，可谓是“灵叶天赐，大地恩生”。

茶道是有关人类品茗活动的根本规律，是从回甘体验、茶事审美升华到生命体悟的必由之路。中华茶道是自然之真、人文之善、艺术之美的统一，是待人以真、示人以善、予人以美的统一，更是艺术、仪礼与修行的统一。它包含一整套行之有效的通过品茗来享受生活、完善自我、体悟人生的修行方法——内容丰富、体系完备、形式多样，虽历经千年，仍具有顽强的生命力。一方面，它植根于民族传统文化的深厚土壤，贴近人们的心灵世界，带给人们清静平和的审美体验；另一方面，它与健康、优雅、有品位等现代生活的追求理念相结合，成为一种时尚之饮、快乐之饮和唯美之饮。

之所以提倡当代大学生学习茶道知识，是因为茶道是中华民族的传统文化，包含人文理念、文化修养、品德教育、人格塑造等方面的内容。在大学开设茶道学课程很有必要，它有利于丰富大学生的校园文化生活，提升大学生的人文素养，塑造完美人格。

一、弘扬传统文化，增强民族自豪感

茶文化传统而古老，茶道是茶文化的核心内容。从唐代至今，不少文人雅士对不同历史时期的茶道进行了搜集和整理，并使之系统化、科学化、艺术化，向世人展现了茶道历史的传承性、内容的广泛性、思想的深刻性。

众所周知，中国茶道是中华五千年文明史的重要组成部分，近年来备受世人瞩目，在国内外掀起了学习和研究茶道的热潮，不同领域的学者也纷纷涉足茶文化领域，使茶道的内涵不断丰富、外延不断扩大。茶树起源于中国，茶文化和茶道亦源于中国。东方传统文化底蕴所释放出的强大融合力，以及勤劳智慧的中国人民所具有的特别灵感，使饮茶上升为一种高层次的文化，这是中国人引以为豪的事情。作为新时期的大学生，继承和弘扬古代传统文化，责无旁贷。通过学习，大学生对茶道将会有一个明确的认识，爱国热情与民族自豪感也会增强。

二、丰富知识结构，适应社会发展

社会的发展和进步已经对新时期的人才提出了更高的要求，复合型和高素质的人才成为社会的需要。因此，有关专业的大学生，特别是理工科的学生，有必要将茶文化纳入自己的知识结构中，以便适应社会的实际需要，并给自己带来丰富多彩的生活。茶道根植于华夏文化，汲取了古代哲学、美学、伦理学、文学和艺术等理论，与传统文化中的儒、释、道思想也具有千丝万缕的联系。在几千年的技术探索、生产实践、商业流通等活动中，逐渐形成并发展出了茶树栽培及茶的制造技术、品饮规范、欣赏艺术、饮茶礼仪，并由此带动了茶学经典著作的问世，如《茶经》《大观茶论》，继而形成了茶道与茶文化。从某种意义上讲，茶文化是一个具有丰富内容、深刻思想内涵的动态文化体系。掌握这些文化知识，可以充实大学生的知识结构，拓宽人生的视野，培养生活的品位。

三、锻炼综合能力，提高审美素养

茶道知识既可以丰富大学生的校园生活，也可以培养出一种健康、高雅、时尚的生活方式。比如，以茶会友就是一种陶冶情操和增进友谊的方式；举办各种茶会有益于锻炼大学生社会实践的综合能力；参与公益活动有益于大学生养成回报社会、服务他人的良好品质；参加茶艺表演有益于提高大学生的艺术修养等。

茶道中的美育功能对培养大学生的审美意识有积极的引导作用。当前大学生处在一个信息多元化的时代，各种审美思潮并存；让大学生保持一种积极、健康的审美态度，需要多方面的共同努力。而茶道中传统的美学理念如“洁、静、正、雅”，恰可以为大学生树立一个良好的标杆，引导他们对传统审美观的认同和接受，提高审美修养。

茶道是大爱与大美的结合。茶道的美在于物质之美和精神之美。物质之美在茶的色、香、味：茶之色清新怡人，茶之香悠远轻盈，茶之味甘爽清洌。而品茶的物质之美，就在于茶能给人以直接的愉悦感受。精神之美则是品茶之美的另一重境界——意境之美。这是在茶的清香、甘爽所带来的愉悦感受的基础上，升华而来的意境：高山、流水、松涛、田园……意境之美能释放紧张的压力、舒缓烦恼的心情，将人带到一个轻松、闲适的氛围中。另外，由饮茶而创作的诗、画等艺术作品则是意境之美的提练。诗歌因其独有的韵律和意境表现力，而与茶道结合紧密。可以说，茶道与美学有着密不可分的联系。

四、树立正确的人生观，有益于德育建设

茶是健康之饮、文明之饮、和谐之饮。茶之“淡泊、清纯、朴实、自然”的品格与当今建设和谐社会所倡导的“艰苦朴素”“廉洁奉公”“助人为乐”“奉献爱心”等高尚精神是一致的，这种品格正是当今建设社会主义祖国所需要的。茶业工作者、茶文化研究人员历来倡导这种精神，当代大学生是祖国的未来，更需要具备这种精神。大学时代正是世界观、人生观形成的关键时期，茶道课程可成为塑造大学生思

想观念的重要课程之一。

茶道精神对大学生素质教育尤其是德育大有裨益。借助于古朴纯真的“洁、静、正、雅、守、真、益、和”等茶道理念，可以培养大学生自省和宽以待人的品质，而茶中的君子之道，更是有助于他们克服性格中的弱点，以宽厚、包容的心态对待他人，进而养成健全的人格品质。

茶道的德育功能，还体现在正向引导和修正因现代社会高速发展而引发的“快餐文化”所带来的负面影响上。“快餐文化”源自西方发达国家，是工业文明高度发达的产物。它在给生活带来方便快捷的同时，也会给人的价值取向带来不少负面影响，如容易滋生功利主义、享乐主义等思想，而青少年因心智尚未成熟，更易受其影响。茶道则具有厚重的文化底蕴、质朴平和的精神品质。在大学生中加强此类教育，有利于挖掘传统文化的思想精髓，引导大学生充分理解人与自然的和谐统一、相互包容，进而摈弃浮躁心态，踏踏实实做事，认认真真做人。

总之，茶是中华民族的举国之饮，中华茶道内涵丰富、异彩纷呈。在青年学生中传播茶道，培养品学兼优的栋梁之才，是确保传统文化优秀成果得以传承的重要途径。此外，在弘扬民族文化、激发大学生的爱国热情、促进国际茶文化交流等方面也有重要意义。

第二节　大学茶道课程介绍

一、课程的性质与目的

作为大学生学习和理解茶道的一门基础课教材，本书既有基础性的茶文化、茶专业知识的介绍，又有茶道核心思想和理念的传达，更有茶道价值观和研修方法的讲授。教材力求做到思想性与艺术性、理论性与实际操作性、科学性与审美性的结合，在课程设置与教学方法上具有一定的独创性和学术价值。

大学茶道课程属于茶文化学科的范畴。茶文化学科包括茶的自然科学、人文科学、社会科学，而茶文化属于茶的人文社会科学。茶道作为茶文化的核心构成，属于茶学科研究的范畴。大学茶道课程具有较为广泛的适用性，教学定位主要为：（1）非茶学专业的大学生素质教育课，为公共选修课程；（2）茶学专业学生的学习参考资料；（3）茶文化爱好者的研读资料。

在全日制高校设置大学茶道课程，其根本目的在于充分发挥茶道课程的人文性、艺术性、文化性和实践性等特点，适应当代人文科学与自然科学日益交叉渗透的发展趋势，丰富大学生活，提高人文素养，培养健康的生活意识与理念，为我国的社会主义现代化建设培养具有全面素质的优秀人才。

二、课程的内容体系

大学茶道课程主要由九章组成，分别从不同角度对中国茶道的概念、内涵、历史、文化、艺术、科学、风俗、国际交流等进行较为简明的论述。

（1）第一章主要介绍茶叶简史，包括茶的起源以及饮茶的历史演变等内容。

（2）第二章介绍茶叶的基础知识，包括认识茶树、茶的分类以及保健，主要是为学生掌握茶道和茶文化的体系打下基础。

（3）第三章主要介绍茶具的定义、发展历史和基本类别，重点对紫砂壶的发展源流、代表人物及艺术特色等进行描述。

（4）第六章主要介绍提升茶道技艺的几种要素，从茶、水、器、境等方面，介绍了泡好一杯茶的技巧和方法。

（5）第五章重点介绍一代茶道宗师陆羽的生平事迹、伟大成就与精神风范，特别是对《茶经》的主要内容作生动形象的解读。

（6）第六章主要介绍茶道的定义，在阐述回甘体验、茶事审美与生命体悟的基础上，说明茶道宗旨、美学纲领与修心法则等内容，并进一步介绍茶道的文化渊源以及大益职业茶道师体系。

（7）第七章着重介绍茶道的研修方法，包括茶道研修的基础茶式、茶道常见的礼仪和规范、茶会组织的基本方法、公益实践活动的参与等内容。

（8）第八章主要介绍茶道与文学、艺术的发展关系，包括茶与诗歌、小说、音乐、绘画等艺术形式的结合，重点对茶诗进行较为深入的讲解。

（9）第九章主要对茶道的对外传播史进行梳理，着重讲解日本茶道、韩国茶道，并对各国茶俗加以介绍。

三、课程的主要特色

（一）注重基础知识、基本概念的讲授

本课程主要面向非茶学专业的大学生，教材注重由浅入深的教学安排，并辅以教学图片，形象生动地展现茶道文化的魅力；尤其是对于重要知识点的阐述，力求做到准确、客观、表述到位，让学生能够清楚地掌握各个基本点。

（二）注重教材的系统性和完整性

以中国茶道为核心的理论体系与实践方法具有较好的完整性、协调性，各个组成部分之间不存在相互矛盾之处。教材论述有条不紊，力求严谨，符合逻辑。

（三）突出课程的创新性与独特性

本课程的创新之处有三个方面：一是明确提出茶道的理论体系，包括茶道的定义、宗旨、美学纲领与修心法则等内容，并对茶道宗师陆羽的茶道精神与伟大成就进行阐述；二是茶道研修的方法，除了基础茶式外，还介绍了茶会组织与公益实践，特别是对公益实践的提倡，是一种创新；三是在课程的编排上，每章都安排“拓展阅读”，介绍一些古今中外著名的茶文化知识与典故，以拓展学生的文化视野。

（四）注重课程的趣味性与艺术性

本课程设置诸多有关茶的趣味话题，如茶的传说、茶人故事、饮茶养生、各国各民族的饮茶习惯等内容，增加了茶道的艺术表演等内容，尽量做到通俗易懂、雅俗共赏，旨在帮助学生在轻松愉快的学习中，了解中国茶道的基本知识，体会饮茶的情趣。

四、课程的学习方法

开展茶道教育，需要讲究一定的学习方法。现代教育强调培养学生的综合素质，尤其重视实践能力和创新精神，而茶道中所包含的教育资源和特有的社会交往功能，恰恰符合现代教育的需要。茶道源于生活，通过教育活动还将影响乃至提高生活的质量。

（一）理论学习与实践体验相结合

茶道课程是一门思想内涵与文化品位并重的课程，在课程设置上体现了作为人文之道载体的特点；在学习方法上，讲究知行合一，理论与实践相结合。本课程一方面安排讲授茶叶历史、茶的分类、茶道宗师、茶道理念等方面的内容；另一方面，也安排了茶道实践和研修体验，让学生学习基础茶式，并自己动手泡茶，有条件的还可以进行茶道表演，从而怡情悦性，感受茶道的魅力。同时，鼓励学生参加各种茶会，既可以交流思想，增进彼此的友谊，又可以锻炼组织能力。此外，公益实践也是促进自我人格提升的绝好方式，可以让学生更好地理解茶人的奉献精神。

（二）课堂学习与课外学习相结合

本书的每个章节都安排了复习题，包括名词解释、简答题、论述题等多种形式，学生可以结合这些复习题来掌握各章的主要知识点。同时，课堂讲授只是学习知识的一种方式，我们鼓励学生多读相关课外书籍。先贤孔夫子教导我们："行有余力，则以学文。"中国茶道与茶文化历史悠久且意境高远，涉及诸多传统文化如哲学、宗教、文学、历史等方面的知识，需要学生利用空闲时间勤读书、读好书，并加以学习、整理。

上篇 初识茶

云南省勐海八达贺松山野生古茶树

①（宋）刘松年《茗园赌市图》
②（明）王问《煮茶图》
③（清）佚名绘《卖茶汤图》
④ 风炉

①茶百戏

②干燥

①各种形态的茶叶

②乔木型茶树：傣家老太踩在树上摘茶叶

①

②

①大树茶与台地茶对比（特大叶类与小叶类茶叶对比）
②茶果
③勐海巴达基地全景照

①（唐）邢窑茶具模型及瓷塑读经人物
②怡心壶

①

②

①蒋蓉荷花壶
②竹之溪
③曼生石瓢提梁
④供春壶
⑤菱花石瓢

泡茶程序

①烫壶

②置茶

③温杯

④高冲

⑤低泡

⑥分茶

⑦敬茶

⑧闻香

⑨品茶

1 Chapter

第一章 茶叶简史

第一节
茶之源

一、茶树的起源地是中国

茶树原产于中国，自古以来便为世界所公认。茶，英语的表达为“tea”。茶的学名最早见于1753年瑞典植物学家林奈的《植物种志》，他在书中把茶的学名定为“Thea Sinensis”。“Sinensis”是拉丁文“中国”的意思。

19世纪初，关于茶的原产地却发生了一场争执。1824年，驻印度的英国少校勃鲁士（R.Bruce）在印度阿萨姆省沙地耶（Sadiya）的山区发现野生茶树后，对中国为茶树的发源地说提出质疑，随后掀起了一场有关茶树原产地的百年争论。国外学者中的质疑者以印度野生茶树为依据，认为中国没有野生茶树。但大多数学者通过对茶树的分布、变异、亲缘、细胞遗传等作了大量调查研究后，均认为中国才是茶树的原产地。1935年，印度茶业委员会组织了一个调查团，对印度的野生茶树进行仔细考察后发现，该野生茶树与从中国引入印度的茶树同属中国茶树之变种，即过渡型茶树；至于茶树的某些差异，乃是野生已久的缘故。

其实，中国在公元200年左右的《尔雅》中就提到野生大茶树，三国时期《吴普·本草》中也有野生大茶树的记载。陆羽《茶经》开篇之语即是“茶者，南方之嘉木也”。宋代沈括《梦溪笔谈》中说：“建茶皆乔木。”明代《大理府志》载“点苍山……产茶树高一丈”等。

现今的资料表明，全国有10个省区198处发现野生大茶树。云南西双版纳仍存在野生茶树及大量的古茶园，如云南勐海南糯山栽培型古茶树树龄达 800 年，勐海巴达贺松寨野生古茶树树龄达 1 700 年；云南镇沅哀牢山千家寨野生古茶树树龄达 2 700 年。仅是云南省内树干直径在 1 米以上的野生茶树就有十多株，有的地区野生茶树群落大至数千亩。自古至今，我国已发现的野生大茶树，时间之早、树体之大、数量之多、分布之广、性状之异，堪称世界之最。

近几十年来，我国学者在研究视角上将茶学和植物学研究相结合，从树种、地质变迁和气候变化等不同角度，对茶树原产地作了更加细致深入的分析和论证。陈椽教授认为，从自然条件和地理分布看，我国都是最早发现野生大茶树的国家，尤其是在云南，是目前发现野生大茶树最多的地方。[1] 茶树通过发源于云南山脉的河流从原产地向外传播，所在江河流域两岸都蕴藏着野生的茶树，类似原产地区的大茶树。而四川、贵州、广西和缅甸、老挝、越南以及泰国的北部，因为邻近云南，所以也可以说是茶树原产地的边缘地带。陈兴琰教授在其著作《茶树原产地——云南》中也认为，茶叶是热带、南亚热带形成的物种，逐渐向中亚热带、北亚热带蔓延，为了适应环境和条件而慢慢变成中叶种和小叶种。我国著名茶学专家庄晚芳从社会历史的发展、大茶树的分布及变异、古地质变化、“茶”字及其发音、茶的对外传播五个方面对茶的原产地问题作了深入细致的分析后，认为把茶树的原产地定位在我国云贵高原以大娄山脉为中心的地域较为确切。概括而言，这些研究主要从以下三个方面，进一步证实了我国西南地区才是世界茶树之源。

（一）从茶树的自然分布来看

目前所发现的山茶科植物共有 23 属、380 余种，而我国就有 15 属、260 余种，且大部分分布在云南、贵州和四川一带。已发现的山茶属有 100 多种，云贵高原就有 60 多种，其中以茶树种占最重要的地位。从植物学的角度说，许多属的起源中心在某一个地区集中，即表明该地区是这一植物区系的发源中心。山茶科、山茶属植物在我国西南地区的高度集中，说明我国西南地区就是山茶属植物的发源中心，当属茶的发源地。

---

[1] 陈椽：《茶叶通史》，中国农业出版社 2008 年第 2 版。

（二）从地质变迁来看

西南地区群山起伏，河谷纵横交错，地形复杂多样，形成了许许多多的小地貌区和小气候区。在低纬度和海拔高低相差悬殊的情况下，气候差异大，使原来生长在这里的茶树，分布在了热带、亚热带和温带等不同的气候中，从而导致茶树种内变异，发展成热带型和亚热带型的大叶种和中叶种茶树，以及温带的中叶种及小叶种茶树。植物学家认为，某种物种变异最多的地方，就是该物种起源的中心地。我国西南三省是我国茶树变异最多、资源最丰富的地方，当是茶树起源的中心地。

（三）从茶树的进化类型来看

茶树在其系统发育的历史长河中，总是处于不断进化之中。茶树按照其进化类型来说，分为原始型（野生型）、过渡型和栽培型。因此，凡是原始型茶树比较集中的地区，当属茶树的原产地。我国西南三省及其毗邻地区的野生大茶树，具有原始茶树的形态特征和生化特性，也证明了我国的西南地区是茶树原产地的中心地带。

二、茶树的分布

我国茶树栽培历史悠久，是世界上最古老的茶叶生产国。之后，我国直接或间接将茶籽、茶苗传入世界其他国家，逐渐发展形成现今的世界茶产地。到现在为止，茶树究竟在中国哪几个省种植？在世界上又是怎样分布的呢？要了解这些问题，应该仔细研读茶树的中国分布和世界分布。

（一）中国茶区分布

茶树适生地区辽阔，自然条件优越。随着种植技术的不断改进和提高，茶树种植区域也不断扩大。

中国茶区最早的文字记述始于唐朝陆羽《茶经》，在该书“八之出”中，他将当时植茶的 43 个州、郡划分为 8 个茶区。

（1）山南茶区：峡州、襄州、荆州、衡州、金州、梁州；

（2）淮南茶区：光州、舒州、寿州、蕲州、黄州、义阳郡；

（3）浙西茶区：湖州、常州、宣州、杭州、睦州、歙州、润州、苏州；

（4）剑南茶区：彭州、绵州、蜀州、邛州、雅州、泸州、眉州、汉州；

（5）浙东茶区：越州、明州、婺州、台州；

（6）黔中茶区：思州、播州、费州、夷州；

（7）江南茶区：鄂州、袁州、吉州；

（8）岭南茶区：福州、建州、韶州、象州。

陆羽列举的这些茶叶产地，只是评定各地茶叶品质时所列的典型和代表，而非全部产地。

由《茶经》和唐代其他文献记载来看，唐代茶叶产区已遍及今云南、贵州、四川、陕西、湖北、湖南、广西、广东、福建、江西、浙江、江苏、安徽、河南 14 个省区；而其最北处，已达到河南道的海州（今江苏连云港）。从总体上看，唐代的茶叶产地已达到与近代茶区相似的局面。

现如今，中国茶区分布在北纬 18°～37°、东经 94°～122° 的广阔范围内，有云南、贵州、四川、陕西、湖北、湖南、广西、广东、福建、江西、浙江、江苏、安徽、河南、山东、台湾、海南、甘肃、西藏 19 个省区的上千个县市，地跨中热带、边缘热带、南亚热带、中亚热带、北亚热带和暖日温带。在垂直分布上，茶树最高种植在海拔 2 600 米的高地上，而最低地仅距海平面几十米至 100 米。

我国茶区辽阔，茶区划分采取 3 个级别：一级茶区，系全国性划分，用于宏观指导；二级茶区，系由各产茶省区划分，进行省区内生产指导；三级茶区，系由各地县划分，具体指挥茶叶生产。

国家一级茶区分为 4 个，即江北茶区、江南茶区、西南茶区、华南茶区（见图 1-1）。

1. 江北茶区

南起长江，北至秦岭、淮河，西起大巴山，东至山东半岛，包括甘南、陕西、鄂北、豫南、皖北、苏北、鲁东南等地，是我国最北的茶区。江北茶区地形较复杂，茶区多为黄棕土，土质黏重；部分茶区为棕壤；不少茶区酸碱度略偏高。茶树大多为灌木型中叶种和小叶种。

图 1-1　中国茶区分布图

2. 江南茶区

在长江以南，大樟溪、雁石溪、梅江、连江以北，包括粤北、桂北、闽中北、湘、浙、赣、鄂南、皖南、苏南等地。江南茶区大多处于低丘低山地区，也有海拔在 1000 米的高山，如浙江的天目山、福建的武夷山、江西的庐山、安徽的黄山等。江南茶区基本上为红壤，部分为黄壤，种植的茶树大多为灌木型中叶种和小叶种，以及少部分小乔木型中叶种和大叶种。该茶区是发展绿茶、乌龙茶、花茶、名特茶的适宜区域。

3. 西南茶区

在米仓山、大巴山以南，红水河、南盘江、盈江以北，神农架、巫山、方斗山、武陵山以西，大渡河以东的地区，包括黔、川、滇中北和藏东南。西南茶区地形复杂，大部分地区为盆地、高原。土壤类型亦多，在滇中北多为赤红壤、山地红壤和棕壤；在川、黔及藏东南则以黄壤为主。西南茶区栽培茶树的种类也多，有灌木型和小乔木型茶树，部分地区还有乔木型茶树。该区适制红碎茶、绿茶、普洱茶、边销茶和名茶、花茶等。

4. 华南茶区

位于大樟溪、雁石溪、梅江、连江、浔江、红水河、南盘江、无量山、保山、盈江以南，包括闽中南、台、粤中南、海南、桂南、滇南。华南茶区水热资源丰富，在有森林覆盖下的茶园，土壤肥沃，有机物质含量高。全区大多为赤红壤，部分为黄壤，汇集了中国的许多大叶种（乔木型和小乔木型）茶树，适宜制红茶、六堡茶、大叶青、乌龙茶等。

（二）世界茶区分布

根根据茶叶生产分布和气候等条件，世界茶区可分为东亚、东南亚、南亚、西亚、欧洲、东非和南美 7 个主要区域（见图 1-2）。

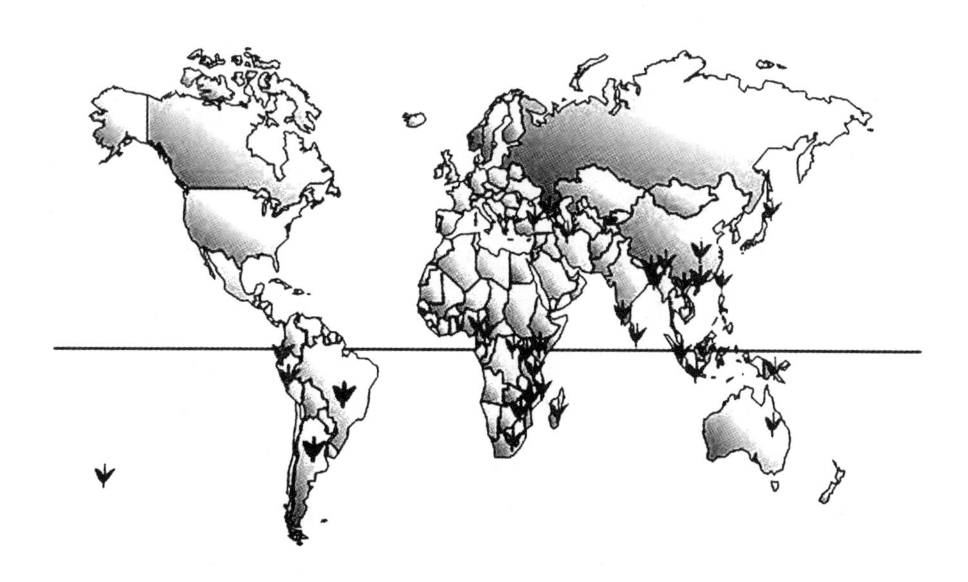

图 1-2　世界茶区分布图

（1）东亚茶区主产国有中国、日本，两国产量约占世界总产量的 23%。

（2）南亚茶区产茶国有印度、斯里兰卡和孟加拉三国，所产茶叶约占世界总产量的 44%，总出口量的 50%，是世界茶叶的主产区。

（3）东南亚茶区位于中国以南、印度以东，产茶国家有印度尼西亚、越南、缅甸、马来西亚，所产茶叶占世界总产量的8%。

（4）西亚、欧洲茶区主要产茶国有欧洲的葡萄牙和亚洲的格鲁吉亚、阿塞拜疆、土耳其、伊朗等，所产茶叶约占世界茶叶总产量的14%。

（5）东非茶区主要产茶地区有东非、南非、中非及印度洋中的部分岛屿，其中产量以东非的肯尼亚为最多，占世界总产量的2%左右。

三、中国茶产业的发展趋势

新中国成立后，中国茶业蓬勃发展，取得了长足的进步。目前，中国已经成为全球最大的茶叶生产国和第二大茶叶出口国。据中国食品土畜进出口商会提供的资料，2010年全球茶叶生产总量406.7万吨，中国以137万吨的产量位居首位；茶叶种植面积197万公顷，居世界第一位；茶叶农业产值530亿元，亦居世界第一位。尽管面临人民币升值、生产资料和劳动力成本上升等诸多不利因素，中国茶叶出口量仍达到30.24万吨，居世界第二，茶叶出口金额创历史新高，达7.84亿美元。

但同时，我国茶产业还存在明显的不足：一是有名茶，无品牌。我国有大概2 000个茶叶生产县，约8 000万事茶人员，地域名茶的知名度远远超过茶叶品牌的知名度，知名的茶叶与茶企品牌屈指可数，业内人士称之为“有名无姓”。二是厂家众多，大企业少。从事生产的厂家数量众多，全国茶叶生产加工企业有6.7万家，大多为中小型企业，生产规模、生产能力、管理水平等有所局限，有品牌、有实力、有规模的全国性大企业屈指可数，即便是龙头企业，与很多行业的龙头相比也存在较大差距。三是资源分散，缺少整合。中国茶叶资源分散、生产分散，出口一直以散装为主，只能充当国外品牌茶叶的原料供应商。中国出口茶叶在国际市场上平均每千克仅值2美元左右，平均茶价比印度低四成，比斯里兰卡低六成多，甚至比肯尼亚的茶叶价格还要低20%。四是创新不足，竞争激烈。产品同质化现象较为普遍，附加值低，主要以低层次的价格竞争为主，多数企业缺乏自主研发能力，整个产业亟待从追求规模数量增长向追求质量效益转型升级。

因此，中国茶产业的发展，还有很长的路要走，有识之士应脚踏实地、奋发图强。我国是世界茶叶大国，却非茶叶强国，未来打造和建设具有中国特色的品牌企业，实施品牌培育战略，促进产业升级，是中国茶企业做大做强的方向和目标，需要从茶叶的品质、资源、营销到茶品牌、茶文化等各方面综合努力。可喜的是，近年来茶行业出现了一些较好的现象，如一些地方政府重视茶业发展，利用自身资源，在文化宣传、税收政策、贸易促进等方面提供支持；部分茶叶企业，注重科技队伍建设，推进新品种、新技术、新器械、新工艺的运用，提高茶产业科技水平；也有的茶企创新意识和研发能力较强，尝试从销售传统茶叶向创新型茶叶产品如袋泡茶、萃取茶转变，使茶产品具有快销品性质，提高产品流通速度，扩大消费人群和饮用方式；还有的企业采用连锁加盟模式，通过建设商场专柜、品牌专营店，形成标准化、规范化、流程化的品牌运营体系，使之成为企业核心竞争力的主体部分。

展望未来，由于国内外市场需求稳定增长，我国茶产业的发展潜力巨大。从国内来看，随着人们生活水平的提高和健康消费理念的普及，喝茶已成为多数中国人的一种生活习惯，茶已成为社会生活中不可缺少的健康饮品、精神饮品和生活必需品。国际茶叶委员会主席诺曼·凯利表示，过去5年全球茶产量增长了20%，年平均增速约为3%；同期中国茶产量的年增速达10%。[1]随着中国经济的快速发展和改革开放的不断推进，中国茶产业面临更加广阔的发展前景。从国际需求来看，随着中国综合国力的不断提升和国际文化交流的日益深入，中国茶的出口量还有很大空间，仍将一直保持稳定增长态势。

[1] “茶叶界聚首云南普洱‘论道’茶产业”，载 http://finance.people.com.cn/n/2013/0526/c70846-21618035.html。

第二节 饮茶之史

一、饮茶的起源

茶，生于名山秀水之间，与青山、云雾为伴，得天地、日月之精华而造福于人类，至今已有5 000年的历史。“荼”是茶最早的代名，随着茶树的人工种植，大抵由于产地、方言、取名习惯等的不同，茶名愈见繁多，有槚、蔎、荈、茗、荈等。如《尔雅》中记载：“槚，苦荼。”到了唐朝，人们对茶树本质有了进一步的认识：茶是木本，非草本，于是改“禾”为“木”，变“荼”为“茶”。据考察，“茶”字最早出现在《百声大师碑》和《怀晖碑》中，时间大约在唐朝中期，由陆羽在《茶经》中将“茶”字固化并由此传播至今。人们对于饮茶的发源时间和起源假说，则有着不同的认识和解释。

关于饮茶的发源时间，主要有三种说法。

（1）神农时期。陆羽《茶经》记载：“茶之为饮，发乎神农氏。”在中国的文化发展史上，往往是把一切与农业相关的事物起源最终归结于神农氏。也正因如此，神农才成为农之神，也是饮茶之先祖。

（2）西周时期。晋常璩《华阳国志·巴志》记载：“周武王伐纣，实得巴蜀之师……茶蜜皆纳贡之。”又：“园有芳蒻、香茗”。这一记载表明在武王伐纣时，巴国就已经以茶与其他珍贵产品纳贡于武王了，并且那时就有了人工栽培的茶园。所以，古巴蜀国地区是书面记载的最早种植茶树和饮用茶叶的地方。

（3）秦汉时期。西汉王褒《僮约》记载："烹荼尽具""武阳买荼"。经考证，"荼"即今茶字。近年长沙马王堆西汉墓中，发现陪葬清册中有"一笥"竹简文和木刻文，经查，"笥"即"槚"的异体字，说明当时湖南饮茶颇广。

从饮茶历史上来看，茶的饮用大致经过了药用—食用—饮用三个阶段，这也就相应衍生出了三种关于饮茶习俗起源的不同假说。在千年的茶叶利用史上，三者之间既有先后的顺序关系，同时又难以截然分开，药、食、饮相互渗透，相互兼容。

（一）茶叶的药用

人类在实践中，发现茶具有解毒及治疗疾病的功效，而后采摘野生茶树上的嫩梢，或生嚼或煎汤羹饮，开始了茶的饮用。茶叶的保健和药用功效，古今中外，记述颇多。《神农本草经》记载："神农尝百草，日遇七十二毒，得茶而解之。"东汉华佗《食论》中记载："茶味苦，饮之使人益思、少卧、轻身、明目。"唐代陈藏器《本草拾遗》中有述："万病之药。"明代钱春年《茶谱》中除去《茶经》中所述的以上 6 种功效外，又增加了"消食、除痰、少睡、利水道、去腻、益思"等功效论述；明代李时珍《本草纲目》在前人的基础上，进一步从中医学角度对茶叶的性质、药用作了较为系统的总结，并用中医学辨证施治的原理对茶叶的功效进行论述，高度评价了茶叶的药用价值。

日本的荣西禅师在《吃茶养生记》中赞叹："贵哉茶乎，上通神灵诸天境界，下资饱食侵害之人伦矣。诸药唯主一种病，各施用力耳，茶为万病之药而已。"认为茶是一种圣洁高贵之物，可上通神灵、诸天之境，下救为饮食所侵的人们，是治百病的仙药。荣西指出，心脏为脏中之王者，由于日本人在日常生活中不常食用五味中的苦味，故心脏病患者较多。作为对策，他提倡经常吃茶，借以滋养心脏，祛病强身；人的心身安定，世态便可安宁。

随着科学技术的发展，对茶叶的研究进一步深入。茶叶的化学组成目前已经发现 500 多种，经过分离和鉴定的有机化合物有 450 种以上，这些成分中绝大部分具有促进身体健康和防治疾病的功效。在制成茶叶经过冲泡后，一些成分溶入水中，人们饮茶后被人体吸收，从而发挥其特有的保健药用功效。

（二）茶叶的食用

所谓饮食，饮与食密不可分。人类在最初利用茶叶，主要是作为药用，随之也渐渐出现了把茶作为食物的食用方式。如在《晏子春秋》中就有这样的记载："婴相齐景公时，食脱粟之饭……茗菜而已。"其中所说的"茗菜"，学者一般认为是茶。三国张辑《广雅》中也有这样的叙述："荆巴间采茶做饼，叶老者，饼成，以米膏出之。欲煮茗饮，先炙令赤色，捣末，置瓷器中，以汤浇覆之，用葱、姜、橘子芼之，其饮醒酒，令人不眠。"

从这些历史记载中虽无法精确获得古代食茶习俗之全貌，却也可以窥其一斑，或羹汤，或菜食。目前很多少数民族饮茶的习俗中，也常常可以看到茶叶的食用方式。如福建、广东、浙江、江西、江苏、湖南等地都有食用擂茶的风俗，用生姜、生米、生茶叶制作"三生汤"，也有加其他配料制成"五味汤""七宝茶"等一些食用方法。云南基诺族的凉拌茶是将茶叶作为菜肴的典型，其将新鲜茶叶和姜、蒜、辣椒、盐等调料拌合，味道鲜爽可口。

（三）茶叶的饮用

清代顾炎武所著《日知录》记述："自秦人取蜀而后，始有茗饮之事。"饮茶的风俗是在秦国并吞巴蜀之后，随着巴蜀和中原的交流增加而传入。西汉时王褒《僮约》中云"武阳买茶，杨氏担荷"，说明当时茶叶已经商品化，饮茶成为风尚。《茶经》记载："茶之为饮，发乎神农氏，闻于鲁周公，齐有晏婴，汉有扬雄、司马相如，吴有韦曜，晋有刘琨、张载、远祖纳、谢安、左思之徒，皆饮焉，滂时浸俗，盛于国朝，两都并荆俞间，以为比屋之饮。"

从以上可看出，到唐代时，茶饮之风盛行。唐代人对茶品的制造、质量、择水、烹煮环境、技艺要求也越来越高；茶类主要有粗茶、散茶、末茶和团茶、饼茶，其中饼茶和团茶较为盛行。由于人们对饮茶要求的提高，出现了蒸青法制成的散茶。唐代文人品茶作诗写文成为风气，李白、白居易、颜真卿等人的诗文中都有对饮茶的描述。当时佛教的盛行也对饮茶的推动有比较大的作用，特别是随着贡茶的兴起，进一步推动了饮茶的风靡。

至宋代，斗茶之风盛行。文人对茶情有独钟，范仲淹、王安石、苏东坡等都有关于饮茶的名篇，一国之君宋徽宗也撰写了茶叶专著《大观茶论》，在促进、丰富茶饮文化的同时，也推动了茶叶加工技艺的发展。当时饮茶盛行于宫廷，普及于大众，都城茶肆、茶坊林立，逐渐成为人们日常生活中不可或缺的部分。

明清时期是我国茶业发展最迅速的时期，茶叶的栽培、加工、贸易等都达到相当高的水平。这一时期，团茶、饼茶逐步被散茶取代，饮茶方式也随之变更，冲泡饮用成为主流。清代时六大茶类已经俱全，茶叶的种类、冲泡方式、茶器都比较齐全，形成了较完整的茶礼仪、茶俗和茶文化。

历史上真正意义的饮茶确切起于何时已经难以判断，但其却一直流传至今，以源源不断的顽强生命力书写着茶文化发展的历史。在经历了茶叶品种的变迁、饮茶风尚的变更后，如今茶叶这一健康饮品蕴含的极大生命力日益彰显。同时，随着茶产品的不断拓展，袋泡茶、速溶茶、保健茶等各式茶饮料应运而生，也更加丰富了饮茶的形式与范围。

二、饮茶方式的演变

据《中国风俗史》记载：“周初至周之中业，饮物有酒、醴、浆、湆，此外犹有种种饮料，而茶其著。茶发明于殷周时，周人多用之者。”由此判断，在殷周时期茶才从药用转变为日常饮料。在几千年的历史长河中，各种茶类的生产、发展和演变，经历了咀嚼鲜叶、生煮羹饮、晒干收藏、蒸青做饼、炒青散茶的过程。总体说来，中国饮茶文化经历秦汉的启蒙、六朝的萌芽、唐代的确立、宋代的兴盛、明清的简化和普及等阶段。与之对应，大体说来，从西汉至今，先后出现了煮茶、煎茶、点茶、泡茶四种烹饮方法。

（一）煮茶法

所谓煮茶法，是指将茶投入水中烹煮而饮。我们的祖先最早是把茶当做药物，从野生的大茶树上砍下枝条，采集嫩梢，先是生嚼，后是加水煮成汤饮。饮茶脱胎于茶的药用和食用，饮茶有比较明确的文字记载见于西汉末期的巴蜀地区，故推测煮茶法的发明当属于巴蜀之人，时间不晚于西汉末。

唐代以前无制茶法，往往是直接采生叶煮饮，唐以后则以干茶煮饮。与此相关的茶事史料见于：西晋郭义恭的《广志》，“茶丛生，真煮饮为真茗茶”；东晋郭璞的《尔雅注》，“树小如栀子，冬生，叶可煮作羹饮”；晚唐杨华的《膳夫经手录》，“茶，古不闻食之。近晋、宋以降，吴人采其叶煮，是为茗粥”；晚唐皮日休的《茶中杂咏》序云，“然季疵以前称茗饮者，必浑以烹之，与夫瀹蔬而啜饮者无异也”；等等。自汉魏以迄初唐，主要是直接采茶树生叶烹煮成羹汤而饮，饮茶类似喝蔬茶汤，此羹汤吴人又称之为“茗粥”。

唐代以后，制茶技术日益发展，饼茶（团茶、片茶）、散茶品种日渐增多。唐代饮茶以陆羽式煎茶为主，但煮茶旧习依然难改，特别是在少数民族地区较为流行。如陆羽《茶经·五之煮》载：“或用葱、姜、枣、桔皮、茱萸、薄荷等，煮之百沸，或扬令滑，或煮去沫，斯沟渠间弃水耳，而习俗不已。”晚唐樊绰《蛮书》记载：“茶出银生成界诸山，散收，无采早法。蒙舍蛮以椒、姜、桂和烹而饮之。”唐代煮茶，往往加盐、葱、姜、桂等佐料。

宋代，北方少数民族地区以盐、酪、椒、姜与茶同煮，南方也偶有煮茶。如苏辙《和子瞻煎茶》诗云：“北方俚人茗饮无不有，盐酪椒姜挎满口。”

明代陈师《茶考》中曾记载：“烹茶之法，唯苏吴得之。以佳茗入磁瓶火煎，酌量火候，以数沸蟹眼为节。”清代周蔼联《竺国记游》记载：“西藏所尚，以邛州雅安为最……其熬茶有火候。”明清迄今，煮茶法主要在少数民族当中流行。

（二）煎茶法

煎茶法，是指陆羽创造并记载在《茶经》里的一种烹煎方法，其茶主要用饼茶，经炙烤、碾罗成末，候汤初沸投末，并加以环搅，直至沸腾为止。按陆羽《茶经》所述，唐时人们饮的主要是经蒸压而成的饼茶，在煎茶前，为了将饼茶碾碎，就得烤茶。烤好的茶要趁热包好，至饼茶冷却再研成细末。煎茶需用风炉和釜作烧水器具，以木炭和硬柴作燃料，再加鲜活山水煎煮。煮茶时，当烧到水有“鱼目”气泡，“微有声”，即“一沸”时，加适量的盐调味，并除去浮在表面、状似“黑云母”的水膜，否则“饮之则其味不正”。接着继续烧到水边缘气泡“如涌泉连珠”，即“二沸”时，先在釜中舀出一瓢水，再用竹在沸水中边搅边投入碾好的茶末。如此，烧到釜中的茶汤气泡如“腾波鼓浪”，即“三沸”时，加进“二沸”时舀出的那瓢水，使沸腾暂时停止，以“育其华”。这样茶汤就算煎好了。

（1）茶叶。唐代茶叶有粗、散、末、饼四类，而以饼茶为主，须碾成茶末煎用。散茶直接碾成茶末，团饼茶则要经炙、捣后碾成茶末。

（2）茶具。为适应煎茶的需要，唐代发明了专用茶器，按陆羽《茶经》记载，煎茶器具有25种，包括茶碾、茶罗、风炉、釜、则、瓢、茶碗、水方、涤方等，质地有金属、瓷、陶、竹、木等。煎茶法的典型茶具是风炉、釜、瓢、茶碗，最崇尚越窑青瓷茶碗。

（3）煎茶法的主要程序有备器、选水、取火、候汤、炙茶、碾茶、罗茶、煎茶（投茶、搅拌）、酌茶等。（见图1-3）

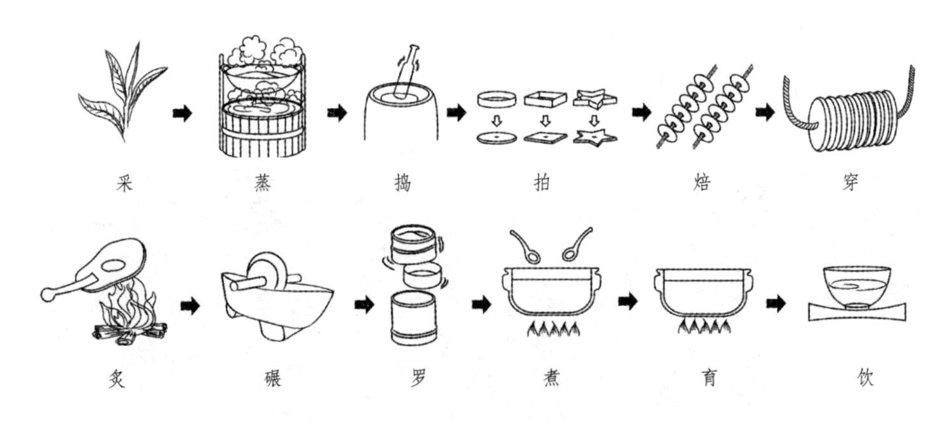

图1-3　**唐代制茶与吃茶流程**

西晋杜育《荈赋》诗中有“惟兹初成，沫沉华浮。焕如积雪，晔若春敷”的描述，是说茶汤煎成之后，茶沫沉下，汤华浮上，亮如冬天的积雪，鲜若春日的百花。陆羽在《茶经》中曾引用“焕如积雪，晔若春敷”来说明茶煎成时的状态，可见《荈赋》描写的茶汤特征与唐时煎茶大体一致。由此推测，陆羽式煎茶法萌芽于西晋。[1]

煎茶法在中晚唐时非常流行，唐诗当中多有描述。如刘禹锡《西山兰若试茶歌》诗云“骤雨松声入鼎来，白云满碗花徘徊”；白居易《睡后茶兴忆杨同

[1]“中国饮茶法流变考”，载 http://www.douban.com/group/topic/11326944/。

州》诗云“白瓷瓯甚洁，红炉炭方炽。沫下曲尘香，花浮鱼眼沸”；《谢里李六郎寄新蜀茶》诗云“汤添勺水煎鱼眼，末下刀来搅拌曲尘”；卢仝《走笔谢孟谏议寄新茶》诗云“碧云引风吹不断，白花浮光凝碗面”；李群玉《龙山人惠石禀方及团茶》诗云“碾成黄金粉，轻嫩如松花”，“滩声起鱼眼，满鼎漂汤霞”。自五代、宋代流行点茶法，煎茶法渐趋衰亡，至于南宋末期已经无闻。

（三）点茶法

点茶法，是将茶饼碾成细末，置茶盏中，先注少量沸水调膏，继之量茶注入沸水，边注边用茶筅击拂，使之产生泡沫后饮用。茶筅是宋代时人们为了使茶末与水交融成一体所发明的一种用细竹制作的工具。《荈茗录》“生成盏”条记：“沙门福全生于金乡，长于茶海，能注汤幻茶，成一句诗。并点四瓯，共一绝句，泛乎汤表。”“茶百戏”条记：“近世有下汤运匕，别施妙诀，使汤纹水脉成物象者，禽兽虫鱼花草之属，纤巧如画。”（见图 1-4）

图 1-4　茶百戏

注汤幻茶成诗成画，谓之茶百戏、水丹青，宋人又称“分茶”。[1]《荈茗录》

---

❶ 在茶的冲泡技艺中，有分茶之动作，即将茶汤分到各个茶杯，与此含义不同。

为五代宋初笔记《清异录》中的一部分，著者陶谷历仕晋、汉、周、宋等朝，所记茶事大抵属五代十国并宋初时事。点茶是分茶的基础，所以点茶法的起始当不会晚于五代。

（1）茶叶。在茶叶选择上，点茶用片、散、末茶皆可，但要经炙、碾、磨、罗，成为茶粉。煎茶用茶末，碾、罗便可；点茶用茶粉，不仅碾还要磨。

（2）茶具。在茶具选择上，点茶所用为风炉、汤瓶、茶碾、茶磨、茶罗合、茶匙、茶筅、茶盏等，崇尚天目油滴盏、建州免毫盏，汤瓶、茶磨、托盏、茶筅等也是点茶法典型茶具。

（3）点茶程序。从蔡襄《茶录》、宋徽宗《大观茶论》等书看来，点茶法主要有备茶（炙、碾、磨、罗）、备器、取火、候汤、熁盏[1]、点茶（调膏、击拂）等程序。汤瓶置风炉上取火候汤，点茶水温为初沸或二沸，过老过嫩皆不好。熁盏令热，用茶匙量取茶粉入茶盏，先注汤少许，调成膏状，然后边注汤边用茶筅环搅，待盏面乳沫浮起，是谓茶成。点茶法可直接在小茶盏中点茶，也可在大茶瓯中点茶，再用杓分到小茶盏中饮用。[2]

点茶法这一饮茶方式风行于宋元时期，时人诗词中多有描绘。如北宋范仲淹《和章岷从事斗茶歌》诗云“黄金碾畔绿尘飞，碧玉瓯中翠涛起”；苏轼《试院煎茶》诗云“蟹眼已过鱼眼生，飕飕欲作松风鸣。蒙茸出磨细珠落，眩转绕瓯飞雪轻”；黄庭坚《满庭芳》词云“碾深罗细，琼蕊冷生烟”，“银瓶蟹眼，惊鹭涛翻”；南宋杨万里《澹庵坐上观显上人分茶》诗云“分茶何似煎茶好，煎茶不似分茶巧。蒸水老禅弄泉手，隆兴元春新玉爪。二者相遭兔瓯面，怪怪奇奇能万变。银瓶首下仍尻高，注汤作字势嫖姚。”由此可见，点茶法备受文人士大夫阶层的钟爱。

明初，朱元璋十七子、宁王朱权《茶谱》序云：“命一童子设香案携茶炉于前，一童子出茶具，以飘汲清泉注于瓶而饮之。然后碾茶为末，置于磨令细，以罗罗之。候汤将如蟹眼，量客众寡，投数匕入于巨瓯。候汤出相宜，以茶筅摔令沫不浮，乃成云头雨脚，分于啜瓯。”这种“崇新改易”的烹茶法仍

[1] 熁盏：古人点茶专用术语，即在注汤前用沸水或炭火给茶盏加热。

[2] “中国饮茶法流变考”，载 http://www.douban.com/group/topicl/11326944/。

是点茶法。

点茶法盛行于宋元时期，并北传辽、金。元明因袭，约亡于明朝后期。

（四）泡茶法

泡茶法，是以茶置于茶壶或茶盏中，以沸水冲泡的简便方法。陆羽《茶经·七之事》中引《广雅》云：“荆巴间采叶作饼，叶老者饼成，以米膏出之，欲煮茗饮，先炙，令赤色，捣末置瓷器中，以汤浇覆之，用葱、姜、橘子芼之，其饮醒酒，令人不眠。”意思是在川东、鄂西交界一带，采叶制成饼茶，叶老的，则要用米汤处理方能做成茶饼。想饮茶时，先烤茶饼至赤红色，再捣末投入瓷器中，用葱、姜、橘子作佐料，加入沸水浇泡。喝了可以醒酒，使人不想睡觉。陆羽所引的这段文字记载了饼茶的制作与饮用方法，但这段文字并不见于今本《广雅》，且与《广雅》释字的体例不符，不能就此推断三国时期即出现泡茶法。学术界一般认为泡茶法始于隋朝。

陆羽《茶经》载：“饮有粗、散、末、饼者，乃斫、乃熬、乃炀、乃舂，

贮于瓶缶之中，以汤沃焉，谓之庵茶。”即以茶置瓶或缶（一种细口大腹的瓦器）之中，灌上沸水淹泡，唐时称“庵茶”，此庵茶开后世泡茶法的先河。

唐五代主煎茶，宋元主点茶，泡茶法直到明清时期才流行。朱元璋罢贡团饼茶，遂使散茶（叶茶、草茶）独盛，茶风也为之一变。明代陈师《茶考》载：“杭俗烹茶，用细茗置茶瓯，以沸汤点之，名为撮泡。”置茶于瓯、盏之中，用沸水冲泡，明时称“撮泡”，此法沿用至今。

明清更普遍的还是壶泡，即置茶于茶壶中，以沸水冲泡，再分到茶盏（瓯、杯）中饮用。据张源《茶录》、许次纾《茶疏》等书记载，壶泡的主要程序有备器、择水、取火、候汤、投茶、冲泡、酾茶等。现今流行于闽、粤、台地区的“功夫茶”则是典型的壶泡法。

泡茶法自明清延续至现当代，为民间广泛使用，自然为人熟知。由于现代茶类品种多样，红茶、黑茶、绿茶、花茶等冲泡方法也不尽相同。近年来，不少酒店、宾馆及办公场所采用的袋泡茶品饮方式，方便快捷，不失为一种创新。

表 1-3 饮茶简史

朝代	秦汉及六朝	唐朝	宋朝	明清
发展历程	启蒙与萌芽	确立	兴盛	由繁及简
茶产业	西南为主，逐渐东移	分片发展	全面发展	品种繁多
饮茶法	煮饮法	煎茶法	点茶法	泡茶法
主要功效	药用（食用）	文化	艺术	生活
主要工艺	青叶	蒸青团饼	团茶、饼茶为主，渐渐出现散茶	炒青散茶
代表人物		陆羽、皎然、卢仝、钱起、白居易、元稹、从谂禅师等	欧阳修、范仲淹、王安石、苏轼、黄庭坚、赵佶、蔡襄、陆游等	朱权、文征明、唐寅、徐渭、许次纾、袁枚、曹雪芹、乾隆等

拓展阅读

一、闻名中外的古茶树天堂

闻名中外的“勐海古生茶园”位于云南西双版纳州，属亚热带季风湿润气候，海拔大多在1 000 ~ 1 500m之间，热量丰富、雨水充沛、雾日多、霜期短、湿度大，年平均温度在16℃~ 20℃之间，年降雨量在1 500mm左右，非常适宜大叶种茶树的生长发育，一年中生长发芽期达10个月左右，为茶叶生产提供了有利条件。20世纪初，在勐海巴达山发现年逾1 700年的“茶树王”，南糯山附近则有800年的古茶树，以及成百上千亩连绵的古茶树。

在热带、亚热带地区，光照强度大，有利于茶树的碳素代谢、茶多酚类及儿茶素类物质的积累，造就了茶叶刺激性强、苦后回甘的良好品质。同时，气候温和调匀、雨量充沛、光照较弱、漫射光较多的条件，有利于茶树氮代谢，可以使其积累较多的有效成分，提高品质。

高山茶园由于周围峰峦叠嶂，溪水纵横，气候温和湿润，雨量充足，形成独特的生态条件，茶园又多分布于群山环抱的山坞之中，终年云雾缭绕，相对湿度大，漫射光多，茶树饱受雾露的滋润，生长良好，因而芽叶肥壮，叶质柔软，白毫显露，氨基酸含量高。同时，茶树在无雾的时期内，因光照强度大，光合作用强，积累的多酚类物质多，故滋味浓酽且带鲜爽，苦后回甘。勐海地处低纬度地区，日照长，打破了茶树的长期休眠，促使茶树四季可采；同时低纬度利于茶树的营养生长，促使茶树合成代谢加强，累积更多营养物质，形成良好的原料品质。

对大多数生物来说，火山喷发是一场很大的灾难。然而，对茶树来说，可能是上天最好的恩赐。火山灰沉积形成的弱酸性土壤，土质疏松，透气性好，最适宜茶树生长；频繁的地壳运动形成磁场，使地质中丰富的微量元素不断溶入土壤，给茶树带来丰富的营养。勐海古生茶园正处在亿万年形成的冈底斯山—腾冲火山带中心，可以说是茶树的天堂。

普洱茶原料基地采用国家级云南大叶种品系茶树品种，地处原生态古茶园地震带，土质肥沃，土层深厚，有机质含量非常丰富，雨量充沛，云雾缭绕，高山怀抱，溪水纵横，有着独特的生态条件，中国唯一，世界唯一，这一切造就了普洱茶品质的唯一和权威。

世上茶园很多，却只有一个勐海古生茶园。

二、植茶始祖吴理真

西汉道家学派人物吴理真，被认为是中国乃至世界有明确文字记载最早的种茶人。公元前153年间，吴理真在蒙顶山（今四川省雅安境内）发现野生茶的药用功能，于是在蒙顶山五峰之间的一块凹地上，移植种下七株茶树。清代《名山县志》记载，这七株茶树“二千年不枯不长，其茶叶细而长，味甘而清，色黄而碧，酌杯中香云蒙覆其上，凝结不散。”吴理真种植的七株茶树，被后人称作“仙茶”，而他作为世界上种植驯化茶叶的第一人，被后人称为“种茶始祖”。

在中国古代的史籍中，也有不少相关记载。如宋代王象之《舆地记胜》：“西汉时，有僧自岭表来，以茶实植蒙山。”宋代孙渐《智炬寺留题》诗：“有汉道人，剃草初为祖。分来建溪芽，寸寸培新土。至今满蒙顶，品倍毛家谱。”明代《杨慎记》：“西汉理真，俗姓吴氏，修活民之行，种茶蒙顶……”宋孝宗在淳熙十三年（1186年）封吴理真为“甘露普惠妙济大师”，并把他手植七株仙的地方封为“皇茶园”。因此，吴理真也被称作“甘露大师”。茶圣陆羽在评价各地名茶时曾说：“蒙顶第一，顾诸第二。”后世更有诗云：“蜀地茶称胜，蒙顶第一家。”

【复习题】

一、名词解释

1. 煮茶法 2. 煎茶法 3. 点茶法 4. 泡茶法

二、简答题

1. 试述茶树之源在中国的主要依据。
2. 试述茶的三种饮用方式。
3. 简述饮茶方式四大阶段的演变。

三、论述题

1. 论中国茶业的发展趋势

四、讨论题

组织一次座谈会，谈谈大家对茶的认识，以及自己喝茶的经历和感受。

2

Chapter

第二章

茶叶知识

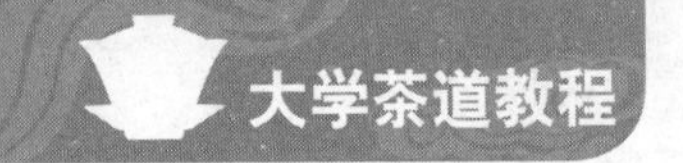

第一节 认识茶树

一、茶树的学科属性

茶是人类采摘茶树上的鲜叶加工制作而成的一种古老且健康的饮料。茶叶的种类繁多，形态各异，产地分布世界各地，品质也有诸多不同，但是它们都有一个共同的来源——茶树。所以，要了解各种形态和品质的茶叶，首先应该从认识和了解茶树开始。

早在仰韶文化母系氏族时期，人们就已经发现野生茶树，并探知其药用功能，至今已有五六千年的历史了。陆羽《茶经》中记载：“茶者，南方之嘉木也。”开宗明义地阐述了茶树的原产地在我国南方，是我国南方的树种。现代植物学典籍《简明生物学词典》中，对茶树的科学描述为：“茶，一名‘茗’。山茶科。常绿灌木。叶革质，长椭圆状披针形或倒卵披针形，边缘有锯齿。秋末开花，花 1~3 朵生于叶腋，白色，有花梗。蒴果扁球形，有三钝棱。产于我国中部至东南部和西南部。广泛栽培。性喜湿润气候和微酸性土壤，耐阴性强。”

全世界茶科植物共有 23 属、380 多种，中国就有 15 属、260 多种。茶树属于多年生、木本、常绿植物，按照现代生物学分类法，从界、门、纲、目、科、属等级别给茶树归类的话，茶树属于：

（1）植物界（Regnum Vegetable）；

（2）被子植物门（Angiospermae）；

（3）双子叶植物纲（Dicotyledoneae）；

（4）原始花被亚纲（Archichlamydeae）；

（5）山茶目（Theales）；

（6）山茶科（Theaceae）；

（7）山茶属（Camellia）。

二、茶树的形态特征

认识茶树需要了解和研究茶树的形态特征，掌握其形态、生命活动规律及其与生态环境的关系等。陆羽《茶经》中载："其树如瓜芦，叶如栀子，花如白蔷薇，实如栟榈，蒂如丁香，根如胡桃。"对茶树的外部特征用各种比喻进行了说明。陆羽之后的茶书，也有一些描述，但都缺乏近代植物学性状的记载。茶树主要由以下几个部分构成。

（一）根

茶树的根系与茶树生长密切相关，"根深叶茂"充分说明培育好根的重要性。茶树的根系由主根、侧根、吸收根、根毛组成。主根和侧根呈红棕色，寿命长，起固定、贮藏和输导作用；吸收根主要吸收水分和无机盐，寿命短，少数不死的可发育成侧根。不同生育期的根形态不同，依生长活动而定。

（二）茎

茎是茶树联系叶、花、果实、根的纽带。我们在采摘茶树鲜叶时，采摘下的1芽1叶或除芽头以外都有茎的部分。茶树按枝条的着生位置不同，分主枝和侧枝，侧枝又根据其粗细和作用的不同可分为骨干枝和细枝。从主枝上分出的侧枝为一级骨干枝，从一级骨干枝上分出的侧枝叫二级骨干枝，依此类推。

（三）芽

茶芽分叶芽和花芽两种，叶芽形成枝条，花芽开花结果。花芽一般由腋芽[1]分化而成，而顶芽一般发育成枝叶。之前所说的1芽1叶的"芽"就是

[1] 腋芽：侧芽之一种，特指从叶腋所生出的定芽。腋芽常见于种子植物的普通叶中，通常每一叶腋间形成一个腋芽。

叶芽。

（四）叶

我们所喝的茶大部分是叶。鲜叶是形成茶叶品质的物质基础，一般为椭圆形或长椭圆形。

茶树叶片根据发育完全程度可分为鳞片、鱼叶和真叶。鳞片：包裹在芽的外面，形状特小，色褐，叶面内折。鱼叶：发育不完全，形同鱼鳞，色较淡，叶脉不明显，叶缘一般无锯齿。真叶：发育完全叶，就是平常采摘的叶片。

根据颜色不同可分为淡绿色、绿色、深绿色、黄绿色、紫绿色等。

根据叶缘形态不同可分为平展、波浪、背转、内折等。

根据叶面的形态不同分为平滑、粗糙、光泽、暗晦、隆起等。

根据叶质的柔软性不同分为硬、脆、柔软等。

根据叶尖的形态不同，又可分为急尖、渐尖、钝尖和圆尖。

（五）花

茶花为两性花，由花柄、花萼、花冠、雄蕊、雌蕊五个部分组成，多为白色，少数呈淡黄或粉红色，稍微有些芳香。茶花中雄蕊一般有 200 ~ 300 枚。

（六）果

茶树的果实是茶树进行繁殖的主要器官。果实包括果壳、种子两部分，属于植物学中的宿萼蒴果类型。茶果成熟时为棕绿色或深绿色，果壳开裂，种子落地，生根发芽。根据果内种子粒数不同呈现不同的形状，有球形（1 粒）、肾形（2 粒）、三角形（3 粒）、方形（4 粒）、梅花形（5 粒）。

三、茶树的类型

（一）由于分枝部位不同，茶树可分为乔木、小乔木和灌木三种类型

乔木型茶树植株高大，有明显的主干；小乔木型茶树植株较高大，基部主干明显；灌木型茶树植株矮小，无明显主干。

（1）乔木型。此类是较原始的茶树类型，分布于和茶树原产地自然条件较接近的自然区域，即我国热带或亚热带地区。植株高大，从植株基部到上部，

均有明显的主干，呈总状分枝，分枝部位高，枝叶稀疏。叶片大，叶片长度的变化范围为 10 ～ 26cm，多数品种叶长在 14cm 以上。叶片栅栏组织多为一层。

（2）小乔木型。此类属进化类型，抗逆性较乔木类强，分布于亚热带或热带茶区。植株较高大，从植株基部至中部主干明显，植株上部主干则不明显。分枝较稀，大多数品种叶片长度在 10 ～ 14cm 之间。叶片栅栏组织[1]多为两层。

（3）灌木型。此类亦属进化类型，包括的品种最多，主要分布于亚热带茶区，我国大多数茶区均有分布。栽培茶树往往通过修剪来抑制纵向生长，所以树高多在 0.8 ～ 1.2m 间。植株低矮，无明显主干，从植株基部分枝，分枝密，叶片较小，叶片长度变化范围大，为 2.2 ～ 14cm 之间，大多数品种叶片长度在 10cm 以下。叶片栅栏组织为 2 ～ 3 层。

（二）分类性状为叶片大小，主要以成熟叶片长度，并兼顾其宽度而定茶树类型，分为特大叶类、大叶类、中叶类和小叶类

（1）特大叶类：叶长在 14cm 以上，叶宽 5cm 以上；

（2）大叶类：叶长 10 ～ 14cm，叶宽 4 ～ 5cm；

（3）中叶类：叶长 7 ～ 10cm，叶宽 3 ～ 4cm；

（4）小叶类：叶长 7cm 以下，叶宽 3cm 以下。

四、茶树的生长环境

茶树有自己鲜明的个性，其适生环境归纳起来有“四喜四怕”的特点，即喜酸怕碱、喜光怕晒、喜暖怕寒、喜湿怕涝。

（1）喜酸怕碱是茶树长期在适生土壤环境中生长而形成的特性。我国西南部原始森林的土壤和茶树分布较多地区的土壤都是酸性土，这些地方除生长茶树外，到处可发现马尾松、杜鹃、蕨类植物的生长（科学家们称这些植物为酸性土的指示植物）。

---

[1] 叶片栅栏组织：指位于叶子表皮下方排列整齐的一层或多层柱状细胞，呈栅栏状，故称栅栏组织。

（2）喜光怕晒是茶树的又一特性。万物生长靠太阳，茶树的生物产量 90% 以上是靠光合作用形成的，适当强度的光照是非常必要的。但是如果光照过强，茶树生长反而受到抑制。茶树在进化过程中，长期生长在原始森林，因此，在云雾多、漫射光多的高山茶园，茶叶品质往往较好。

（3）喜暖怕寒是茶树的重要特性。茶树的生长起始温度为 10℃左右，最低临界温度依茶树品种而异，大叶种为 −6℃、中小叶种为 −12℃ ~ −15℃。北方冬季过低的温度是造成茶树冻害、难以过冬的主要原因。

（4）喜湿怕涝是茶树的又一特性。茶树是叶用植物，芽叶的生长要求水分供应要充分，季节性长期干旱不利于茶树生长。据研究，茶树生长良好的地方，年降雨量最好在 1 500mm 以上，而且雨量分布均匀。在茶树生长的季节，月降雨量要求在 100mm 以上，大气相对湿度以 80% ~ 90% 为最好。但在低洼地长期积水、排水不畅的条件下，茶树根系发育受阻，也不利于茶树生长。

总的来说，茶树的“四喜四怕”统括了茶树适生条件的三大主要方面：气候条件、土壤条件、地形条件。

五、茶树的生长周期

所谓茶树的生长周期是指茶树一生的生长、发育的进程。茶树的生命，从受精的卵细胞（合子）开始，然后成为一个独立的、有生命的有机体。合子经过一年左右的时间，在母树上生长、发育而成为一粒成熟的茶籽。茶籽播种后发芽，出土形成一株茶苗。茶苗不断从环境中获取营养元素和能量，逐渐生长，发育长成一株根深叶茂的茶树，开花、结实，繁殖成新的后代。茶树自身也在人为或自然的条件下，逐渐趋于衰老，最终死亡（见图 2−1）。

茶树在自然生活中一生的年龄称为生物学年龄，按照茶树生育特点和生产实际应用，茶树可划分为四个生物学年龄时期，即幼苗期、幼年期、成年期、衰老期。

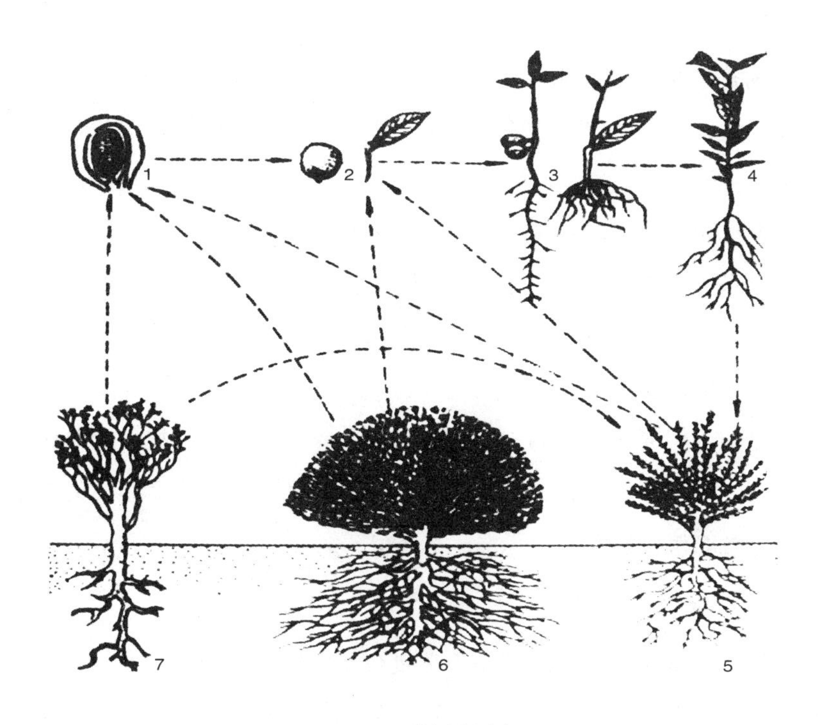

图 2-1　茶树生活史

1　合子；2　茶籽及插穗；3　幼苗期；4　幼年期；5 ~ 6　成年期；7　衰老期

（一）幼苗期

从茶籽萌发（或扦插苗[1]成活）到茶苗出土，第一次生长休止时为止，约经 8 个月时间。

这段时期，由于胚芽尚未出土，它的生长、发育所需的养分主要靠种子中贮藏的物质水解供给，它对外界环境的主要需求是满足水分、温度和空气三个条件。

茶苗出土后，首先鳞片展开，然后是鱼叶展开，最后真叶才展开。

幼苗期茶树容易受到恶劣环境条件的影响，特别是高温和干旱，所以在种植时须特别注意保持土壤的含水量。

（二）幼年期

从第一次生长休止到茶树正式投产，约为 3 ~ 4 年，这也是茶树产生经济

[1] 扦插苗：指将茶树的枝条、叶等营养器官，经过技术处理，在土壤上扦插生根，长成新的茶苗。

效益的年限。

幼年期是茶树生长发育十分旺盛的时期。在自然生长条件下，茶树地上部分生长旺盛，表现为单轴分枝，顶芽不断向上生长，而侧枝很少。由于这一条件，茶树可塑性大，必须抓好定型修剪，以抑制主干向上生长，促进侧枝生长，培养粗壮的骨干枝，形成浓密的分枝树型。

幼年期茶树的根系，实生苗开始阶段为直根系，主根明显并向土层深处生长而侧根很少，以后侧根逐渐发达，向深处和四周扩展。所以，要求土壤深厚、疏松，使根系分布深广。

这时是培养树冠采摘面的重要时期，因此不能乱采，以免影响茶树的生理机能。而且，这时茶树的各种器官都比较幼嫩，特别是 1 ~ 2 年生的时候，对各种自然灾害的抗性较弱。

（三）成年期

成年期是指茶树正式投产到第一次进行更新改造时为止（亦称青、壮年时期），生物学年龄较长，约 20 ~ 30 年。成年期茶树又根据其生物特性及生长状况，可细致划分为成年期前期、成年期中期、成年期后期。

成年期前期是茶树生长发育最旺盛的时期，产量和品质都处于高峰阶段。茂密的树冠和开展的树姿形成较大的覆盖度，充分利用周围环境中物质的能力增强了。同时，茶树根系形成具有发达侧根的分枝根系，以根轴为中心，向四周离心生长十分明显，一株 10 年生的茶树根系所占体积约为地上部分树冠的 1 ~ 1.5 倍。

成年期中期，由于不断地采摘和修剪，树冠面上的小侧枝愈分愈细，并逐渐受到营养条件的限制而衰老，尤其是树冠内部的小侧枝表现更明显。此时的茶树仍然有旺盛的生育能力，茶树树冠的四周可以萌发新的枝条，但萌发能力已逐渐衰退，顶部的枯死小细枝增多，而且有许多有结节的“鸡爪枝”。这种结节妨碍物质的运输，导致下部较粗壮的枝条上重新萌发出新的枝条，使侧枝更新或者萌发新的徒长枝。

成年期后期，茶树在外观上表现为树冠面上细弱枯枝多，萌芽率低，对夹叶增多，骨干枝呈棕褐色甚至灰白色；吸收根的分布范围也随之缩小；生殖生长旺盛，开花结实明显增多；而营养生长减弱，产量、品质逐年下降，就有必要对树冠进行更新改造。

（四）衰老期

从茶树第一次更新改造开始到整个死亡为止，这一时期的长短因管理水平、环境条件、品种不同而有区别。一般品种的经济生产年限只有 40 ～ 60 年时间。

茶树经过更新以后，重新恢复树势，形成新的树冠，从而得到复壮。经过若干年采摘和修剪以后，再度逐渐趋向衰老，必须进行第二次更新。如此往复循环，不断更新，其复壮能力也逐渐减弱，更新后生长出来的枝条也逐渐细弱，而且每次更新间隔的时间也愈来愈短，最后茶树完全丧失更新能力而全株死亡。

六、茶树的采摘

（一）采茶原则

（1）幼年茶树的采摘要执行“以养为主，以采为辅，以采促养，多留少采”的原则。在打顶的当季留 2 ～ 3 叶，以后留 1 ～ 2 叶，采 1 芽 1 ～ 2 叶和同等嫩度的对夹叶。每次采摘，都必须待新梢将近成熟时进行，同时注意“采高留低，采密留稀，采中间留两边”。幼龄茶园严格禁止留鱼叶[1]采摘，以免过早出现鸡爪枝。

（2）成年茶树的采摘，执行“以采为主，以养为辅，多采少留”的原则。管理水平较好，且具有一定密度的种植茶园，实行春茶多留，夏茶少留，秋茶留鱼叶的采摘方法。管理水平中下的茶园，实行春秋留鱼叶，夏茶留 1 叶为主。并视茶树生长情况，高的少留，矮的多留，四边多留，中间少留的原则。

（3）衰老茶树的采摘，根据树势，一般老树实行春秋留鱼叶，夏茶留 1 ～ 2 叶的采摘。树势较衰老的停采 1 ～ 2 个茶季后，按上述方法采摘。

（4）台刈[2]更新后茶树的采摘应在修剪的基础上再进行打顶，当茶树高达

---

❶鱼叶：指茶树在春季到来后，休眠芽开始生长，芽头露出所萌发出的第一片小叶子。

❷台刈：一种彻底改造树冠的方法，将树头全部割去，从而达到促使茶树恢复生产提高品质的目的。

40cm 以上时，离地 25 ~ 30cm 处修剪，当树梢长到 45 ~ 50cm 时进行打顶，每次采摘留 2 ~ 3 叶，采 1 芽 2 ~ 3 叶，打顶和轻采两个茶季即可正式投产。

（二）采茶方法

（1）折采：是对细嫩的名优茶采摘和幼龄茶树的打顶的手法。用左手按住枝条，右手的食指和拇指的指尖夹住细嫩新梢的被采部位，把要采的芽叶轻轻地用力掐下来。此法采茶效率低。

（2）提手采：是手工采茶中最普遍的方法，所有茶区几乎都采用此法。它是用拇指和食指夹住新梢要采部位，手掌掌心自上而下，食指稍着力，芽叶便落在掌心，采满一把后放于茶箩内。此法采茶功效高，鲜叶质量好。

（3）双手采：双手同时采用提手采方式交替进行采摘，互相配合，把合格的鲜叶采下来。双手采茶效率高，通常熟练工人一天可采 1 芽 2 ~ 3 叶 40 ~ 60kg，最高可达到 80kg。

第二节
茶的分类

一、茶叶的主要分类

我国是世界上茶类最多的国家之一，在千余年来的生产实践中，我国劳动人民在茶叶加工方面积累了丰富的经验，创造了丰富的茶类。茶叶按照不同的方法可以有不同的分类。

（一）按制法和品质的不同，可将茶叶分为六大基本茶类

六大基本茶类分别是：绿茶、白茶、黄茶、黑茶、青茶、红茶。这种分类方法已为国内外茶叶科技工作者广泛应用，是最常见的分类。

（二）按发酵程度可对茶叶进行分类

在茶叶加工中，通常把不同程度的酶促氧化过程称为“发酵”。根据茶叶加工过程中鲜叶中茶多酚的酶促或非酶促氧化程度不同，可将茶叶分为：

（1）不发酵茶：绿茶（西湖龙井、信阳毛尖等）；

（2）微发酵茶：白茶（银针白毫、白牡丹等）；

（3）轻发酵茶：黄茶（君山银针、蒙顶黄芽、霍山黄芽等）；

（4）半发酵茶：青茶（武夷岩茶、铁观音、大红袍、黄金桂、乌龙茶等）；

（5）全发酵茶：红茶（功夫、小种、红碎茶等）；

（6）后发酵茶：黑茶（广西六堡茶、湖南茯砖茶等）。

发酵程度如表 2-1 所示。

表 2–1 发酵程度表

发酵程度	不发酵茶	轻微发酵茶		半发酵茶			全发酵茶
茶类	绿茶	白茶	黄茶	青茶（乌龙茶）			红茶
发酵比例（%）	0	10	15	30	40	70	100
茶名	龙井、碧螺春等	白牡丹	君山银针	冻顶茶	铁观音	白毫乌龙	红茶

发酵是茶叶氧化的一种方式，它是茶叶加工的一道重要程序，可对茶青[1]造成下列影响：

（1）颜色的改变。未经发酵的茶叶是绿色的，发酵后就会变成红色，发酵愈多颜色便会愈红，叶子本身与泡出的茶汤颜色都是如此。所以只要看泡出茶汤的颜色是偏绿还是偏红，就可以知道该茶发酵的程度。

（2）香气的改变。未经发酵的茶，属菜香型，让其轻轻发酵，如 20% 左右，就会变成花香型；重一点的发酵，如 30% 左右，就会变成坚果香型；再重一点的发酵，如 60% 左右，会变成成熟果香型；若其全部发酵，则变成糖香型。

（3）滋味的改变。发酵愈少的茶愈接近自然植物的风味，发酵愈多，则离自然植物的风味愈远。

（三）按季节分，可分为春茶、夏茶、秋茶等

人们一般把 2 ~ 5 月采制的茶称为“春茶”。其中清明节前采制的茶称为“明前茶”；谷雨前采制的茶叫“雨前茶”。春茶一般芽头肥硕、色泽翠绿、叶质柔软、滋味鲜爽。

夏茶一般指 6 ~ 7 月采制的茶叶。这个阶段的茶叶，由于温度高、雨水多，茶树生长快，茶叶节间较长，且茶多酚、花青素、咖啡碱含量相对较高，所以苦涩味较重。

秋茶是指 8 ~ 9 月采制的茶叶。秋茶由于气温下降、营养消耗，造成叶色

[1] 茶青：指从茶园里刚采摘下来的叶子，作为加工成干茶（成品茶）的原料。一般有 1 芽 1 叶、1 芽 2 叶、1 芽 3 叶等几种。

稍偏黄、滋味较为平淡，但由于秋天昼夜温差较大，且白天气温不高，使得秋茶香气较好，其中 9 月秋茶适逢谷花时期，故又称“谷花茶”。10 ~ 11 月采制茶称“冬茶”，冬季天气转冷，茶树新梢生长缓慢，一般不采茶，但台湾地区乌龙茶中的“冬片”却是冬季制作且品质优秀。

（四）按生长环境分，可分为高山茶、平地茶

平地茶一般芽叶较小、叶色黄绿、光润欠佳、香低味淡，叶底薄。高山茶园由于周围峰峦叠嶂、溪水纵横，森林茂密、覆盖度大，气候温和湿润、雨量充足，土壤深厚肥沃，形成了独特的生态条件。茶园又多分布于群山环抱的山坞之中，终年云雾缭绕、相对湿度大，日照时间短、漫射光多，茶树常年生长在荫蔽高湿的自然环境里，饱受雾露的滋润，生长良好，芽叶肥壮，叶质柔软，白毫显露，所以素有“高山云雾出好茶”的说法。

二、六大基本茶类

（一）绿茶

绿茶干茶色泽或翠绿，或黄绿，或灰绿，或墨绿；汤色或浅绿，或黄绿；口感鲜爽。一般形容绿茶品质特点为“青汤绿叶”。绿茶的特性，较多地保留了鲜叶内的天然物质，其中茶多酚、咖啡碱保留鲜叶的 85% 以上，叶绿素保留 50% 左右。中国绿茶花色品种之多居世界之首，每年出口数万吨，占世界茶叶市场绿茶贸易量的 70% 左右。

根据绿茶杀青[1]和干燥方法的不同，可将绿茶分为炒青绿茶、烘青绿茶、蒸青绿茶和晒青绿茶四类。

（1）炒青绿茶就是将鲜叶杀青、揉捻后利用锅式炒干机、滚筒式炒干机或手工炒锅制作的绿茶，此茶具有锅炒高香味。如：杭州西湖龙井、江苏太湖洞庭碧螺春、安徽泾县涌溪火青、四川蒙山蒙顶甘露、四川峨眉山竹叶青。

---

[1] 杀青：是制作茶叶的初制工序之一，通过高温破坏鲜茶叶中的氧化酶活性，抑制茶叶中的茶多酚等的酶促氧化，蒸发水分，使茶叶变软，便于揉捻成形，同时促进良好香气的形成。

（2）烘青绿茶就是将鲜叶杀青、揉捻后利用炭火或烘干机烘干的绿茶。此茶芽叶较完整，条索疏松，清香或花香。由于条索疏松，有利于花香味的吸附，故常用做熏制花茶原料。如：安徽黄山毛峰、安徽六安瓜片、安徽太平猴魁、河南信阳毛尖、浙江天目山安吉白茶。

（3）蒸青绿茶就是利用蒸汽将鲜叶杀青，然后揉捻、干燥而成的绿茶。此茶清香、滋味醇厚，有“色绿、汤绿、叶底绿”的特点。如：恩施玉露茶、宜兴阳羡茶。

（4）晒青绿茶就是将鲜叶杀青、揉捻后直接利用日光晒干的茶。此茶色泽灰绿或墨绿，汤色浅绿或黄绿，日晒味明显。如：云南滇青茶。

绿茶基本工艺：杀青→揉捻→干燥。

绿茶中的主要名茶有：西湖龙井、日照绿茶、雪青茶、碧螺春、黄山毛峰、庐山云雾、六安瓜片、蒙顶茶、太平猴魁、顾渚紫笋、信阳毛尖、竹叶青、平水珠茶、西山茶、雁荡毛峰、华顶云雾、涌溪火青、敬亭绿雪、峨眉峨蕊、都匀毛尖、恩施玉露、婺源茗眉、雨花茶、莫干黄芽、五山盖米、普陀佛茶等。

（二）红茶

红茶在加工过程中发生了以茶多酚酶促氧化为中心的化学反应，鲜叶中的化学成分变化较大，茶多酚减少90%以上，产生了茶黄素、茶红素等新成分。

品质特点：干茶色泽乌润，汤色红艳、甜香，滋味鲜爽，叶底红润明亮。

红茶按其制造方法不同，分为小种红茶、工夫红茶和红碎茶三种。

（1）小种红茶：小种红茶是福建省的特产，有正山小种和外山小种之分。正山小种产于崇安县星村乡桐木关一带，也称“桐木关小种”或“星村小种”。政和、坦洋、古田、沙县及江西铅山等地所产的仿照正山品质的小种红茶，统称“外山小种”或“人工小种”。在小种红茶中，以正山小种的条索最为肥厚，色泽乌润，茶汤红浓，香高而长，带松烟味，滋味醇厚。

（2）工夫红茶：工夫红茶也称“条形茶”，是我国特有的红茶品种，也是我国的传统出口商品，因其制作技艺精细而得名。常见工夫红茶有祁门红茶、滇红等。

（3）红碎茶：也称“红细茶”，特点是香高味浓、滋味鲜爽、汤色红艳明亮。如 CTC 红碎茶，采用专业机器切碎制成，碎茶颗粒紧实匀齐，色泽棕红。

红茶基本工艺：萎凋→揉捻→发酵→干燥。

（三）青茶（乌龙茶）

乌龙茶，亦称青茶、半发酵茶，是中国几大茶类中具有鲜明特色的茶叶品类。

乌龙茶由宋代贡茶龙团、凤饼演变而来，创制于清雍正年间（1725 年）前后。据福建《安溪县志》记载：“安溪人于清雍正三年首先发明乌龙茶做法，以后传入闽北和台湾。”乌龙茶品尝后齿颊留香，回味甘鲜。乌龙茶的药理作用，突出表现在分解脂肪、减肥健美等方面，在日本被称为“美容茶”“健美茶”。品质特点为色泽绿黄，或金黄，或橙红，既有绿茶的清香和花香，又有红茶的甜醇。此茶并有“绿叶红镶边”的美誉。

乌龙茶根据产地和工艺的不同分为：闽北乌龙、闽南乌龙、广东乌龙、台湾乌龙。常见名茶有：安溪铁观音、安溪黄金桂、武夷大红袍（武夷四大名枞[1]之首）、武夷肉桂、闽北水仙、广东潮安凤凰单枞、台湾冻顶乌龙、文山包种、白毫乌龙（东方美人茶）。

青茶基本工艺：萎凋→做青→炒青→揉捻→干燥。

（四）白茶

白茶是我国特有的茶类之一，因其成品茶多为芽头，满披白毫，如银似雪而得名。传统白茶在日光下将鲜叶摊晾进行萎凋，以出现叶缘背卷、茶香显著为萎凋适度，将萎凋好的茶叶在阳光下直接晒干，即为白茶。日晒茶往往香气不足且稍带青气，故现在常常进行烘干（100℃左右）处理。白茶为福建特产，主要产区在福鼎、政和、松溪、建阳等地。品质特点为干茶以绿色为主，夹带轻微黄色，现银毫；汤色浅淡或杏黄，滋味醇爽清甜。

白茶按照鲜叶采摘嫩度的不同，分为芽茶和叶茶两类，如福建的白毫银针

---

[1] 武夷四大名纵：是福建武夷山选育成的茶树优良单株的总称，产于武夷山区，有大红袍、白鸡冠、铁罗汉、水金龟。

是芽茶；白牡丹、贡眉是叶茶。

白茶基本工艺：萎调→干燥。

（五）黄茶

人们从炒青绿茶中发现，由于杀青、揉捻后干燥不足或不及时，叶色即变黄，于是产生了新的茶类——黄茶。其品质特点为香气清悦，汤色金黄，味厚爽口，总体特点为“黄叶黄汤”。

黄茶按照采摘鲜叶的嫩度和芽叶大小，分为黄芽茶、黄小茶和黄大茶三类。

（1）黄芽茶，采摘最为细嫩的单芽或者嫩的 1 芽 1 叶制作而成。其特点为单芽挺直，冲泡后直立杯中，观赏价值极高，如湖南岳阳洞庭君山银针、四川雅安蒙顶黄芽、安徽霍山黄芽。

（2）黄小茶，采摘细嫩芽叶加工而成，主要包括湖南岳阳的北港毛尖，湖南宁乡的沩山毛尖，湖北远安的远安鹿苑和浙江温州、平阳一带的平阳黄汤。

（3）黄大茶，采摘 1 芽 2 ～ 3 叶甚至 1 芽 4 ～ 5 叶为原料制作而成，主要包括安徽霍山的霍山黄大茶和广东韶关、肇庆、湛江等地的广东大叶青。

黄茶基本工艺：杀青→闷黄→干燥。

（六）黑茶

由于黑茶的原料比较粗老，制作过程往往要堆积发酵较长时间，所以叶片大多呈现暗褐色，因此被人们称为“黑茶”。其品质特点为干茶色泽黑褐油润，汤色橙黄或橙红，香味醇和带松烟香味，叶底黄褐粗大。

黑茶根据其产区和工艺的不同，可分为湖南黑茶、湖北老青茶等。湖南是中国最重要的黑茶产区之一，黑茶花色品种繁多，加工制作技术精湛，质量上乘，历史悠久，成品有“三尖”和“三砖”之称。“三砖”指黑砖、花砖和茯砖。“三尖”也叫“湘尖茶”，指天尖、贡尖和生尖。其中，安化茯砖茶是颇具代表性的黑茶。湖北黑茶又称湖北老青茶，其主要产于咸宁、通山、崇阳、通城等县，一般采的茶叶都比较粗老，含有较多的茶梗，后经杀青、揉捻、初晒、复炒、复揉、渥堆、晒干，然后蒸压成砖型，称为“老青砖”。

黑茶基本工艺：杀青→初捻→渥堆→复揉→干燥。

六大茶类：类别、品种与名称如表 2-2 所示。

表 2-2 六大茶类说明

基本类别	具体品种与名称	
绿茶	炒青绿茶	眉茶（炒青、特珍、珍眉、凤眉、秀眉、贡熙等）；珠茶（珠茶、雨茶、秀眉等）；细嫩炒青（龙井、大方、碧螺春、雨花茶、松针等）
	烘青绿茶	普通烘青（闽烘青、浙烘青、徽烘青、苏烘青等）；细嫩烘青（黄山毛峰、太平猴魁、华顶云雾、高桥银峰等）
	晒青绿茶（滇青、川青等）；蒸青绿茶（煎茶、玉露等）	
红茶	小种红茶（正山小种、烟小种等）；工夫红茶（滇红、祁红、川红、闽红等）；红碎茶（叶茶、碎茶、片茶、末茶）	
青茶	闽北乌龙（武夷岩茶、水仙、大红袍、肉桂等）；闽南乌龙（铁观音、奇兰、水仙、黄金桂等）；广东乌龙（凤凰单枞、凤凰水仙、岭头单枞等）；台湾乌龙（冻顶乌龙、包种、乌龙等）	
白茶	白芽茶（银针等）；白叶茶（白牡丹、贡眉等）	
黄茶	黄芽茶（君山银针、蒙顶黄芽等）；黄小茶（北毛尖、沩山毛尖、温州黄汤等）；黄大茶（霍山黄大茶、广东大叶青等）	
黑茶	湖南黑茶（安化黑茶等）；湖北老青茶（蒲圻老青茶等）；四川边茶（南路边茶、西路边茶等）；滇桂黑茶（六堡茶等）	

三、再加工茶

茶叶加工可分为初制加工、精制加工及再加工。一般来说，以各种毛茶或精制茶再加工而成的称为再加工茶，包括花茶、紧压茶、液体茶、速溶茶及药用茶等。

（一）普洱茶

1. 普洱茶简介

普洱茶是云南特有的地理标志产品，是以地理标志保护范围内的云南大叶种晒青茶为原料，并在地理标志保护范围内采用特定的加工工艺制成，具有独特品质的茶叶。[1]

---

❶ 该定义是按照中国国家标准管理委员会于2008年6月发布的《地理标志产品普洱茶》中公布的内容确定的。

普洱茶是一种加工方式非常独特的茶叶种类，包括直接再加工为成品的生普和经过人工速成发酵后再加工而成的熟普。由于普洱茶自然发酵的时间较长，少则三五年，多达几十年，不能满足人们的需要，20世纪70年代出现了人工速成发酵的加工技术，通常称之“渥堆”[1]技术。在型制上又分散茶和紧压茶两类，紧压茶又分为砖、饼、沱、团茶；成品后都会持续进行自然陈化过程，具有越陈越香的独特品质，具有降血脂、减肥、暖胃等功效。

在清朝，普洱茶达到第一个鼎盛时期。《滇海虞衡志》称：“普茶名重天下……茶山周八百里，入山作茶者数十万人，茶客收买，运于各处。”普洱茶开始成为皇室贡茶，成为国礼赐给外国使者。末代皇帝溥仪说皇宫里：“夏喝龙井，冬饮普洱。”清代学者阮福在《普洱茶记》中记载：“普洱茶名遍天下，京师尤重之。”清末民初，是普洱茶价格最高的时期，学者柴萼《梵天庐丛录》记载：“普洱茶……性温味厚，产易武、倚邦者尤佳，价等兼金。品茶者谓：‘普洱之比龙井，犹少陵之比渊明，识者韪之’。”也就是说，当时的普洱茶好茶价格是银子（或金子）的两倍！普洱茶名重天下，西双版纳则公认为最重要的优质普洱茶原料产地。普洱茶古六大古茶山——攸乐、革登、倚邦、莽枝、

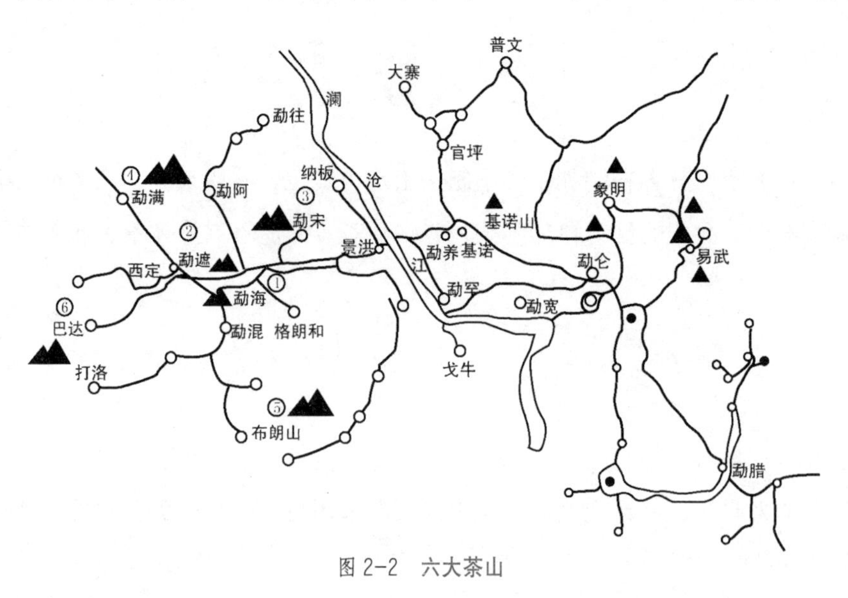

图 2-2　六大茶山

[1] 渥堆：指将晒青毛茶堆放成一定高度，通常为70cm，之后洒水，上覆麻布，使之在湿热作用下发酵一段时间的加工方法。

蛮砖、漫撒，全部位于西双版纳。新六大茶山——南糯、南峤、勐宋、景迈、布朗、巴达，其中五座位于勐海县境内。西双版纳勐海茶区也由此成为近现代普洱茶的核心产区（见图 2-2）。

云南省标准计量局于 2003 年 3 月公布了普洱茶的定义：“普洱茶是以云南省一定区域内的云南大叶种晒青毛茶为原料，经过后发酵[1]加工而成的散茶和紧压茶。”上述定义有三个方面的界定：一是云南省一定区域内的大叶种茶；二是阳光干燥方式；三是经过后发酵加工。云南普洱茶的感官要求：外形色泽褐红或略带灰白，呈猪肝色，内质汤色红浓明亮，香气独特陈香，滋味醇厚回甘，叶底褐红。现以大益普洱（见图 2-3）为例说明。

图 2-3　大益经典生茶 7542 与熟茶 7572

（1）大益普洱（生）茶：以云南大叶种晒青毛茶为原料，未经人工渥堆发酵，直接压制成饼、砖、沱等形式的紧压茶，或者直接以散茶形式进行存放。总体品质特点：香气纯正，汤色橙黄，滋味浓厚，回甘生津快，经久耐泡等。

（2）大益普洱（熟）茶：以云南大叶种晒青毛茶为原料，采用 20 世纪 70 年代研究成功的人工渥堆技术，通过控制茶叶堆的发酵温度、发酵湿度和发酵时间，加速普洱茶的发酵过程和品质转变，再以散茶或压制成砖、饼、沱等形式存放。总体品质特点：陈香显著，汤色红浓，滋味醇厚，口感爽滑，回甘绵

[1] 后发酵：指将已经制成的晒青毛茶通过人工的方法进行发酵处理。

长，经久耐泡等。

2. 普洱茶制作技艺

制作程序：原料的准备→筛分→拣剔→拼配匀堆→称茶→蒸茶→压茶→烘干→包装→储存。

大益七子饼茶（7572、7542、7262、7592、8582、8592、7672、7562 等）、勐海沱茶、普洱沱茶、普洱砖茶、女儿贡茶、宫廷普洱等，几十年来一直被业内推崇为普洱茶的经典。其中大益 7572 被誉为评判普洱熟茶的标杆，大益 7542 被誉为评判普洱生茶的标杆。随着生产体系与技术工艺的完备，为方便消费者轻松饮用普洱，大益集团经过不懈努力和尝试，于 2010 年正式推出大益普洱袋泡茶。该袋泡茶用优质陈化原料经分选、拼配、精制加工而成，是大益产品体系中崭新的形式。

3. 判断大益普洱茶价值的 OTA 标准

（1）产地价值（O–Origin）：源自云南勐海古生茶园。大益普洱茶原料基地坐落于世界茶树发源地，同时也是驰名中外的优质普洱茶核心产区——云南西双版纳勐海境内，位于东经 99° 56′ ~ 100° 41′，北纬 21° 28′ ~ 22° 28′。基地采用国家级云南大叶种品系茶树品种，地处原生态古茶园地震带，土质肥沃，土层深厚，有机质含量非常丰富，雨量充沛，云雾缭绕，高山怀抱，溪水纵横，有着独特的生态条件，造就了大益普洱茶品质的唯一性和可靠性。

（2）工艺价值（T–Technology）：秉承中国非物质文化遗产保护技艺。2008 年，“大益茶制作技艺”入选第二批国家级非物质文化遗产名录，这也正好验证七十载专业制茶工艺的追精求纯，传承创新；完美普洱口感，更是大益制茶技师历经千万次品茶记忆所凝聚的深湛理解，以及经验和灵感的精彩演绎。经典好茶的内涵，正在于三分天赐、七分人工。

（3）年份价值（A–Age）：历经时光自然醇化。在合适的储存条件下，在一定的时间范围内，普洱茶的内在品质和品饮口感会随着时间的推移而提升，即普洱茶的年份价值。年份价值是普洱茶升值的基础，也使得普洱茶具有投资价值和收藏价值。大益茶战略性万吨级原料储备及配方应用，对于形成产品差异化与无可复制的价值优势，具有特殊意义。在沉淀和积蓄中，内质因岁月雕琢而完美，如人生历经酝酿的成熟，底蕴深厚，大气浑然。品味陈韵，诠释的不仅是茶中真味，更是时间的分量。

（二）药茶

将药物与茶叶配伍，制成药茶，以发挥和加强药物的功效，利于药物的溶解，增加香气，调和药味。这种茶的种类很多，如“午时茶”“姜茶散”“益寿茶”“减肥茶”等。

（三）花茶

这是一种比较稀有的茶叶花色品种，它是用花香增加茶香的一种产品，在我国很受欢迎。一般是用绿茶做茶坯，少数也有用红茶或乌龙茶做茶坯的。它根据茶叶容易吸附异味的特点，以香花为窨料加工而成。所用的花，品种有茉莉花、桂花、珠兰等多种，以茉莉花为最多。

窨花茶就是将鲜花与茶坯拼和，控制在一定条件下，利用鲜花吐香的挥发性和茶坯吸香的吸附性，达到茶引花香，增益香味的目的。

花茶基本工艺：茶坯和花的处理→茶坯与花拌和→窨花→通花→起花→烘干→提花→包装。

花茶品质特点：既有茶香，又有花香，且花香经久耐泡。

茉莉花茶是花茶的大宗产品和典型代表，产区辽阔，产量最大，品种丰富，销路最广。茉莉花茶是用经加工干燥的茶叶，与含苞待放的茉莉鲜花混合窨制而成的再加工茶，其色、香、味、形与茶坯的种类、质量及鲜花的品质有密切关系。大宗茉莉花茶以烘青绿茶为主要原料，统称茉莉烘青。茉莉花茶既是香味芬芳的饮料，又是高雅的艺术品。茉莉鲜花洁白高贵，香气清幽，近暑吐蕾，入夜放香，花开香尽。茶能饱吸花香，以增茶味，只要泡上一杯茉莉花茶，便可领略茉莉的芬芳。

第三节
茶的保健

一、茶的营养价值

经过科学的分析鉴定，茶叶内所含化合物达到500种左右。其中有些是人体必需的营养成分，如维生素类、蛋白质、氨基酸、类脂类、糖类及矿物质元素等，对人体有较高营养价值；有些是对人体有保健和药用价值的成分，如茶多酚、咖啡碱、脂多糖等。

（一）饮茶可以补充人体需要的多种维生素

茶叶中含有多种维生素，按照其溶解性可分为脂溶性维生素和水溶性维生素。前者包括维生素A、维生素D、维生素E、维生素K等，后者有B族维生素和维生素C，其中水溶性维生素，通过饮茶直接被人体吸收利用。因此，饮茶是补充水溶性维生素的好方法，经常饮茶可以补充人体对多种维生素的需要。

B族维生素中的维生素B_1又称硫胺素，B_2又称核黄素，B_3又称泛酸，B_5又称烟酸，B_{11}又称叶酸。维生素C，又名抗坏血酸，能提高人体抵抗力和免疫力。茶叶中维生素C含量较高，每100g绿茶中含量高达100～250mg，高级龙井茶含量360mg以上，比柠檬、柑橘等水果含量还高。而且，绿茶档次越高，其营养价值相对越高。每人每日只要喝10g高档绿茶，就能满足人体对维生素C的日需要量。

由于脂溶性维生素难溶于水，用沸水冲泡也很难被吸收利用。因此，提倡适当“吃茶”来弥补这一缺陷，即将茶叶制成超微细粉，添加在各种食品中，如含茶豆腐、含茶面条、含茶糕点、含茶糖果、含茶冰淇淋等。吃了这些茶食品，则可获得茶叶中所含的脂溶性维生素营养成分，更好地发挥茶叶的营养价值。

（二）饮茶可以补充人体需要的蛋白质和氨基酸

茶叶中，能通过饮茶被直接吸收利用的水溶性蛋白质含量约为 2%，大部分蛋白质为水不溶性物质，存在于茶渣内。茶叶中的氨基酸种类丰富，多达 25 种以上，其中的异亮氨酸、亮氨酸、赖氨酸、苯丙氨酸、苏氨酸、缬氨酸，是人体必需的 8 种氨基酸中的 6 种，还有婴儿生长发育所需的组氨酸。这些氨基酸在茶叶中含量虽不高，但可作为人体日需量不足的补充。

（三）饮茶可以补充人体需要的矿物质元素

茶叶中含有人体所需的大量元素和微量元素。大量元素主要是磷、钙、钾、钠、镁、硫等；微量元素主要是铁、锰、锌、硒、铜、氟和碘等。如茶叶中含锌量较高，尤其是绿茶，每克绿茶平均含锌量达 73μg，高的可达到 252μg；每克红茶中平均含锌量也有 32μg。茶叶中铁的平均含量，每克绿茶中含量为 123μg，每克红茶中含量为 196μg。这些元素对人体生理机能有着重要作用，经常饮茶，是获得这些矿物质元素的重要渠道之一。

二、茶的药理作用

茶为药用，在我国已有 2 700 多年历史。东汉的《神农本草》、唐代陈藏器的《本草拾遗》、明代顾元庆《茶谱》等史书，均详细记载了茶叶的药用功效。成书于东汉（25 ~ 225 年）的《神农本草》云：“茶叶味苦寒，久服安心益气，轻身耐劳。”《神农食经》亦云“茶叶利小便，去痰热，止渴，令人少睡”“茶茗久服令人有力悦志”。唐代《新修本草》中曾说：“茗，古茶；茗味甘、苦、微寒、无毒。主瘘疮、利小便、去痰、热渴，令人少睡。春采之，苦茶，主下气，消宿食。”

明代李时珍的《本草纲目》更形象地总结了茶的药理作用。书中说：“茶苦而寒，最能降火，火为百病，火降则上清矣。温饮则火因寒气而下降，热饮则茶借火气而上升散，又兼解酒之功能也……茶气味苦甘，微寒无毒，主治瘘疮，利小便，去痰热，止渴，悦志。下气消食，破热气，除瘴气，清头目，治中风昏聩，治伤暑，治热毒赤白痢，止头痛。”

在《中国茶经》中记载茶叶药理功效有24例。现代科学大量研究证实，茶叶确实含有与人体健康密切相关的生化成分，不仅具有提神清心、清热解暑、消食化痰、去腻减肥、清心除烦、解毒醒酒、生津止渴、降火明目、止痢除湿等药理作用，还对现代疾病如辐射病、心脑血管病、癌症等，有一定的药理功效。可见茶叶药理功效之多，作用之广，是其他饮料无法替代的。正如宋代欧阳修《茶歌》所赞颂的："论功可以疗百疾，轻身久服胜胡麻。"或如苏轼所说："何须魏帝一丸药，且尽卢仝七碗茶。"

茶叶中药理作用的主要成分是茶多酚、咖啡碱、脂多糖等。茶多酚是茶叶中30多种多酚类化合物的总称，有很广的药用价值，是茶的主要药用成分，按其化学结构可分为4类：儿茶素类、黄酮及黄酮醇类、花白素及花青素类、酚酸及缩酚酸类。其具体作用如下。

（1）有助于延缓衰老。茶多酚具有很强的抗氧化性和生理活性，具有阻断脂质过氧化反应、清除活性酶的作用，是人体自由基的清除剂。据有关部门研

究证明，1mg茶多酚清除对人体有害的过量自由基的效能相当于9μg超氧化物歧化酶（SOD），大大高于其他同类物质。日本奥田拓勇的试验结果也证实，茶多酚的抗衰老效果要比维生素E强18倍。

（2）有助于抑制心血管疾病。茶多酚对人体脂肪代谢有重要作用。人体的胆固醇、三酸甘油酯等含量高，血管内壁脂肪沉积，血管平滑肌细胞增生后会形成动脉粥样化斑块等心血管疾病。茶多酚，尤其是茶多酚中的儿茶素ECG和EGC及其氧化产物茶黄素等，有助于使这种斑状增生受到抑制，使造成血凝黏度增强的纤维蛋白原降低，凝血变清，从而抑制动脉粥样硬化。

（3）有助于预防和抵抗癌症。茶多酚可以阻断亚硝酸铵等多种致癌物质在体内合成，并具有直接杀伤癌细胞和提高机体免疫力的功效。据有关资料显示，茶叶中的茶多酚（主要是儿茶素类化合物），对胃癌、肠癌等多种癌症的预防和辅助治疗均有裨益。

（4）有助于预防和治疗辐射伤害。茶多酚及其氧化产物具有吸收放射性物质锶90和钴60毒害的能力。据有关医疗部门临床试验证实，对肿瘤患者在放射治疗过程中引起的轻度放射病，用茶叶提取物进行治疗，有效率可达90%以上；对血细胞减少症，茶叶提取物治疗的有效率达81.7%；对因放射辐射引起的白血球减少症，治疗效果更好。

（5）有助于抑制和抵抗病毒、病菌。茶多酚有较强的收敛作用，对病原菌、病毒有明显的抑制和杀灭作用，消炎止泻也有明显效果。我国有不少医疗单位应用茶叶制剂治疗急性和慢性痢疾、阿米巴痢疾，治愈率达90%左右。

（6）有助于美容护肤。茶多酚是水溶性物质，用它洗脸能清除面部的油腻，收敛毛孔，具有消毒、灭菌、抗皮肤老化、减少日光中的紫外线辐射对皮肤的损伤等功效。

（7）有助于醒脑提神。茶叶中的咖啡碱能促使人体中枢神经兴奋，增强大脑皮层的兴奋过程，起到提神益思、清心的效果。

（8）有助于利尿解乏。茶叶中的咖啡碱可刺激肾脏，促使尿液迅速排出体外，提高肾脏滤出率，减少有害物质在肾脏中的滞留时间；还可排除尿液中的过量乳酸，有助于使人体尽快消除疲劳。

（9）有助于降脂助消化。唐代《本草拾遗》中对茶的功效有“久食令人瘦”的记载，边疆少数民族也有“不可一日无茶”之说。茶叶中的咖啡碱能提高胃液分泌量，帮助消化，增强分解脂肪能力。尤其是普洱茶，其降脂的功效非常独特，在法国、德国、日本、中国大陆、中国台湾地区都有正式学术报告予以证实。研究表明，因为它经过独特的发酵过程，可以提高酵素分解腰腹部脂肪的功能。普洱茶中的麴菌含有微量脂肪分解酵的脂肪酶，这对脂肪分解具有效用，所以普洱茶可抑制体重增加，减少血液中的胆固醇及三酸甘油酯。法国巴黎圣东安尼医学系临床主任卡罗比医生专门开展了一项普洱茶实验：研究者用普洱茶做试验，受试者每人每天饮三杯普洱茶，坚持一个月，结果有的体重减轻了，有的血脂降低了。因此，法国妇女，特别是很讲究形体美的年轻女性，把普洱茶称为“减肥茶”。

（10）有助于护齿明目。茶叶中含氟量较高，每 100g 干茶中含氟量为 10 ~ 15mg，且 80% 为水溶性成分。若每人每天饮茶叶 10g，则可吸收 1 ~ 1.5mg 氟。而且茶叶是碱性饮料，可抑制人体钙质减少，对预防龋齿、护齿坚齿都有益。据有关资料显示，在小学生中进行“饭后茶疗漱口”试验，龋齿率可降低 80%。另据有关医疗单位调查，在白内障患者中，有饮茶习惯的占 28.6%，无饮茶习惯的则占 71.4%。这说明茶叶中维生素 C 等成分能降低眼睛晶体混浊度；经常饮茶，对减少眼疾、护眼明目均有积极作用。

三、正确的喝茶方法

（1）由于个人生活习惯、身体条件、职业、居住地区等不同，对茶的需求也不同，应从实际出发，选择适合自己的茶叶。比如身体较虚弱的人喝点红茶，在茶叶中加点糖，既可增加能量，又能补充营养。青年人正处在发育旺盛期，需要更多营养，故以喝绿茶和普洱生茶为好。妇女经期前后及更年期，性情烦躁，饮用花茶有疏肝解郁、理气调经的功效。身体肥胖、希望减肥的人以及常年食用牛羊肉较多的人，可以多喝些经过发酵的普洱熟茶。脑力劳动者、军人、驾驶员、运动员、歌唱家、广播员、演员等，为了提高头脑敏捷程度，使精神饱满，增强思维能力、判断能力和记忆力，可以饮用各种名优绿茶。

（2）新茶并非越新越好，喝法不当易伤肠胃。由于新茶刚采摘回来，存放时间短，含有较多的未经氧化的多酚类、醛类及醇类等物质，这些物质对健康人群并没有多少影响，但对胃肠功能差，特别是本身就有慢性胃肠道炎症的病人来说，就会刺激胃肠道黏膜，容易诱发肠胃病。因此新茶不宜多喝，存放不足半个月的新茶更不要喝。

（3）由于新茶中还含有较多的咖啡因、活性生物碱和多种芳香类物质，会使人的中枢神经系统兴奋，所以有神经衰弱、心脑血管病的患者应适量饮用，且不宜在睡前或空腹时饮用。如果是平时容易激动或比较敏感、睡眠状况欠佳和身体较弱的人，晚上还是以少饮或不饮为宜。

（4）晚上喝茶时要少放茶叶，不要将茶泡得过浓，喝茶的时间最好在晚饭之后。因为空腹饮茶会伤身体，尤其对于不常饮茶的人来说，会抑制胃液分泌，影响消化，严重的还会引起心悸、头痛等“茶醉”症状。

拓展阅读

一、茶马古道※

在滇、川、藏“大三角”地带的丛林草莽之中，绵延、盘旋着一条神秘的古道，这就是世界上地势最高的文化传播古道之一的“茶马古道”。

茶马古道起源于唐宋时期的“茶马互市”。康藏属高寒地区，海拔都在三四千米以上，糌粑、奶类、酥油、牛羊肉是藏民的主食，这些食物热量高，又没有蔬菜；过多的脂肪在人体内不易分解，而茶叶既能够分解脂肪，又能防止燥热，故藏民在长期的生活中形成了喝酥油茶的高原生活习惯；但藏区却不产茶。而在内地，民间役使和军队征战都需要大量的骡马，故马匹供不应求；而藏区和川、滇边地则产良马。于是，具有互补性的茶、马交易，即“茶马互市”便应运而生。这样，藏区和川、滇边地出产的骡马、毛皮、药材等物和川、滇及内地出产的茶叶、布匹、盐和日用器皿等，在横断山区的高山深谷间南来北往、流动不息，并随着社会经济的发展而日趋繁荣，形成了一条延续至今的“茶马古道”。

“茶马古道”是一个有着特定含义的历史概念。具体说来，主要分为南、北两条道，即滇藏道和川藏道。滇藏道起自云南西部洱海一带的产茶区，经丽江、中甸（今天的香格里拉县）、德钦、芒康、察雅至昌都，再由昌都通往卫藏地区。川藏道则以今四川雅安一带的产茶区为起点，首先至康定。自康定起，川藏道又分成南、北两条支线：北线从康定向北，经道孚、炉霍、甘孜、德格、江达抵达昌都（即今川藏公路的北线），再由昌都通往卫藏地区；南线则从康定向南，经雅江、理塘、巴塘、芒康、左贡至昌都（即今川藏公路的南线），再由昌都通向卫藏地区。

到达拉萨的茶叶，复经喜马拉雅山口运往印度加尔各答、行销欧亚；逐

※ 参见“茶马古道”，载 http://baike.baidu.com/view/2169.htm。

渐成为了一条国际大通道。这条国际大通道，在抗日战争、中华民族生死存亡之际，也发挥了重要的作用。

需要指出的是，以上所言只是茶马古道的主要干线，也是长期以来人们对茶马古道的一种约定俗成的理解和认识。事实上，除以上主干线外，茶马古道还包括了若干支线。

二、诗茶如画郑板桥

郑板桥（1693～1765年），清代著名画家；字克柔，号板桥，江苏兴化人。康熙秀才，雍正举人，乾隆进士；曾任山东范县、潍县县令。做官期间，不肯逢迎上司，颇能关心人民疾苦；饥荒年岁，曾因擅自开仓赈济、拔款救灾，获罪罢官，后来长期在扬州以卖画为生。受石涛、八大山人影响较深，又发挥了自己的独创精神，为“扬州八怪”之一。

江南青山绿水，风景秀丽，且出产名茶。生长于此的郑板桥能诗会画，既喜品茗，又懂茶趣，一生中写过许多茶诗茶联，所谓青山美景、名茶佳水，都可入诗入联。在他考举人之前，曾在镇江焦山别峰庵读书。焦山位于长江之中，山水天成，满山苍翠。在这样一片宜人风光之中读书、品茗、作画，郑板桥不禁写下：“楚尾吴头，一片青山入座；淮南江北，半潭秋水烹茶”和“汲来江水烹新茗，买尽青山当画屏”等茶联，一抒胸臆。

郑板桥一生爱茶。无论走到哪里，他都会品尝当地的好茶，为其写下茶联、茶文，且多题于茶亭楼阁，具有浓郁的诗情画意，为佳茗添香增色不少。在四川青城山天师洞，有郑板桥所作的一副楹联：“扫来竹叶烹茶叶，劈碎松根煮菜根”。字句朴素自然，抒写的是清贫而自尊的生活。他生性豁达，落拓不羁，不追求功名利禄，只求“茅屋一间，新篁数竿，雪白纸窗，微浸绿色。此时独坐其中，一盏雨前茶，一方端砚石，一张宣州纸，几笔折枝花，朋友来至，风声竹响，愈喧愈静”“白菜青盐粘子饭，瓦壶天水菊花茶”，以及“不风不雨正清和，翠竹亭亭好节柯。最爱晚凉佳客至，一壶新茗泡松萝”。在粗茶淡饭的清贫生活中与翠竹、香茗、书画和挚友相伴，已是人生至乐。

民间流传着一则郑板桥诙谐风趣的逸事：有一次他造访了一座寺庙，寺庙住持并不认识他，见他相貌平常，因此随意说了句："坐"，对侍者说："茶"。交谈时，发觉他谈吐不俗，因而心生敬意，于是改口说："请坐"，吩咐侍者说："奉茶"。后来住持得知他就是大名鼎鼎的郑板桥时，态度大变，毕恭毕敬地说："请上坐"，连忙叫侍者："奉好茶"。当郑板桥欲离去时，住持请郑板桥题字留念。当侍者奉上笔砚，只见郑板桥不假思索地写下了："坐，请坐，请上坐。茶，奉茶，奉好茶"。住持开始还满心欢喜，但仔细一想，才知被板桥愚弄了。

【复习题】

一、名词解释

1. 茶叶 2. 绿茶 3. 黄茶 4. 黑茶 5. 乌龙茶 6. 红茶 7. 白茶 8. 普洱茶 9. "渥堆"技术

二、简答题

1. 茶树的学科分类是怎样的?
2. 茶树"四喜四怕"的特性是什么?
3. 简述大益普洱茶的"OTA"标准。

三、论述题

1. 请列举六大基本茶类，并介绍一下各自的基本工艺。
2. 试论茶的保健功效。

3

Chapter

第三章 茶具常识

第一节 茶具简介

中国茶叶种类繁多，在品饮的同时，还特别讲究茶汤和茶叶的色、香、味、形，因此需要各种不同系列的茶具来体现和发挥茶叶的特质。明代许次纾曾在《茶疏》中说："茶滋于水，水藉乎器，汤成于火。四者相须，缺一则废。"在中国茶具制造史上，各式茶具精彩纷呈，无论是优美的造型，还是精良的质地，每种茶具都有它的独到之处，是中国茶文化不可分割的重要组成部分。

一、何为茶具

茶具又称茶器，主要指茶壶、茶杯、公道杯、茶道组等饮茶、品茶的器具。现代茶具的种类是屈指可数的，但是古代"茶具"的概念似乎指更大的范围。"茶具"一词最早出现在汉代，西汉王褒的《僮约》中就有"烹荼尽具，已而盖藏"之说，这也是我国最早提到"茶具"的一条史料。到了唐代，陆羽在《茶经》中把采制所用的工具称为茶具，把烧茶、泡茶的器具称为茶器，以区别它们的用途。唐代诗歌中有提到茶器的，也有提到茶具的。比如唐代诗人白居易《睡后茶兴忆杨同州诗》："此处置绳床，旁边洗茶器。"皮日休《褚家林亭诗》则有"萧疏桂影移茶具"之语。到了宋代以后，茶具与茶器在生活中基本可以通用。

《宋史·礼志》载"皇帝御紫宸殿，六参官起居北使……是日赐茶器、名果"，指的是皇帝将"茶器"作为赏赐送给朝廷官员、外国使节，可见茶具在宋代是非常名贵的。再如，北宋画家文同说："惟携茶具赏幽绝。"南宋诗人翁卷说："一轴黄庭看不厌，诗囊茶器每随身。"元代画家王冕的《吹箫出峡图诗》说："酒壶茶具船上头。"明初"吴中四杰"之一的画家徐贲也在诗中写道："茶器晚犹设，歌壶醒不敲"。不难看出，无论是唐、宋诗人，还是元、明画家，在他们笔下经常可以读到"茶具"（茶器）诗句，这也说明茶具是茶文化不可分割的重要部分。

二、茶具的历史

从饮茶开始就有了茶具，从粗糙古朴的陶碗到造型别致的茶壶，历经了几千年的发展。茶具在造型、用料、色彩和铭文上的变化，都反映出时代的特点、历史的脉络。历代茶具名师、艺人创造的形态各异、丰富多彩的茶具艺术品、不可多得的传世之作，都是我们宝贵的历史文物，具有极高的文化价值。

茶具同其他饮食器具一样，其发生、发展都经历了一个从无到有、从共用到专有、从粗糙到精致的演进历程。随着"茶之为饮"，茶具也随着饮茶的发展、茶类品种的增多、饮茶方式的改进而不断发生变化，制作技术也在不断完善。

（一）隋及隋以前的茶具

根据现有史料的记载，西汉被认为是我国最早谈及饮茶使用器具的时期。王褒在《僮约》（公元前 59 年）中提到："烹荼尽具，已而盖藏。"这里的"荼"指的是"茶"，"尽"作"净"解。《僮约》原本是一份契约，文内有要求家僮烹茶之前洗净器具的条款，这是中国茶具发展史上最早谈及饮茶器具的史料。

西晋左思（约 250 ~ 约 305 年）的《娇女诗》也有对茶具明确记载的文字："心为茶荈剧，吹嘘对鼎铄。"这里的"鼎"当属茶具。唐代陆羽在《茶经》中引《广陵耆老传》载："有老姥每旦独提一器茗，往市鬻之。市人竞买，自旦至夕，其器不减。"同时引述了西晋八王之乱时，晋惠帝司马衷蒙难，从河南许昌回到洛阳，侍从"持瓦盂承茶"敬奉之事。这些史料说明，早在汉代之后、隋唐之前，虽已出现了专用茶具，但这些茶具与食具、酒具等饮具的功能区分并不十分严格，并且在很长一段时间内，它们之间都是可以共用的。

（二）唐（含五代）25 种茶具

唐代，饮茶之风盛行；茶为国饮，因而更加讲究饮茶情趣。在饮茶过程中，茶具有助于提高茶的色、香、味，具有实用性；同时，一套精致高雅的茶具，本身就具有很高的艺术性和观赏价值。所以茶具在唐代得到高速发展。到了中唐时期，茶具不但门类齐全，质地也变得更加讲究，陆羽在《茶经》中就详尽记述了因茶择具。20 世纪 80 年代后期，陕西扶风法门寺地宫出土了成套唐代宫廷茶具，材质讲究，制作异常精美，唐代茶具制作工艺可见一斑。有关唐代宫廷茶具，下面将分件专述。在这里，主要列出陆羽在《茶经》中所记载的 25 种茶具，按器具名称、规格、造型和用途，分别简述如下。

（1）风炉（灰承）：形如古鼎，有三足两耳。《茶经》对风炉形态的描写是这样的："厚三分，缘阔九分，令六分虚中。"炉内有床放置炭火，炉身下腹有三孔窗孔，便于通风。上有三个支架（格），用来煎茶。炉底有一个洞口通风出灰，其下有一只铁制的灰承承接炭灰。风炉的炉腹三个窗孔之上，分别铸有"伊公""羹陆"和"氏茶"字样，六字相连读成"伊公羹，陆氏茶"。"伊公"指的是商朝初期贤相伊尹，"陆氏"当是陆羽自称。陆羽首创用鼎煮茶，有"伊尹用鼎煮羹，陆羽用鼎煮茶"之说；一羹、一茶，两人都是首创者。由此可见，陆羽首创铁铸风炉，为中国茶具史上的一大创造。见图（3-1）。

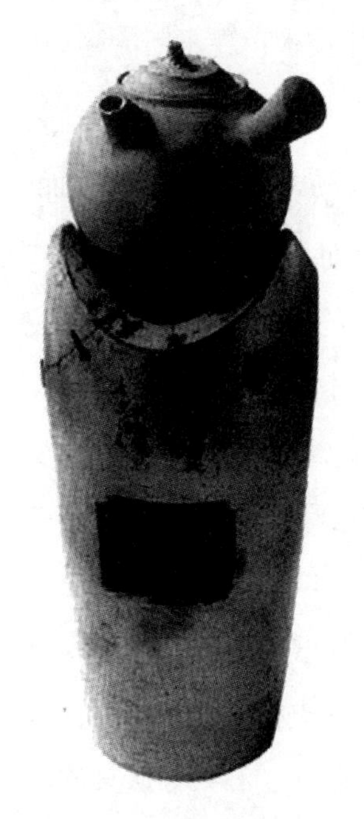

图 3-1　风炉

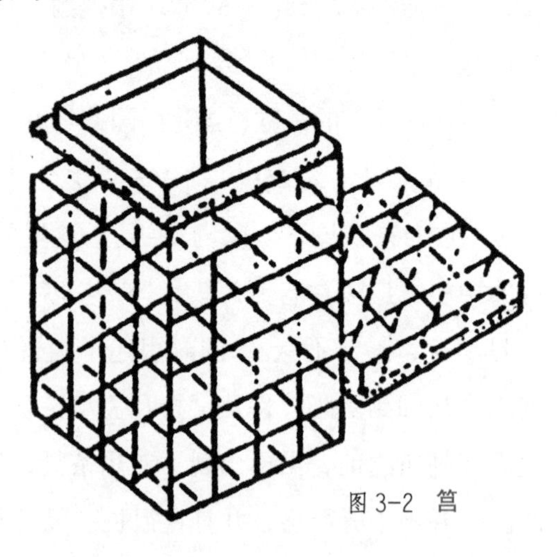

图 3-2　筥

（2）筥（jǔ）：用竹子编成，高一尺二寸，直径七寸。或是先做成筥形的木楦，用藤条编制。表面编成六角圆眼，把底、盖磨得和竹箱的口一样光滑（见图3–2）。

（3）炭挝：是六角形的铁棒，长一尺，上头尖，中间粗，握处细的一头拴一个小辗（见图3–3）。也可制成锤状或斧状，供敲炭用。

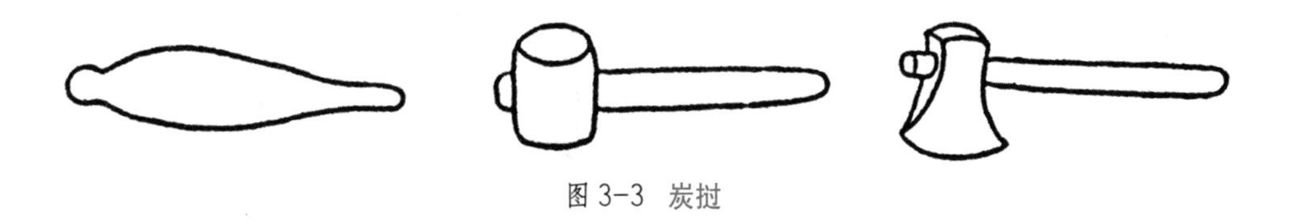

图3–3　炭挝

（4）火筴：又名筯，供取炭之用，是用铁或铜制成的火箸；圆而直，长一尺三寸，顶端扁平（见图3–4）。

图3–4　火筴

（5）腹：锅，生铁制成，以废旧农具炼铸。炼铸时内抹土，外抹砂。里面因抹土而光滑，易于磨洗；外面因砂而粗糙，易吸热。锅耳制成方形，使平正；锅边较宽，使能伸展得开；锅脐要长，并在中心，使火力集中于锅中间——水在锅正中沸腾，水沫易于上升，水味可更醇正。洪州的锅是用瓷制成的，莱州的锅是用石制成的。瓷锅、石锅都雅致好看，但不坚固，不禁久用。用银锅非常清洁，但又过于奢侈、华丽。从耐久性着眼，还是铁制的较好。

图3–5　交床

（6）交床：十字形交叉作架，上置剜去中部的木板，供置用（见图 3–5）。

（7）夹：用小青竹制成，长一尺二寸，供炙烤茶时翻茶用。

（8）纸囊：用剡藤纸（产于剡溪，在今浙江省嵊州市境内）双层缝制而成（见图 3–6）。用来贮茶，可以“不泄其香”。

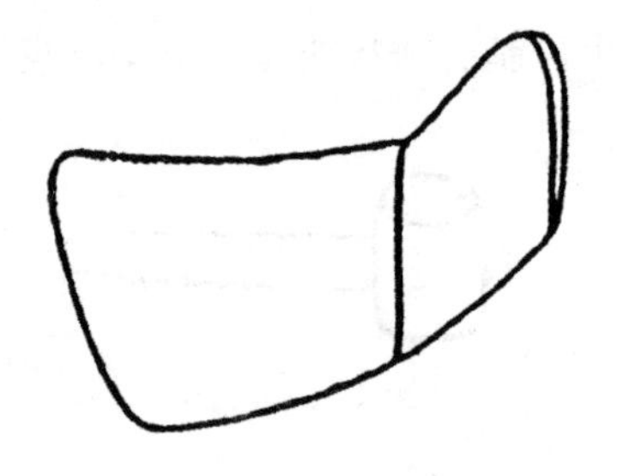

图 3–6　纸囊

（9）碾：用橘木制作，也可用梨、桑、桐、柘木制作。内圆外方，既便于运转，又可稳固不倒。内有一车轮状带轴的堕，能在圆槽内来回转动，用它将炙烤过的饼茶碾成碎末，便于煮茶（见图 3–7）。

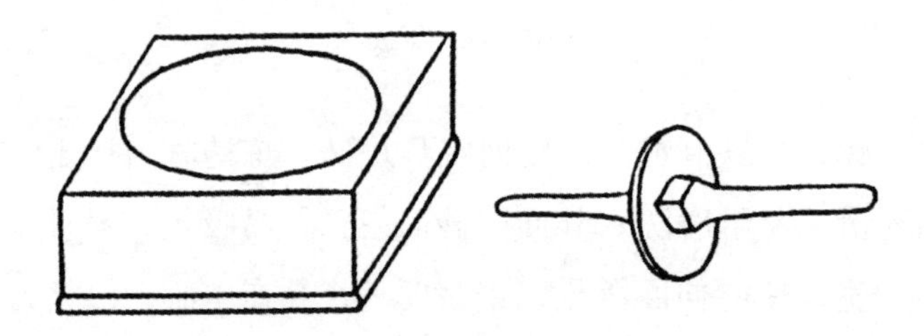

图 3–7　碾

（10）罗合：罗为筛，合即盒，经罗筛下的茶末盛在盒子内（见图 3–8）。

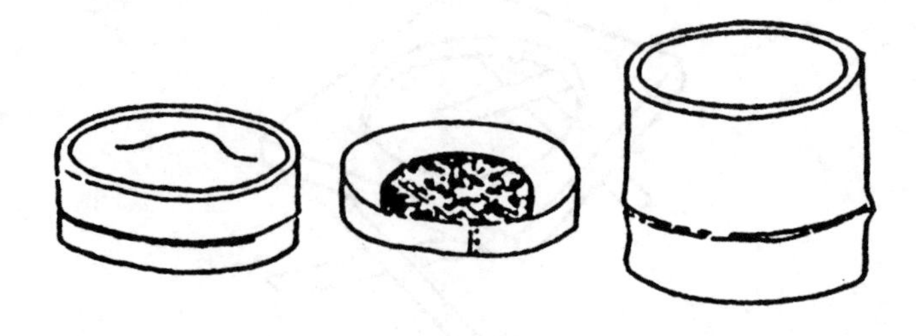

图 3–8　罗合

（11）则：用海贝、蛎蛤的壳或铜、铁、竹制作而成的匙和小箕之类，供量茶用（见图 3-9）。

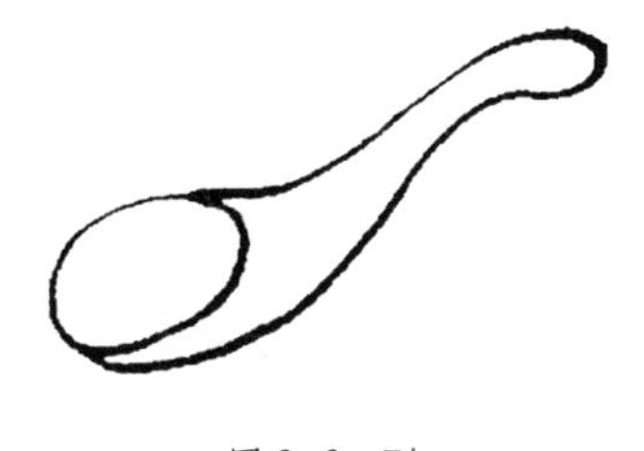

图 3-9 则

（12）水方：用稠木或槐、楸、梓木锯板制成，板缝用漆涂封，可盛水一斗，用来煎茶（见图 3-10）。

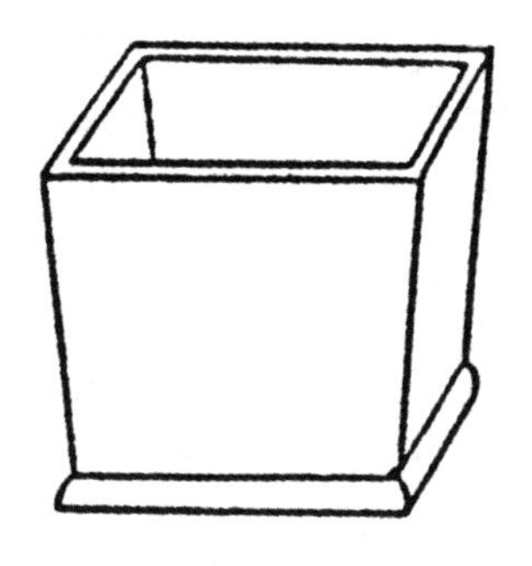

图 3-10 水方

（13）漉水囊：滤水用器，骨架可用不生苔秽和腥涩味的生铜制作。此外，也可用竹、木制作，但不耐久，不便携带；惟不宜用铁制作。囊可用青竹丝编织，或缀上绿色的绢。其径五寸，并有柄，柄长一寸五分，便于握手。此外，还需做一个绿油布袋，平时用来贮放漉水囊。漉水囊其实是一个滤水器，供清洁、净水用（见图 3-11）。

图 3-11 漉水囊

（14）瓢：又名牺杓，用葫芦剖开制成，或用木头雕凿而成，作舀水用（见图 3-12）。晋杜育《荈赋》中言“酌之以瓠”，瓠就是瓢。

图 3-12　瓢

（15）竹筴：用桃、柳、蒲葵木或柿心木制成，长一尺，两头包银，用来煎茶激汤（见图 3-13）。

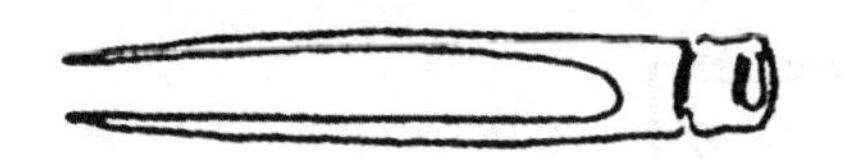

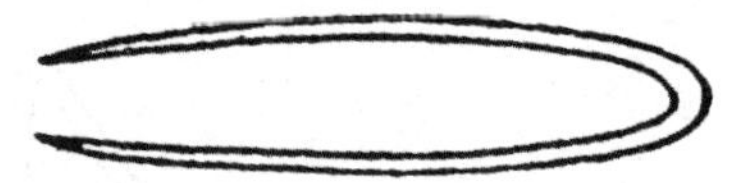

图 3-13　竹筴

（16）鹾簋（cuó guǐ）：用瓷制成，圆心，呈盆形、瓶形或壶形（见图 3-14）。鹾就是盐，唐代煎茶加盐，鹾簋就是盛盐用的器具。

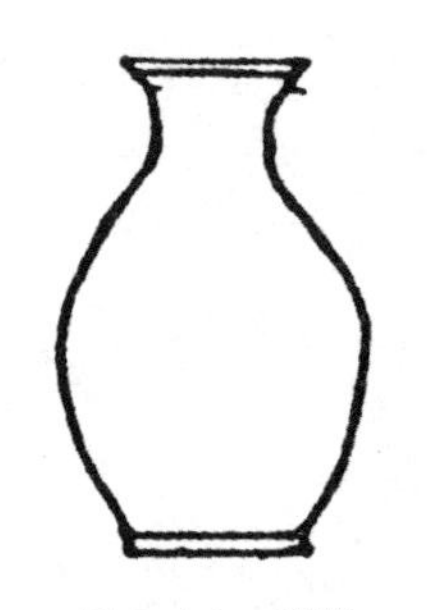

图 3-14　鹾簋

（17）熟盂：用陶或瓷制成，可盛水二升，供盛放茶汤、“育汤花”用（见图 3-15）。

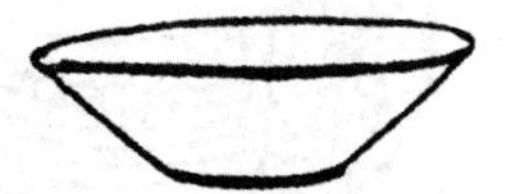

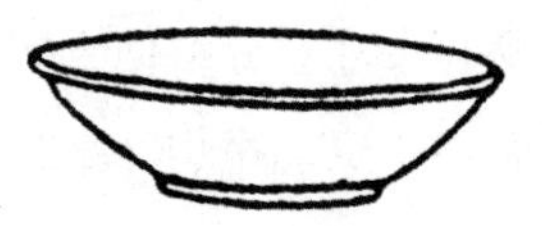

图 3-15　熟盂

（18）碗：用瓷制成，供盛、饮茶用（见图 3–16）。在唐代文人的诗文中，多称茶碗为“瓯”。此前，也有称其为“盏”的。

图 3–16　碗

（19）畚（běn）：用白蒲编织而成，也可用筥，衬以双幅剡纸，夹缝成方形，能放碗 10 只。

（20）札：用茱萸木夹住栟榈皮，作成刷状，或用一段竹子装上一束榈皮，制成笔状，供饮茶后清洗茶器用（见图 3–17）。

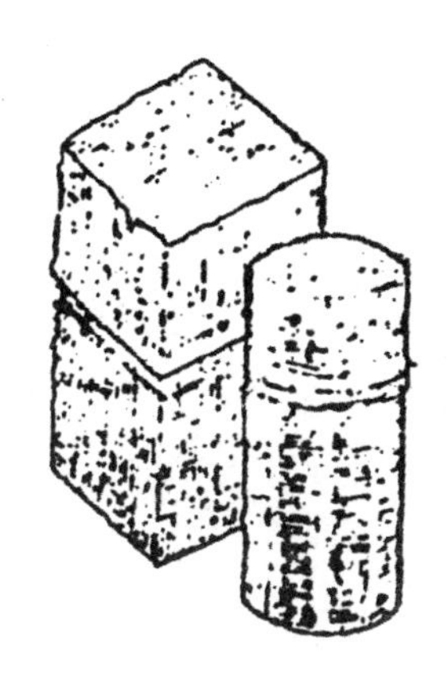

图 3–17　札

（21）涤方：由楸木板制成，制法与水方相同，可容水八升，用来盛放洗涤后的水（见图 3–18）。

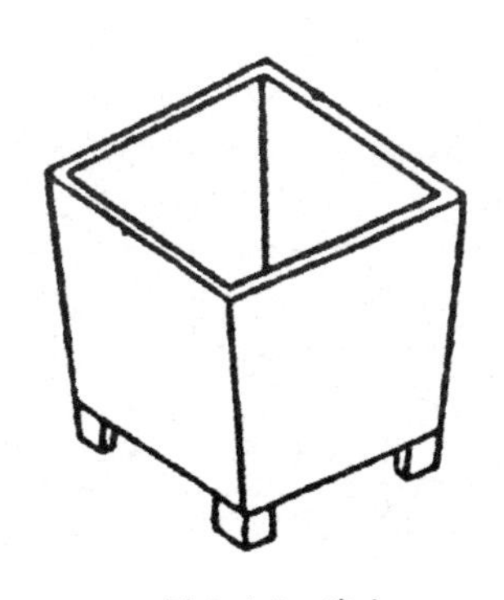

图 3–18　**涤方**

（22）滓方：制法似涤方，容量五升，用来盛茶滓。

（23）巾：类似布的粗绸，长2尺，应有两块交替使用，清洁茶具（见图3−19）。

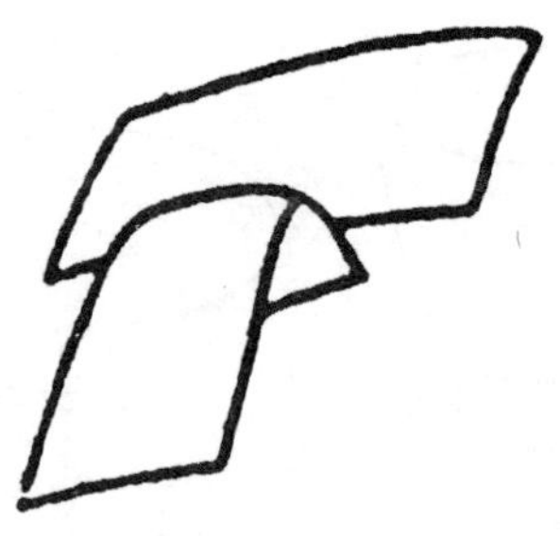

图3−19 巾

（24）具列：用木或竹制成，呈床状或架状，能关闭，漆成黄黑色。长三尺，宽二尺，高六寸，用来收藏和陈列茶具（见图3−20）。

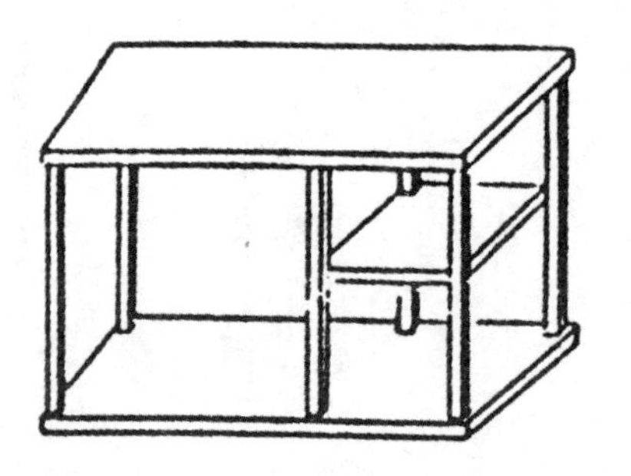

图3−20 具列

（25）都篮：用竹篾制成，里用竹篾编成三角方眼，外用双篾作经编成方眼，用来盛放烹茶后的全部器物（见图3−21）。

图3−21 都篮

以上 25 种器具，是指唐时为数众多的茶具，并非每次饮茶时都必须件件具备。陆羽《茶经》已经说明，在不同的场合下，可以省去不同的茶具。

（三）宋（含金、辽）茶具

宋代的饮茶方式与唐代相比发生了一定变化，唐人所推崇的煎茶法逐渐为宋人摒弃，点茶法成为当时的时尚。点茶法不再直接将茶放入釜中熟煮，而是先将饼茶碾碎，置碗中待用。以釜中烧水，微沸时即冲点碗中茶粉，同时用茶筅搅动。

宋代的饮茶器具与唐代大致相同，只是唐代煎茶器具在宋代逐渐被点茶的瓶所替代。北宋蔡襄在《茶录》中专门作有“论茶器”，说到当时的茶器有茶焙、茶笼、砧椎、茶钤、茶碾、茶罗、茶盏、茶匙、汤瓶。宋徽宗在《大观茶论》中所列出的茶器有碾、罗、盏、筅、钵、瓶、杓等，与蔡襄在《茶录》中所提及的大致相同。

值得一提的是南宋审安老人的《茶具图赞》。审安老人的真实姓名已经无从考究。他以传统白描画法绘制了 12 件茶具图形（见图 3-22），集宋代点茶用具之大全，人称“十二先生”。他按宋时官制给茶具冠以名称，赐以名、字、号，足见当时上层社会对茶具的钟爱。作者批注“赞”为“誉”，所列附图对《茶具图赞》中的“十二先生”都作了表述。

木待制：捣茶用的茶臼

金法曹：碾茶用的茶碾

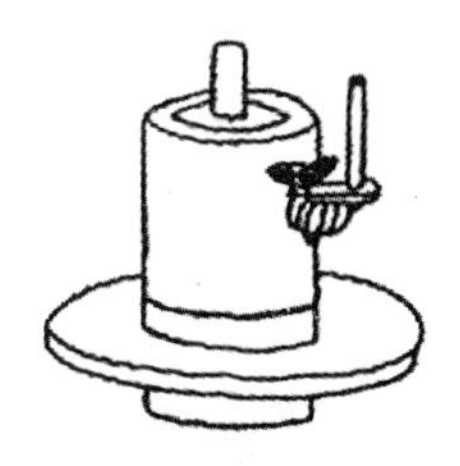

石转运：磨茶用的茶磨

胡员外：量水用的水杓

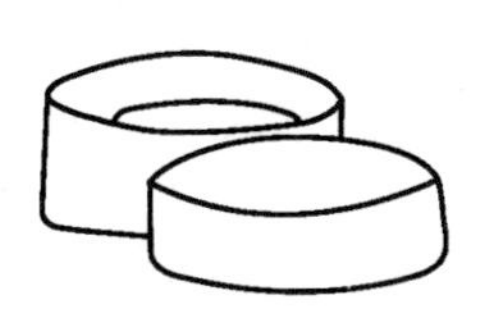

罗枢密：筛茶用的茶罗

宗从事：清茶用的茶帚

漆雕密阁：盛茶末用的盏托

陶宝文：茶盏

汤提点：注汤用的汤瓶

竺副师：调沸茶汤用的茶筅

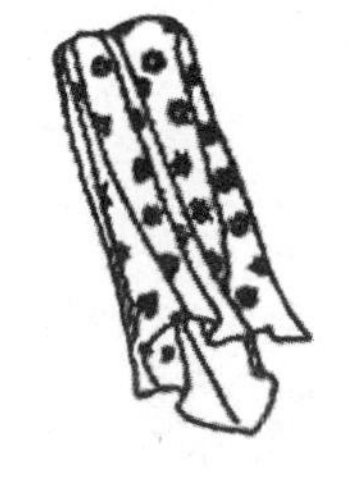

司职方：提清洁茶具用的茶巾

韦鸿胪：炙茶用的烘茶炉

图 3-22　**审安老人的 12 件茶具图**

宋代的茶器与唐代相比，在种类和数量上比较相似，但更讲究法度，形制也愈来愈精巧，如饮茶用的盏、注水用的执壶（瓶）、炙茶用的钤、生火用的铫等，不但质地更为讲究，制作也更加精细。

在河北宣化发掘出的一批辽代墓葬中，就有一幅点茶图置于壁画当中，它为今人提供了当时人们乐于点茶的生活场景（见图 3-23）。画面上共有 8 人，被分成两组。图的右前方有 4 人，从穿着打扮来看，其中一位似为女主人，其他 3 人似为茶僮，他们在女主人的指点下，为点茶作准备。在他们之间有一个茶碾子，主要用来将饼茶碾成细末。在图左上方的方盘中，置有饼茶、茶锯（锯饼茶用）、茶刷（刷茶末用）、团扇（烧水生火时用来扇风）和茶炉（用来生火）。在主人的右侧有一把执壶，不是煎茶用的，而是烧水点汤时所用。图左后方一组为四个幼童，从他们的神态看，似乎是出于好奇在偷看点茶的方法，或许还有进而取饮之意。

图 3-23　后室西壁点茶图

（四）元代茶具

元代茶具上承唐、宋，下启明、清，是我国茶具发展史上的一个过渡时期。

元代统治的时间不足百年，在茶文化发展史上，找不到任何有关茶事的专著，仅能从其诗词、书画当中寻找到一些与茶具有关的史料。大量史料表明，在元代，人们仍然采用点茶法来饮茶，但条形散茶已在全国范围内兴起，并已出现直接用沸水冲泡饮茶的方式，而唐宋时期的炙茶、碾茶、罗茶、煮茶所用器具就成了多余之物。这可以在不少元诗

图 3-24　元冯道真墓壁画《童子侍茶图》

中找到依据，而元冯道真墓壁画中的描绘则更能直观地证明这一观点（见图3-24）。在壁画中，已经看不到茶碾，再从茶具放置的顺序以及人物的动作来看，都可推断当时是直接用沸水冲泡饮茶。

（五）明代茶具

在明代，伴随着用沸水直接冲泡散茶的饮茶方式的改变，茶具出现了一次较大的变革，一些新的茶具品种脱颖而出，且定型为新的茶具品种。直到今天，人们使用的茶具基本上没有太大的变化，变化的也仅仅是茶具的造型或是材质。

由于明代饮的是条形散茶，贮茶、焙茶器具就显得尤为重要。就饮茶全过程而言，当时所需茶具合计 23 件，包括明代高濂《遵生八笺》中列出的 16 件，另有贮茶器具 7 件，但其中有些茶具与烧水、泡茶、饮茶并无关系，有牵强凑数之感。明代文震亨的《长物志》中就曾经说到，“吾朝”茶的“烹试之法”“简便异常”，“宁特侈言乌府、云屯、苦节君、建城等目而已哉”。明代张谦德的《茶经》中提到当时的茶具也只有茶焙、茶笼、汤瓶、茶壶、茶盏、纸囊、茶洗、茶瓶、茶炉等几件。这些史料均表明明代茶具力求简便。

虽然明代茶具使用起来简单方便，但也有其特定的要求，同样讲究茶具的制法、规格，注重质地。特别是新茶具的设计和茶具制作工艺，较唐宋时期又有很大的发展。在饮茶器具的造型上有两个最突出的特点，一是出现了小茶壶，二是茶盏的形状和颜色都有较大的变化。

总体来说，与前代相比，明代最具有开创性的便是小茶壶的出现，同时茶盏也有进一步的改良。在这一时期，江西景德镇的白瓷和青花瓷茶具、江苏宜兴的紫砂茶具均获得了极大的发展，无论是在色泽和造型上，还是在品种和式样上，都进入一个穷极精巧的新时期。

（六）清代茶具

到清代，茶类品种日益丰富，出现了“六大茶类”，除绿茶外，还有红茶、乌龙茶、白茶、黑茶和黄茶；但就形状而言仍属于条形散茶，所以在饮茶方式上仍然沿用明代的直接冲泡法。在这种情况下，清代的茶具无论是在种类上，还是在形式上，均未突破前人。

清代的茶盏、茶壶，通常以陶或瓷制作，到了康熙、乾隆时期达到顶峰。当时，“景瓷宜陶”被广为传颂，指的就是江西景德镇的陶瓷和江苏宜兴的紫砂陶具，由此也成就了景德镇在中国陶瓷史上的地位。清代瓷制茶具精品多由景德镇生产，除青花瓷、五彩瓷茶具外，还创制了粉彩、珐琅彩茶具。而宜兴的紫砂茶具在继承传统的同时，又有了进一步的发展，较有代表性的当属工匠与文人合作的“曼生壶”。当时任溧阳县令、“西泠八家”之一的陈曼生，亲自设计了新颖别致的“十八壶式”，[1] 由杨彭年、杨凤年兄妹制作；待泥坯半干时，再由陈曼生用竹刀在壶上镌刻文字或书画。这种工匠制作、文人设计的“曼生壶”，为宜兴紫砂茶壶开创了新风，也增添了文化氛围。乾隆、嘉庆年间，宜兴紫砂还推出了以红、绿、白等不同石质粉末施釉烧制的粉彩茶壶，使传统紫砂壶的制作工艺又有了新的突破。

此外，自清代开始，福州的脱胎漆茶具、四川的竹编茶具、海南的生物（如椰子、贝壳等）茶具也开始出现，自成一格，使清代茶具异彩纷呈。

（七）现代茶具

现代茶具的式样更加新颖，做工精致，质量上乘。现代科学技术的进步使得茶具的材质更加丰富，如金银茶具、竹木茶具，此外还有用陶瓷、玻璃、漆器、玛瑙、水晶、玉石、大理石、搪瓷等制作的茶具，根据不同人群所需进行设计。

三、茶具的分类

茶具的分类标准不一而足，下面主要按材质的不同作分别介绍。

（一）陶土茶具

陶器中的佼佼者应首推宜兴紫砂茶具，早在北宋初期就已崛起，形成独树一帜的风格，到明代大为流行。紫砂壶和一般的陶器不同，其里外都不施釉，

[1] “十八壶式”：又称“曼生十八式”，是由陈曼生创作的18款紫砂壶，有石瓢壶、春胜壶、合欢壶、南瓜提梁壶等款式。

采用的是当地的紫泥、红泥、团山泥，用手工拍打成形后焙烧而成。

（二）瓷质茶具

瓷器是中国文明的一种象征，瓷质茶具与茶的完美搭配，让中国茶传播到全球各地。中国茶具最早以陶器为主，待瓷器发明之后，陶质茶具就逐渐为瓷质茶具所替代。瓷器茶具又可分为白瓷茶具、青瓷茶具、黑瓷茶具、彩瓷茶具等，这些茶具在中国茶文化发展史上都曾有过辉煌的一页。

（1）青瓷茶具。青瓷的出现可以追溯到商汤时期，史称原始青瓷，主要产于浙江、四川等地。早在东汉年间，就已经开始生产色泽纯正、透明发光的青瓷。到宋元时代，青瓷的烧造达到了鼎盛。

晋代浙江的越窑、婺窑、瓯窑已具相当规模。在宋代，作为当时五大名窑之一的浙江龙泉哥窑生产的青瓷茶具，已达到鼎盛，远销各地。龙泉青瓷以其古朴健硕的造型和翠青如玉的釉色闻名于世，被誉为“瓷器之花”。南宋时期，龙泉已成为全国最大的瓷区，是当时朝廷对外贸易的主要商品生产地。特别是龙泉艺人章生一、章生二兄弟的“哥窑”与“弟窑”，所产青瓷无论是釉色，还是器型，都达到了极高的艺术造诣。因此，哥窑被列为“五大名窑”之一，弟窑被誉为“名窑之巨擘”。

明代，青瓷茶具更以其古朴典雅、端庄秀丽的器型，釉色青莹、流畅细腻的做工而蜚声中外。16 世纪末，龙泉青瓷出口法国，轰动整个法兰西，人们用当时风靡欧洲的名剧《牧羊女》中的女主角雪拉同的美丽青袍与之相比，称龙泉青瓷为“雪拉同”，视为稀世珍品。在当代，浙江龙泉青瓷茶具又有新的发展，不断有新产品问世。

（2）白瓷茶具。中国在唐代出现了“南青北白”的局面，白瓷作为北方一种独特的产品与青瓷形成了鲜明的对比。在这个时期，最具有代表性的便是河北邢窑生产的白瓷，自古有“天下无贵贱通用之”的美誉。其窑址位于河北省邢台市，唐时属邢州，故称之为邢窑。

邢窑白瓷茶具的表面大多没有纹饰，主要以简洁优美的造型和晶莹剔透的釉色取胜；茶具形态多以传统金银器皿为原型，胎釉堆积处常略泛青绿色，有玉润般的美感（见图 3–25）。到了元代，白瓷已经广泛生产于全国各大瓷区，

图 3-25　唐代邢窑茶具模型及瓷塑读经人物

像江西景德镇的白瓷茶具在当时已远销国外。

白瓷茶具胎质致密，透明度好，色泽洁白，更能反映出茶汤的色泽，并且传热和保温的性能适中，适合冲泡各类茶叶，故在所有茶具中，白瓷的使用是最普遍的。

（3）黑瓷茶具。黑瓷茶具产于我国浙江、四川和福建等地，始于晚唐时期，宋代到达鼎盛，但之后便逐渐开始衰落。黑瓷之所以在宋代达到发展的顶峰，主要在于宋代斗茶之风的盛行。由于黑瓷兔毫茶盏古朴雅致、风格独特，且磁质厚重、保温性较好，茶者们根据自己的经验，普遍认为用黑瓷茶盏来斗茶最为适宜，故黑瓷因此驰名。

北宋蔡襄《茶录》中记载："茶色白（茶汤色），宜黑盏，建安（今福建）所造者绀黑，纹如兔毫，其坯微厚，熁之久热难冷，最为要用。出他处者，或薄或色紫，皆不及也。其青白盏，斗试家自不用。"又载："视其面色鲜白，着盏无水痕为绝佳；建安斗试，以水痕先者为负，耐久者为胜。"（见图 3-26）由此可见，宋代茶人衡量斗茶的效果，一方面是看汤花色泽和均匀度，以"鲜白"为先；另一方面是看汤花与茶盏相接处有无水痕和水痕出现的时间，以

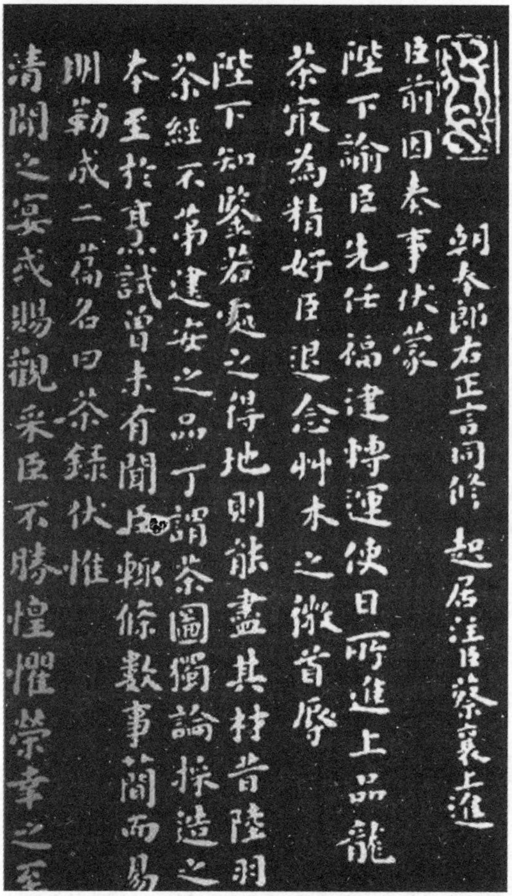

“盏无水痕”为上。正如宋代祝穆在《方舆胜览》中所说的“茶色白，入黑盏，其痕易验”。所以，宋代的黑瓷茶盏，成了瓷器茶具中最大的品种。

浙江余姚、德清一带也生产过美观实用的黑釉瓷茶具，其中最流行的是一种鸡头壶，即茶壶的嘴呈鸡头状。日本东京国立博物馆至今还藏着一件“天鸡壶”，视为珍宝。

在福建建窑、江西吉州窑、山西榆次窑等地，都曾大量生产过黑瓷茶具，成为我国黑瓷茶具的主要产地。黑瓷茶具的窑场中，建窑生产的“建盏”，最为人所称道。建盏的釉料配方独特，在烧制过程中能使釉面呈现兔毫条纹、鹧鸪斑点、日曜斑点，一旦茶汤入盏，即能放射出五彩纷呈的点点光辉，增加斗茶的情趣。明代开始，由于“烹点”之法与宋代不同，黑瓷建盏“似不宜用”，仅作为“以备一种”而已。

图 3-26　宋代蔡襄《茶录》拓片

（4）彩瓷茶具。我国彩瓷的历史可以追溯到东晋的青瓷点彩。到了唐代，彩瓷艺术得到较快的发展，最具代表性的是长沙窑的彩瓷。它主要采用褐、绿、蓝彩在瓷胎上绘画的方法，以圆点组成图案，纹饰内容多以花鸟、人物、走兽、诗词为主。发展至宋金时期，彩瓷又有了新的突破，像磁州窑的白釉黑彩、白釉酱彩、绿釉黑彩、白釉红绿黄彩等，定窑的白釉红彩、白釉金彩、黑釉金彩，吉州窑的白釉褐彩等，品种变得格外丰富，风格各异。这个时期的彩绘构图新颖活泼，画风清新自然。随着元代景德镇青花、釉里红瓷器的成功烧制，彩瓷的发展步入一个新的时期。到了明清时期，彩瓷更是得到了突飞猛进的发展，大量彩瓷品种不断出现。

明代彩瓷品种主要有青花、釉里红、釉上五青花五彩、斗彩、三彩等，此外像白釉红彩、白釉酱彩、白釉绿彩、青花五彩、黄釉青花、黄釉五彩等也同样引人喜爱。清代的彩瓷无论是在生产还是在品种、数量上都大大超过了以往任何一个时代，达到了艺术的最高境界；最具代表性的是珐琅彩和粉彩。珐琅彩和粉彩的出现，改变了明代以来青花瓷占主导的陶瓷产业格局，使中国的陶瓷呈现出更加丰富多彩的繁荣景象。

（三）漆器茶具

中国是世界上最早使用漆器的国家，在河姆渡时期就已经开始使用；对漆器的记载最早出现在《韩非子·十过》中，“禹作祭器，黑漆其外，而朱画其内”。

夏商时期，漆器开始发展；到了春秋时期，漆器已经达到完美的程度。湖北当阳出土的漆器“波纹豆”，已经达到了青铜器制作的一个高度。而漆器茶具的制作始于清代，主要产于福建福州一带。福州生产的漆器茶具多姿多彩，有“宝砂闪光”“金丝玛瑙”“釉变金丝”“仿古瓷”“雕填”“高雕”和“嵌白银”等多个品种，特别是红如宝石的赤金砂和暗花等新工艺，鲜丽夺目，引人喜爱。

漆器茶具较为有名的是北京雕漆茶具、福州脱胎茶具、江西鄱阳等地生产的脱胎漆器等。特别是福建生产的漆器茶具，如“宝砂闪光”“金丝玛瑙”“仿古瓷”“雕填”等均为脱胎漆茶具。脱胎漆茶具的制作精细复杂，先要按照茶具的设计要求，做成木胎或泥胎模型，表面用夏布或绸料以漆裱上，再连上几道漆灰料，然后脱去模型，再经填灰、上漆、打磨、装饰等多道工序，最终成为古朴典雅的脱胎漆茶具。脱胎漆茶具通常是一把茶壶连同四只茶杯，存放在圆形或长方形的茶盘内；壶、杯、盘通常呈一色，多为黑色，也有黄棕、棕红、深绿等色，并融书、画于一体，饱含文化意蕴；且轻巧美观，色泽光亮，明镜照人；又不怕水浸，能耐温、耐酸碱腐蚀。脱胎漆茶具除具有实用价值外，还有很高的艺术欣赏价值，常为鉴赏家所收藏。

（四）玻璃茶具

在中国古代，玻璃被称为“琉璃”；“琉璃”一词，原出外语。它的主要成分是二氧化硅，是人类最早发明的材料之一，诞生于西亚两河流域、古埃及、古罗马。在古代西亚、埃及和欧洲，玻璃一直都是奢侈品，价值与黄金、珠宝等同。玻璃在中国虽然有着悠久的制作历史，但并没有得到很好的延续和发展。中国自古以来就崇尚玉器，陶瓷也一直被作为主要的实用与艺术陈设品，玻璃制作始终未能成为一门主要的手工制造业；多以饰品及摆件成为工艺美术品的一个分支，没有在大众中得到普及。

我国的琉璃制作技术虽然起步较早，但直到唐代，随着中外文化交流的增多、西方琉璃器的不断传入，才开始烧制琉璃茶具。陕西扶风法门寺地宫出土的、由唐僖宗供奉的素面圈足淡黄色琉璃茶盏和素面淡黄色琉璃茶托，是地道的中国琉璃茶具；虽然造型原始、装饰简朴、质地显混、透明度低，但却表明我国的琉璃茶具在唐代已经起步，在当时堪称珍贵之物。

玻璃质地透明，可塑性强，富有光泽，用它制成的茶具形态各异，用途广泛，加之价格低廉，购买方便，受到人们的青睐。用玻璃器皿泡茶，茶叶的姿态、茶汤的呈色以及茶叶在冲泡过程中的沉浮、移动都尽收眼底，极富品赏价值；因此是很多消费者倾向于购买的茶具品种。其缺点是容易破碎，比陶瓷烫手。

（五）金属茶具

金属茶具是指由金、银、铜、铁、锡等金属材料制作而成的茶具。它是我国最古老的日用器具之一。早在秦始皇统一中国之前的 1 500 年间，青铜器就被广泛地应用到生活的各个方面。大约在南北朝时期，我国出现了包括饮茶器皿在内的金银器具。到了隋唐，金银器具的制作达到高峰。20 世纪 80 年代，陕西扶风法门寺出土的一套由唐僖宗供奉的鎏金茶具，可以说是金属茶具中的珍宝。

但从元代以后，特别是在明朝时期，随着茶类品种的不断增加，饮茶方式的改变，以及陶瓷材质的茶具的兴起，金属茶具在人们的生活当中逐渐消失，尤其是用锡、铁、铅等金属制作的茶具。但用金属做存储茶叶的器具却是较好的选择，其具有较好的防潮避光的特性，有利于散茶的保存。因此用锡来制作储存茶叶的器具，至今都很流行。

（六）搪瓷茶具

搪瓷起源于玻璃装饰金属，最早出现在古埃及，后传入欧洲。搪瓷茶具坚固耐用，使用轻便，并且耐腐蚀性较好。铸铁搪瓷则始于 19 世纪初的德国和奥地利。在元代时搪瓷工艺传入我国。明代景泰年间（1450 ~ 1456 年），我国创制了珐琅镶嵌工艺品——景泰蓝茶具；清代乾隆年间（1736 ~ 1795 年），景泰蓝从宫廷流向民间，这可以说是我国搪瓷工业的肇始。20 世纪初，我国才真正开始生产搪瓷茶具。

搪瓷具有一定的保温作用，可以作为放置茶壶、茶杯用的茶盘，曾一度受到不少茶者的喜爱。但受材料的限制，搪瓷茶具传热较快，容易烫手；如果放在木质茶几上，会把桌面烫坏；加之搪瓷价值较低，在使用环境上有一定的制约，一般不会被用来招待客人。

（七）竹木茶具

隋唐之前，人们已经有饮茶的习惯，但都属于粗放式的，对饮茶的器具没有太多的讲究。当时的饮茶器具除陶瓷外，民间使用较多的是竹木制茶器。

竹编茶具由内胎和外套组成。内胎多为陶瓷类饮茶器具。外套用精选慈竹，[1] 经劈、启、揉、匀等多道工序，制成粗细如发的柔软竹丝；经烤色、染色，再按茶具内胎形状、大小编织嵌合，使之成为整体如一的茶具。陆羽在《茶经》中所列出的 25 种茶具，多数都是由竹木制成的。竹木制成的茶具，用料范围广泛，制作简便，并且无污染，对人体不会造成伤害，所以从古至今一直受到茶人的喜爱。在清代，四川出现了一种竹编茶具，主要品种有茶杯、茶盅、茶托、茶壶、茶盘等，既是有趣的工艺品，又极具使用价值。当然，竹木制茶器也有一些先天的缺陷，不能长时间使用，无法长久保存，所以今天很少见到竹木制的文物。

---

[1] 慈竹：丛生，竹高至两丈许。新竹旧竹密结，高低相倚，若老少相依，故名。秆用于编织竹席、竹器、制竹扇及其他工艺品，亦可用于造纸。主要分布于四川、福建、广西、云南等地。

第二节
紫砂鉴赏

一、紫砂壶的历史

紫砂壶是中国特有的集诗词、绘画、雕刻、手工制造于一体的一种典型手工艺陶器，是中国陶瓷艺苑中一颗璀璨的明珠。它的原产地在江苏宜兴，特指宜兴蜀山镇所用的紫砂泥坯烧制后制成的茶壶。紫砂材料特殊，属于含铁质黏土质粉砂岩，所制作的陶器内外均不施釉；制品烧成后，主要呈现紫红色，因而被称为紫砂。紫砂器成型工艺独具特色，主要为手工成型。其造型式样极为丰富，色泽古朴典雅，器物表面还经常篆刻诗文书画作为装饰，成为一种具有高雅气质和浓厚文化传统的实用艺术品。几百年间，历经无数兴废、衰荣；薪尽火传，才逐渐形成今日世界性的紫砂文化热潮。

根据对古窑址的发掘，宜兴紫砂陶的起源可追溯到北宋中叶，距今约有一千年的历史。北宋梅尧臣在《依韵和杜相公谢蔡君谟寄茶》中所写“小石冷泉留早味，紫泥新品泛春华”，说的就是当时紫砂茶具在生活中开始兴起的情景。

从出土实物到典籍记载可以得知，紫砂壶始创于明正德至嘉靖年间，最早记载宜兴紫砂壶的文献资料是明末江阴人周高起的《阳羡茗壶系》。他在“创始”篇中说：“金沙寺僧，久而逸其名矣。闻之陶家云：僧闲静有致，习与陶缸瓮者处，抟其细土，加以澄练，捏筑为胎，规而圆之，刳使中空，踵傅口、柄、盖、的，附陶穴烧成，人遂传用。”后世陶书均有类似记载。一般认为，金沙寺僧比供春年代略早，约在成化、弘治年间。

（一）初创时期

金沙寺僧是用细缸土制造茶壶的第一人，但因身处偏远而没有留下姓名。随后周高起在《阳羡茗壶系》“正始”篇中论及了另一位艺人，即在制壶历史上第一个留下姓名的、明正德年间的供春。紫砂壶的形制为他所创，这也标志着紫砂壶艺正式走上了历史舞台。供春本是提学副使吴仕的书童，曾有一段时间在宜兴金沙寺侍候主人读书；在侍读之余偷偷学会寺内老和尚的炼土制陶技艺，随后自制茶壶；壶完全用手指按捏而成，烧制出来的紫砂壶表面可见其指纹。由于供春常年随吴仕生活，在潜移默化中受到文化艺术的熏陶，所制紫砂壶在造型、工艺上都渗透了文化意蕴，拥有极大的魅力；在当时极负盛名，被世人称为“供春壶”（见图 3-27）。当时人称“栗色暗暗，如古今铁，敦庞周正”，短短 12 个字，令人如见其壶。可惜供春壶已成为稀世珍宝，难得一见，现在流传的多是仿品。

图 3-27 **供春壶**

（二）发展时期

明代的人们在长期生活实践中，发现了紫砂陶优良的物理性能。当冲泡法逐渐取代团茶烹煮法后，紫砂壶经由不断地改进，终成为雅俗共赏、饮茶品茗的最佳茶具。

万历年间是紫砂壶从砂壶中独立出来，自成一门独特艺术品的第一个鼎盛时期；时大彬、李仲芳、徐友泉三人并称为明代三大紫砂“妙手”，其中又以时大彬最负盛名。时大彬将紫砂壶推向了一个高峰，标志着紫砂壶艺的成熟。可以这样说，没有时大彬就没有明末紫砂的繁荣。时大彬最初仿造供春做大壶，之后风格改变，喜做小壶，适时地适应了当时文人雅士的需求；世人对他的评价是：“前后诸家并不能及”。时大彬的紫砂壶（见图 3-28）追求高雅的境界，造型优美，工艺严谨精致，渗透着文人的美学思想和品赏情趣，是艺人和文人合作的成功产物。在时大彬活着的时候，就有人防冒他的作品，可见其影响巨大。

图 3-28 **时大彬的紫砂壶**

时大彬的最大贡献在于对紫砂壶成型工艺的突破。他将圆器拍打成型和方器泥片裁接成型的方法进行了改进，改变了日用陶的制作方法；不再用模具，而是用泥片围筒、拍打收口镶接，也就是今天人们所说的“打身筒”和“镶身筒”。他在制作过程中还创制了大量的实用工具，如“搭子”“拍子”“转盘”“明针”等，都是现在艺人仍然在使用的工具。时大彬的另一个贡献是对紫砂泥料的创新。这种创新一方面增加了泥土的强度，减少了制作与烧成过程中的开裂现象，另一方面则是增强了壶的艺术效果，突出了紫砂泥的肌理。

万历至明末的紫砂器泥质较嘉靖以前的更为纯正；一改以前的粗气，更加注重紫砂泥原料色泽的调配；在细粉料中均匀掺入粗大颗粒，从而显得朴雅大方。其手工成型方法已经成熟；用拍子拍打成型；紫砂器造型更加浑厚，比例更为协调；壶型千变万化。

（三）鼎盛时期

自清康熙中期起，随着社会安定、经济繁荣，紫砂陶呈现出全新的艺术风貌；康熙、雍正、乾隆三朝，也是紫砂发展的重要时期。品种增多，形制丰富，泥料配色更加成熟；制壶技艺、装饰手法都有新的创造和发明。紫砂壶逐渐成为皇室贡品，为最高统治者赏玩。

这一繁荣局面的开创者，是被后人视为继供春、时大彬之后最高成就的大家——陈鸣远。陈鸣远以生活中常见的栗子、核桃、花生、菱角、慈菇、荸荠的造型入壶，善于堆花，工艺精湛，令紫砂壶的造型更加生动、形象、活泼。他将传统的紫砂壶变成更有生命力的雕塑艺术品，使其充满了生气与灵动。同时，他还开创了在壶底书款、壶盖内盖印的形式，至清代成为固定的工艺程序，对紫砂壶的发展产生了重大影响。

文人名士的参与，也使得这一时期成为紫砂艺术发展的黄金时期；嘉庆、道光年间的紫砂壶大师首推陈曼生和杨彭年。陈曼生是当时的宜兴知县，爱好紫砂壶，精于书法、绘画、篆刻，亦属名家。在艺术创作方面主张创新，倡导

“诗文书画，不必十分到家”，但必须见“天趣”。他也把这一艺术主张付诸紫砂陶艺。其第一大贡献是把诗文书画与紫砂壶陶艺结合起来，在壶上用竹刀题写诗文，雕刻绘画。第二大贡献是设计了诸多新奇款式的紫砂壶，为紫砂壶创新带来了勃勃生机。他与杨彭年的合作堪称典范，使得紫砂壶成为高雅的陶艺作品。此

图 3-29　曼生十八式（部分作品）

后，在壶身题款成为风尚。现在我们见到的嘉庆年间制作的紫砂壶，壶把、壶底有“彭年”二字印或“阿曼陀室”印的，都是由陈曼生设计、杨彭年制作的，后人称之为“曼生壶”。陈曼生使紫砂陶艺更加文人化；制作技术虽不如明代中期精妙，但对后世影响很大，比如现代紫砂制作品牌“宜工坊”，即是在紫砂技艺上师承陈曼生“曼生十八式”（见图 3-29）的风格。

（四）复兴时期

清末民初，紫砂壶进入一个缓慢发展的时期；新中国成立以后，政府为了重振紫砂事业，大力组织紫砂的生产与出口，紫砂行业也迎来了一个复兴与繁荣的时期。当代的紫砂大师，首推顾景舟先生。顾老潜心紫砂陶艺 60 余年，炉火纯青，登峰造极，名传遐迩。他饱览历代紫砂精品，深入钻研紫砂陶瓷相关工艺知识，旁涉书法、绘画、金石、篆刻、考古等学术。丰富的人文素养加上精练的制壶技艺，使得其紫砂制作独树一帜；作品整体造型古朴典雅，器形雄健严谨，线条流畅和谐，大雅而深意无穷，散发出浓郁的东方艺术风采。此外，朱可心、高海庚、裴石民、王寅春、吴云根、徐秀棠、李昌鸿、沈蘧华、顾绍培、汪寅仙、吕尧臣、徐汉棠、蒋蓉等也各怀绝技，风格各异。

从古至今，好茶之人之所以对宜兴紫砂茶具情有独钟，除了其造型美观、风格多样、文化品位厚重、明显区别于其他材质茶具之外，还与紫砂质地适合泡茶有很大的关系。紫砂的泥质是双重气孔结构，气孔微小，并且密度很高，素有“聚香含淑”“香不涣散”之说。《长物志》中也曾提到“（其）既不夺香，又无熟汤气”，也就是说，紫砂壶既不夺茶的香气，又不会造成茶水有熟汤的味道，所以“泡茶不走味，贮茶不变色，盛暑不易馊”。色、香、味皆有蕴，且使用得越久，壶身表面的色泽就越莹润，气韵优雅。闻龙在《茶笺》中就曾说道：“摩掌宝爱，不啻掌珠。用之既久，外类紫玉，内如碧云。”《阳羡茗壶系》也说：“壶经久用，涤拭日加，自发暗然之光，入手可鉴。”同时，紫砂茶具的极冷极热性较好，传热速度与其他品类的茶具相比较慢，所以不容易烫手，故而有“一壶重不数两，价重每一二十金，能使土与黄金争价”之说。

二、紫砂壶的工艺

（一）紫砂泥料

古人这样称颂紫砂："人间珠玉安足取，岂如阳羡溪头一丸土。"这种能与黄金、珠宝比价的物质，其原材料是大自然鬼斧神工的造化使然，是上天赋予宜兴的独特矿藏。这种特殊的材质，经过人们长期的社会实践与运用，才逐步形成了工艺独特的紫砂手工艺品。

紫砂是一种质地细腻、含铁量高的特种陶土。它的分子排列与一般陶瓷原料的颗粒结构不同；经 1 200℃的高温烧成，成鳞片状结构，有着理想的细密度的一定气孔率。制品表面加工细密，不需要施釉，在泡茶时不会产生任何的化学反应。所以用紫砂壶泡茶不失原味，使茶的色、香、味皆宜。紫砂的第一要素——紫砂泥，主要有紫泥、绿泥（本山绿泥）、红泥三种，统称紫砂泥，产于宜兴本地；它们以天然的矿物组成，蕴藏在岩和普通陶土的夹层中。

（1）紫泥。紫泥（古称青泥）是制作紫砂壶的主要原料，深藏于甲泥之中，有"岩中岩，泥中泥"之称。紫泥的种类较多，有梨皮泥，烧后呈冻梨色；淡红泥，烧后呈松花色；淡黄泥，烧后呈碧绿色；密口泥，烧后呈轻赭色。

（2）红泥。红泥是制作紫砂壶的主要原料。矿呈橙黄色，埋于嫩泥矿的底部，质坚如石；按照矿料的材质结构，可以分为紫砂红泥和朱泥两部分。紫砂红泥和朱泥虽同属红泥类，但原料的成型性能、干燥及烧成收缩性能等均存在很大差异；烧成后的色泽效果、胎质性能等也有所不同。朱泥烧成后一般胎质密度大，气孔小，结晶程度相对较高，其热传导性能比紫砂红泥要好。而紫砂红泥一般在保温、透气性等方面比朱泥好。

（3）绿泥。绿泥（亦称本山绿泥），一般产于矿层石英岩板（俗称龙骨，黄石岩层）下部贴层，还有少部分是紫泥泥层中间或紫泥与其他泥层之间的一层夹脂，是以泥中泥的形式产出，出产量更为稀少。绿泥大多用作胎身外面的粉料或涂料，使紫砂陶器皿的颜色更为多样，如在紫泥塑成的胚件上，再涂上一层绿泥，可以烧成粉绿的颜色。

每种泥料都有品质的高低，相同泥料有优劣之分，但是不同泥料无法比较好坏，就像紫泥虽然比较常见，朱泥相对稀少点，但是也有上乘的精品紫泥，同样也有普通的朱泥。只要利于成型和制作，便是制壶人的首选；站在消费者的角度来说，泥料只要是自己喜欢即可，在购买紫砂壶时需要将二者进行衡量。一块好的矿料，只要炼制目数方便成型，烧成颜色优秀，对茶有益，经过若干时间泡养越发漂亮润泽，就是好泥。同时，也需要根据所泡茶品进行泥料的挑选，最终选出自己中意又实用的紫砂壶。

（二）泥料评定

根据现代科学分析，紫砂泥的分子结构确有与其他泥不同之处；就是同样的紫砂泥，其结构也有着细微的差别。因此，原材料的不同，带来的功能效用以及给人的感官体验，就会不尽相同。紫砂壶的泥质是入目的第一要素；泥质的优劣也是能够在使用中增添美感的主要因素。评定紫砂壶泥质的优劣，一是看泥料的品质，二是看烧炼的火候。

（1）泥料的品质。紫砂壶的价格极为悬殊，从十几元到上千万不等；其中的原因很多，泥质的优劣是一个重要因素。一般来说，凡是紫砂泥做成的壶都能泡茶，但便宜的紫砂壶所用泥料的品质相对较差，不够纯净，成品的自然色泽也就不够理想，相对闷暗，有种僵化、死板的感觉。注浆类型的紫砂壶，外观效果与紫砂极为相近，但它的泥料物理性能已经被完全改变，烧成后的属性实为炻器，断面有玻璃相，不透气，因此失去了紫砂壶储香透气的优良特性，所以不建议使用。另外还有一种调砂泥（包括粗砂和细砂）做的紫砂壶，表现的是粗犷风格的材质特点，摸上去有颗粒、有凹凸不平之感，与其他光滑平整细腻风格的壶不同；这种紫砂壶主要给人以新颖的艺术感觉，泥质并无任何问题。

（2）烧炼的火候。决定泥质优劣的另一个条件是火候的控制。虽然现在烧制紫砂壶都用电窑、推板窑等，均为科学控温，但泥料各有恰好的温度，需要多次测试才能把握烧成的效果，所以同一种泥料烧制温度不一的情况很常见。

紫砂壶使用的时间越久，被把玩的时间越长，它的光泽就越发明亮。但部分消费者希望紫砂壶一经入手便光可鉴目，一些卖家就会针对消费者的这种急于求成的心理，使用“擦蜡”工艺，大做表面文章。所谓擦蜡，就是指紫砂壶烧成后，先用铁砂布将壶面磨光，将石蜡擦在壶上，使之光彩照人。这样的紫砂壶浅薄、浮躁，同时也破坏了壶面的物质结构。现今市面上较多的光滑明亮的紫砂壶，有相当一部分就是用石蜡或鞋油擦亮的；在使用时碰到沸水就会融化，极不卫生，因此不建议使用。

（三）壶体构成

紫砂壶虽然在造型和式样上千变万化，令人眼花缭乱，但是跟所有的成熟工艺一样，它也有固定的、自古相传的一些范式和结构。了解紫砂壶，最基本的就是要熟悉它各部分的规范结构，这样买壶时心里才有一个用来衡量的标准。一把紫砂壶整体上分为壶盖、壶身、壶把、壶嘴、壶底、壶钮等几个部分。

（1）壶盖。壶盖是紫砂壶的基本构件之一，主要是为了便于封住壶口以达到保温的效果。紫砂壶盖由盖钮、盖面和盖口组成，均不上釉；在烧制时口、盖合于一起，便可以达到口、盖紧密结合、能够通转的要求。就紫砂壶而言，大致有三种性质的壶盖：克盖、截盖和嵌盖。

克盖，也叫“压盖”，而压盖又可叫做“天压地”（壶盖直径稍大于壶口面的外径），是壶盖克压于壶口之上的一种样式，也是最常见的壶盖（见图 3–30）。截盖是紫砂壶特有的壶盖形式，意即在壶身整体的上部截取一段组成，故名“截盖”。如“莲藕酒壶”“梨花壶”等，造型简练、明快流畅（见图 3–31）。嵌盖的工艺比其他两种壶盖要复杂一点，也更加紧密，一般嵌盖都可以做到严丝合缝、没有松动（见图 3–32）。

图 3–30　**克盖结构图**

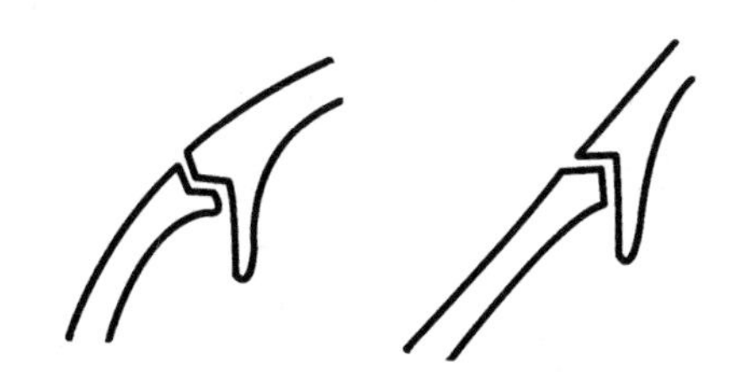

图 3–31　**截盖结构图**

图 3–32　**嵌盖结构图**

盖钮是壶盖上最为重要的部件，也最能体现紫砂壶的情趣之处，往往起到画龙点睛的作用。其有球形钮、桥形钮和花式钮几类；但不管哪一类，实用性、舒适性、稳定性都是壶钮最重要的特质。

历代流传的紫砂壶型制都有一定名称，至今还有数十种流行。如洋桶、一粒珠、龙蛋、四方、八方、梅扁、竹段、鱼儿龙、寿星等，普受欢迎。现代人较注重紫砂壶的收藏价值，单从收藏价值考虑，紫砂古壶价值连城，寸柄之壶则更珍贵。

（2）壶嘴（流）。壶嘴是紫砂壶实用性表现最突出的地方之一，为便于倒茶而设计；要求倒茶时水流流畅，不会发生嘴部留有余水的现象。制作紫砂壶的嘴部有三点要求：①壶嘴的造型要适应水流的曲线，其长短、粗细、宽窄以及安置的位置要和整体相协调；②壶嘴内壁要光滑且保持畅通，根部的网眼要多，且在制作上圆润光滑；③根部通气孔大小要适宜，最好做到内大外小，类似于喇叭的形状，不易被堵塞。

宜兴紫砂壶的壶嘴从传统的角度讲，大致可以分为直嘴、一弯嘴、二弯嘴、三弯嘴四种。直嘴因为短而直，出水就相对更有力度，更容易做到三尺飞泻而不散；一弯嘴又称“一啄嘴”，整体造型像一段小弧线；二弯嘴则是以二曲弧线构成，也就是在一弯嘴的基础上多出一个弧度，所以形体较大，出水流畅；三弯嘴则再加上一个弧度，形体变化丰富，但工艺难度大，不太容易掌握。在这四种基本款式当中，三弯嘴给人的感觉相对最为优雅，而一弯嘴、二弯嘴则凸显出朴拙之气（见图 3-33）。

图 3-33　**壶嘴的三种形式**

（3）壶把。壶把主要是为了便于握持而设计的；以手的把握为设计标准，一般都做成带有弧度的造型，亦有圆柱形。条状的壶把则称之为“柄”。按照本身的形式来分，有端把、横把和提梁三种。端把也叫“圈把”，是最常见的壶把式样，而它又分为正把、倒把，人们常说的“倒把西施”就是倒把的典型（见图 3-34）；横把是指从壶身侧面安置的把，和煎药的罐子的把很像（见图 3-35）；而提梁在壶身上方架起，为壶的造型圈出一个虚的空间，因此给人感觉更加开阔挺拔而有气势。很多饮茶之人对提梁都情有独钟，东坡提梁壶便是提梁中的代表。

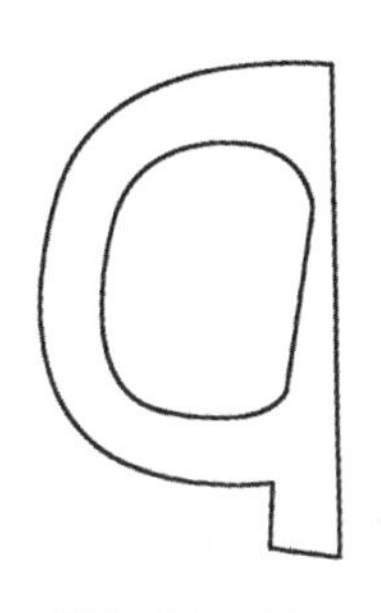

图 3-34　**端把示意图**

图 3-35　**横把示意图**

（4）壶足。壶足指的是紫砂壶底足的设置，其形状的设计和尺寸的大小都直接影响到紫砂壶的造型和放置是否安稳；有一捺底、加底、钉足三种。一捺底是制作最为简洁常用的形式，用来处理圆形器造型非常合适，显得干净利落，简洁灵巧；加底一般也可称为挖足，由壶底另加上一道泥圈组成，这种底可以拔高壶身，增添一些挺拔与典雅之感；钉足从古代鼎器而来，圆形壶身一般由三足支撑，方形壶身则由四足制成，沉稳古朴，颇有上古遗风（见图 3-36 ~ 图

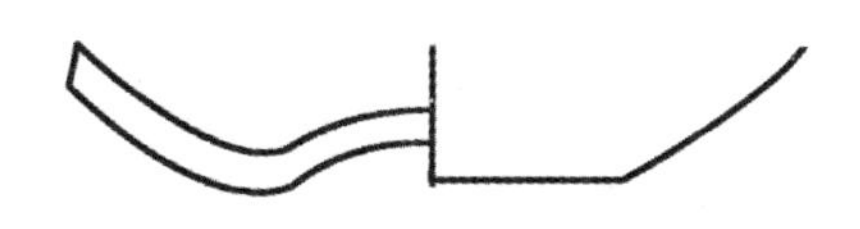

图 3-36　**一捺底结构图**

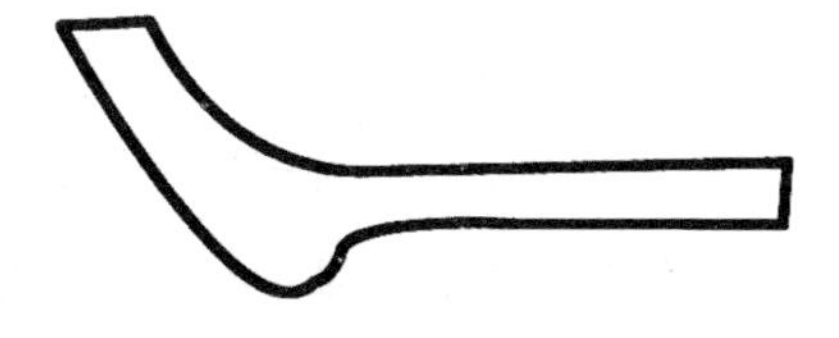

图 3-37　**加底结构图**

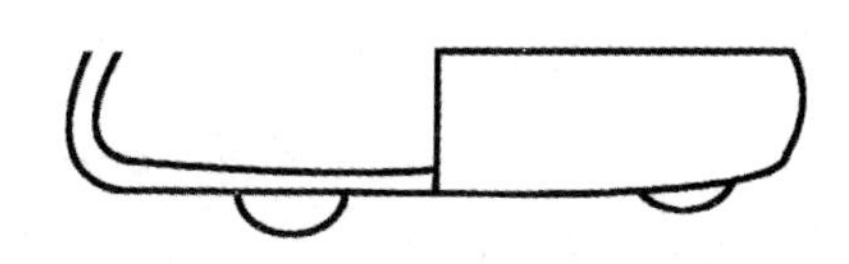

图 3-38　**钉足结构图**

3-38）。

（5）壶身。壶身按照线条来分大致可分为圆器、方器和花器三种。虽有分类，但是在紫砂壶上没有完全的方，也没有完全的圆，讲究的是“方非一式，圆非一相”，要曲直交融，否则线条就会显得呆板或者没有力度。

壶的各部分之间讲究空间的配置、线条的过渡、比例的对称以及彼此之间的呼应；不同的形式没有好坏之分，都是几百年来经过艺人们的推敲、锤炼而成。所以在选择时，只要坚持自己的喜好就可以。但在关注其艺术性的同时，也一定要注意实用性，好用才是硬道理。

三、紫砂壶的鉴赏

鉴赏紫砂壶须考虑三个主要因素：优良的结构、精湛的制作技巧和强大的使用功能。所谓优良的结构，是指壶的嘴、扳、盖、纽、脚，应与壶身整体比例协调；精湛的技艺，是评审壶艺优劣的准则；强大的使用功能，是指容积和重量的恰当、壶扳的执握方便程度、壶的周圆合缝、壶嘴的出水流畅。同时要考虑色泽、质地和图案的脱俗和谐。

紫砂壶艺的审美，亦可总结为形、神、气、态这四个要素。形即形式的美，是指作品的外轮廓；神即神韵，一种能令人意会、体验出精神美的韵味；气即气质，壶艺所渗透涵盖的本质的美；态即形态，作品的高、低、肥、瘦、刚、柔、方、圆等各种姿态。这几个方面融会贯通，才是一件真正的完美作品。而鉴定宜兴紫砂壶优劣的标准，则可用五个字来概括：泥、形、工、款、功。前四个字属艺术标准，最后一个为功用标准。

（一）泥

紫砂壶得名于世，固然与它的制作分不开，但究其根本，是其制作原料紫砂泥的优越。近代许多陶瓷专著分析，紫砂原料中含有氧化铁的成分；含有氧化铁的泥并不少见，但别处就产生不了紫砂，这说明问题的关键不在于含有氧化铁，而在紫砂的“砂”。

因此，由于原材料不同，带来的功能效用及给人的官能感受也就不尽相同。功能效用好的、官能感受好的质优，反之则质劣。所以评价一把紫砂壶的优劣，首先是泥的优劣。同时，紫砂壶是实用功能很强的艺术品，尤其由于使用的习惯，紫砂壶常常强调手感，甚至有人认为紫砂质表的感觉比泥色更重要。一个熟悉紫砂的人，闭着眼睛也能区别紫砂与非紫砂；通常摸紫砂物件就如摸豆沙，细而不腻，而非紫砂则会有黏手的感觉。所以评价一把紫砂壶，壶质表的手感十分重要。近年来时兴的铺砂壶，正是强调这种质表手感的产物。

（二）形

紫砂壶之形，素有“方非一式，圆不一相”之美誉。如何评价这些造型，也是“仁者见仁，智者见智”，各有所爱。一般认为，古拙最佳，大度次之，清秀再次之，趣味又次之。紫砂壶主用于泡茶，属整个茶文化的组成部分；其追求的意境，应与“淡泊和平，超世脱俗”的茶道意境相符，而古拙正与这种气氛最为融洽。艺术品乃是作者心境之表露、修养之外观，非一日之功炼就企及。

我国许多传统造型的紫砂壶，石桃、井栏、僧帽、掇球、茄段、孤菱、

梅椿等，历经时代变迁，经久不衰。现在许多艺人临摹，各不相同。据不完全统计，仅石桃壶就有100多种，原因就是不同的艺人都把自己的审美情趣融进作品之中。说起“形”，有些人把它与紫砂壶艺的流派并提，认为紫砂壶流派分为“筋囊”“花货”“光货”等，其实这是毫无道理的分法。理由很简单，就如戏剧表演家的流派分类，不能以他演什么戏而定，而应以他在戏剧表演中追求的趣味而定。艺术讲究的是感觉和意境。紫砂壶的造型，讲究“等样”“等势”；造型的优劣需要鉴赏者用心体会，方能领会，即所谓“心有灵犀一点通”。

（三）工

中国艺术有很多相通的地方。例如，京剧的舞蹈动作与国画的大写意，属于豪放之列；紫砂壶成型技法，同京剧唱段与国画工笔类似，属于严谨之列。

点、线、面，是构成紫砂壶形体的基本元素；在紫砂壶成型过程中，起笔落笔、转弯曲折、抑扬顿挫，十分考究。面，须光则光，须毛则毛；线，须直则直，须曲则曲；点，须方则方，须圆则圆，都不能有半点含糊。否则，就不能算是一把好壶。同时，按照紫砂壶成型工艺的特殊要求来说，壶嘴与壶把要绝对在一条直线上，并且分量要均衡；壶口与壶盖结合要严紧，这也是“工”的要求。

（四）款

款即壶的款识。鉴赏紫砂壶款的意思有两层，一是鉴别壶的作者或题诗镌铭的作者是谁，二是欣赏题词的内容、镌刻的书画以及印款（金石篆刻）。紫砂壶的装饰艺术是中国传统艺术的一部分，具有传统艺术“诗、书、画、印”四位一体的显著特点。所以，一把紫砂壶可看的地方除泥色、造型、制作功夫以外，还有文学、书法、绘画、金石诸多方面，能给赏壶人带来更多美的享受。

紫砂壶历来是按人定价，名家名壶身价百倍，这在商品社会尤其突出。故模仿名家制作的赝品屡见不鲜，在选购名壶时尤其需要小心。

（五）功

所谓“功”，是指壶的功能美。近年来，紫砂壶新品层出不穷，令人目不暇接，但讲究造型的形式美而忽视功能美的作品却随处可见。尤其是有些制壶艺人自己不饮茶，对饮茶习惯知之甚少，也直接影响了紫砂壶功能的发挥；有的壶就会出现中看不中用的状况。

其实，紫砂壶与别的艺术品最大的区别就在于它的实用性很强，“艺”“用”并重。它的“艺”全在“用”中品，如果失去“用”的意义，“艺”亦不复存在。所以，千万不能忽视紫砂壶的功能美。

紫砂壶的功能美主要表现在以下六个方面：

（1）容量适度。以我国南方饮茶习惯为例，目前南方人（包括港、台地区）饮茶一般 2 ~ 5 人会饮，宜采用容量 180ml 为最佳，投茶量 8 ~ 10g 左右（占壶身略小于 1/3）；其容量刚好 4 杯左右，手摸手提，都只需一手之劳，所以此类紫砂壶也被称为“一手壶”。此外，冲泡普洱茶的紫砂壶容量不宜小于 100ml，否则非常不利于茶叶的舒展与浸泡。

（2）高矮得当。紫砂壶的高矮通常是按壶型有比例设计的，如高身的有集思、圆柱等壶型，矮身的有水扁、虚扁等壶型。壶身高矮各有用处。高壶口小，宜泡红茶；红茶经过全发酵，所以不怕焖。矮壶口大，宜泡绿茶；绿茶焖的时间长，色、香、味就会变。但又必须适度，过高则茶失味，过矮则茶易从盖处溢出。普洱茶茶性敏感，选用的壶型壶身高矮更要得当；上述壶型如容量是 180ml，壶身净高约 5cm 左右，泡普洱茶便有利于营造茶韵，凝聚茶气茶味；耐冲耐泡，给人圆润饱满的感受。

（3）口盖严紧。紫砂壶是既实用又可陈设的工艺品，因此不能不考虑它的实用性、口盖严紧与否。对于大多数的圆形壶盖来说，通转不滞、盖与口之间的间隙越小越好。有的壶盖密封性很好，用手摁住盖上气孔，倾壶时水不会流出，这也是可以称道的一个方面。另外，紫砂壶盖的子口一般较高，这样倒水时壶盖不易外翻跌落。

（4）出水顺畅。壶嘴出水顺畅，也是功能标准中的一项。壶嘴流涎，即倒茶、收水时壶嘴余沥不尽，是一般壶的通病。从茶壶中倾倒出来的茶水“圆柱”要光滑不散落，越长越好。俗话说“七寸注水不泛花”，指的就是提起茶壶七寸高，往容器里注水不会水珠四溅；表明此壶出水顺畅有力。反之，倾倒茶水时，散落迸溅，则不可取。当然，直嘴、短嘴容易达到这样的效果，造型复杂的壶顺畅出水的难度就相对大一些。

（5）收水迅捷。倒茶一收，嘴口就能迅速断流，这也是泡茶用壶特别讲究的。

（6）使用舒适。手握壶把省力、舒适与否也是必须考虑的问题。壶把和壶嘴，对全壶的均衡起着很大的调节作用，若壶身、壶嘴、壶把三者之间失去均衡，整个造型就会显得不舒服，视觉上也不美观。以往紫砂壶比较讲究三平的造型标准，即壶口、壶把的最高点与壶嘴的制高点在一个水平线上。壶嘴与壶口持平有一定的必要性，否则嘴低于壶口，往壶里倒水时，壶水未满嘴就先流；反之，则嘴未出水口先出。把手的高低则无须强求一致，只要构图完整即可。这样对制作者来说，还可大大扩展紫砂壶的造型设计。

从古至今，紫砂壶的工艺鉴赏一向分两个层次。一是高雅的艺术层次，它必须合理有趣、形神兼备、制技精湛、引人入胜、雅俗共赏，这样方算上乘精品；二是工技精致、形式完整、批量复制，这属于面向市场的高档商品壶。紫砂壶的收藏方式也有两种，若有经济实力，可以收藏目前有很高价值的工艺品；若是喜欢艺术但实力不够，则可以按上述要领，通过用和养的方式来把玩自己所喜好的壶，也能达到收藏的目的。

四、紫砂壶的使用

（1）新壶新泡，首先要确定此壶将用以配泡哪种茶，如果是重香气或重滋味的，都应专门有备泡的壶，同时也可使新壶接受滋养。方法是用干净锅器盛水把壶淹没，用小火煮壶，同时将茶叶放入锅中煮，等滚沸后捞出茶渣，再稍等些时候取出新壶，置于干燥且无异味处自然阴干后即可使用。

（2）新壶使用时应先用茶汤烫煮，去除新壶的烟土味，再经洗涤除污后即可使用。

（3）旧壶重新使用，应做到每次泡完茶后，将茶叶渣倒掉并用热水涤尽残汤，以保持清洁。

（4）注意壶内茶山。[1] 有些人泡完茶后，往往只除去茶渣，而将茶汤留在壶内随壶阴干，日久则茶山累积；如果维护不当，壶内易生异味。所以在泡用后，应用滚沸的开水冲烫一番。

（5）把茶渣摆存在壶内来养壶，这种方法绝不可取。一方面，茶渣闷在壶内易发酸、馊味，对壶有害；另一方面，紫砂壶能吸附热香茶味，所以残渣剩味实无益于紫砂壶。

（6）壶在使用时应经常擦拭，并不断用手抚摸，久而久之，不仅手感舒服，而且能焕发出紫砂陶质本身的自然光泽，浑朴润雅。

（7）在清洗壶的表面时，可用手擦洗，洗后再用干净的细棉布或其他较柔

细的布擦拭，然后放于干燥通风、无异味处阴干。

（8）在保养紫砂壶的过程中要始终保持壶的清洁，尤其不能让紫砂壶接触油污，保证紫砂壶的结构通透。在冲泡的过程中，先用沸水浇壶身外壁，

[1] 壶内茶山：紫砂壶用久了，如果清洗不当，内壁会形成一层茶垢，也就是所谓的茶山。

然后再往壶里冲水，也就是常说的“润壶”。常用棉布擦拭壶身，不要将茶汤留在壶面，否则会堆满茶垢，影响紫砂壶的品相。紫砂壶泡一段时间要适当“休息”，一般要三五天，让整个壶身（中间有气孔结构）彻底干燥。

（9）紫砂收藏或以名为贵、或以稀为贵。收藏名家大师的紫砂壶，跟收藏现今书画大师的作品一样，都十分珍贵。

拓展阅读

一、“水厄”

南朝宋人刘义庆《世语新说·纰漏》云：“晋司徒长史王蒙好饮茶，人至辄命饮之，士大夫皆患之。每欲往候，必云今日有水厄。”说的是晋惠帝司马衷时期（290 ~ 306 年），有个叫王蒙的人特别喜欢饮茶，凡从他门前经过的人必被请去喝上一阵，路人碍于面子只好相陪。嗜茶者还则罢了，不嗜茶者简直苦不堪言，不饮又怕得罪了主人，只好皱着眉头喝。久而久之，士大夫们一听说“王蒙有请”，便打趣道：“今日又要遭水厄了”。王蒙是爱茶之人，也喜欢劝人喝茶，可以说是我国较早弘扬茶文化的人士了。

二、王肃茗饮

唐代以前，人们饮茶叫作“茗饮”，就和煮菜而饮汤一样，是用来解渴或佐餐的。这种说法可由北魏人杨衒之所著《洛阳伽蓝记》中的描写窥得。书中记载了一则故事：北魏时，南齐的一位官员王肃向北魏称降；刚来时，不习惯北方吃羊肉、酪浆的饮食，便常以鲫鱼羹为饭；渴则饮茗汁，一饮便是一斗。北魏首都洛阳的人都称王肃为“漏卮”，就是永远装不满的容器。几年后，北魏高祖皇帝设宴，宴席上王肃食羊肉、酪浆甚多。高祖便问王肃：你觉得羊肉比起鲫鱼羹来如何？王肃回答：邾莒附庸小国，鱼虽不能和羊肉比美，但正是春兰秋菊各有好处；只是茗叶熬的汁不中喝，只好给酪浆作奴仆了。这个故事一传开，茗汁遂有了“酪奴”的别名。这段记载说明，“茗饮”当时主要是南人时尚，上至贵族朝士、下至平民，均有好者，甚至是日常生活之必需品；而北人则歧视茗饮，日常多饮酪浆。其次，当时的饮茶属牛饮，甚至有人饮至一斛二升，这与后来的细酌慢品大异其趣。

【复习题】

一、名词解释

1. 茶具
2. 紫砂壶

二、简答题

1. 茶具的发展可以分为几个阶段?
2. 唐代《茶经》中 25 种茶具的名称是什么?
3. 宋代《茶具图赞》中的“十二先生”是哪些?
4. 茶具的主要分类是什么?
5. 紫砂壶的优点有哪些?
6. 紫砂壶的构成有哪些?

三、论述题

试论述如何鉴赏紫砂壶。

4

Chapter

第四章

饮茶技艺

第一节 选佳茗

泡茶，是指用开水将成品茶的内含化学物质浸出到茶汤中的过程，由此形成的技巧和艺术称为泡茶技艺。我国自古以来就十分讲究茶的冲泡技术，积累了丰富的经验。陆羽在《茶经》中就总结了煮茶的经验："其火，用炭，次用劲薪"；"其水，用山水上、江水中、井水下"；"其沸，如鱼目，微有声，为一沸；缘边如涌泉连珠，为二沸；腾波鼓浪，为三沸"。明代田艺蘅在《煮泉小品》中说："茶，南方嘉木，日用之不可少者，品固有微恶，若不得其水，且煮之不得其宜，虽佳弗佳也。"可见，要泡出一壶好茶并不容易，必须掌握一定的技艺和方法。

一、茶叶的选择

泡茶之前，首先必须充分了解所泡茶叶品种的特点，始能依其特性，给予最适当的滋润，方可发挥最佳的茶性。茶很有"个性"，受到天、地、人各项因素的影响。同一款茶，不同的人冲泡会有不同的品质与口感，甚至相同产地、相同茶师与相同时间制造出的茶，在品质上也会略有差异，这就是茶能引人入胜的原因之一。如果能掌握好各种茶叶的特性，使得泡好的茶饮之可口、视之动情，既有饮用价值，又有品尝情趣，则会令人有"茶不醉人人自醉"之感。

（一）根据季节选择茶叶

（1）春季饮花茶（万物复苏，花茶香气浓郁，充满春天的气息）；

（2）夏天饮绿茶（消暑止渴；绿茶以新为贵，及早饮用）；

（3）秋季饮乌龙茶（天气干燥，乌龙茶不寒不温，介于花茶、绿茶之间，香气迷人，又助消化；冲泡过程充满情趣，而且耐泡，适于家庭团圆时饮用）；

（4）冬季饮普洱茶、红茶（寒气逼人，普洱茶和红茶味甘性温，增加营养、助消化、可调饮）。

（二）根据个人的喜好：主要依据茶叶的品种、个人的口味浓淡

（1）茶叶的品质：运用人的视觉、嗅觉、味觉和触觉来审评茶的外形、色泽、香气、滋味、汤色和叶底（茶叶渣）；

（2）茶叶感官审评因素：通常包括外形（形状、色泽、净度、匀齐）和内质（香气、汤色、滋味、叶底）。

（三）茶叶的外形非常丰富，也是选茶和赏茶的重点

（1）条形：信阳毛尖；（2）卷曲形：碧螺春；（3）圆珠形：珠茶；

（4）针形：君山银针；（5）花朵形：白牡丹；（6）雀舌形：黄山毛峰；

（7）片形：六安瓜片；（8）螺钉形：铁观音；（9）扁形：龙井茶。

二、茶叶的鉴别

茶叶的选购不是易事。要想得到好茶叶，需要掌握大量的知识，如各类茶叶的等级标准、价格、行情以及茶叶的审评、检验方法等。日常生活中购买茶叶，一般只能观看干茶的外形和色泽，闻干香，不容易判断茶叶的品质。这里粗略介绍一下鉴别干茶的方法。

干茶的外形，主要从五个方面看，即嫩度、条索、色泽、整碎和气味。

（一）嫩度

嫩度是决定品质的基本因素，所谓“干看外形，湿看叶底”，就是指嫩度。一般嫩度好的茶叶，容易符合该茶类的外形要求（如龙井之“光、扁、平、直”）。此外，还可以从茶叶有无锋苗去鉴别：锋苗好，白毫显露，表示嫩度好、做工也好；如果原料嫩度差，做工再好，茶条也无锋苗和白毫。也可从茸毛多少来判别嫩度，但茶的具体要求不一样，且茸毛容易假冒，人工做上去的很多，如极好的狮峰龙井是体表无茸毛的。因此，芽叶嫩度以多茸毛作为判断

依据，只适合于毛峰、毛尖、银针等“茸毛类”茶。这里需要提到的是，最嫩的鲜叶，也得 1 芽 1 叶初展，片面采摘芽心也不恰当。因为芽心是生长不完善的部分，内含成分不全面，特别是叶绿素含量很低，所以不应单纯为了追求嫩度而只用芽心制茶。

（二）条索

条索是指茶的外形规格，如炒青条形、珠茶圆形、龙井扁形、红碎茶颗粒形等。一般长条形茶，看松紧、弯直、壮瘦、圆扁、轻重；圆形茶，看颗粒的松紧、匀正、轻重、空实；扁形茶，看平整光滑程度和是否符合规格。一般来说，条索紧、身骨重、圆（扁形茶除外）而挺直，说明原料嫩、做工好、品质优；如果外形松、扁（扁形茶除外）、碎，并有烟、焦味，则说明原料老、做工差、品质劣。

以普洱茶为例。普洱散茶，一般分特级、1 级至 10 级。从外形上讲，普洱茶色泽褐红，条索肥嫩，紧结（因采用大叶种为原料）。普洱散茶的级别是以嫩度为基础的，嫩度越高，级别也就越高。衡量嫩度看三点：（1）芽头多，毫显，嫩度高；（2）条索（叶片卷紧的程度）紧结，重实，嫩度高；（3）色泽光润、光滑；润泽的嫩度好，色泽干枯的嫩度差。

普洱紧压茶，外形要求匀整端正；棱角整齐，不缺边少角；厚薄一致，松紧适度；模纹清晰，条索整齐紧结；色泽以黑褐、棕褐、褐红色为正常。表面有霉花、霉点的普洱茶均为劣质产品。

（三）色泽

茶叶色泽与原料的嫩度和加工技术有密切关系。各种茶均有一定的色泽要求，如红茶乌黑油润、绿茶翠绿色、乌龙茶青褐色、黑茶黑油色等。但无论是哪种茶，好茶均要求色泽一致、光泽明亮、油润鲜活；如果色泽不一、深浅不同、暗而无光，则说明原料老嫩不一、做工差、品质劣。

茶叶的色泽还与茶树的产地及季节有很大关系。如高山绿茶，色泽绿而略带黄，鲜活明亮；低山茶或平地茶，色泽深绿有光。此外，在制茶过程中，由于技术不当，也会使色泽劣变。

就普洱熟茶而言，以汤色明亮、红浓、呈红褐色为佳。汤色红浓剔透是高品质普洱茶，犹如红酒一杯；深红、红褐的汤色均为正常；黄色、橙色或暗黑浑浊的，为劣质。

购茶时，应根据具体购买的茶类来判断。比如龙井，最好的是狮峰龙井；其明前茶并非翠绿，而是有天然的糙米色、呈嫩黄，这是狮峰龙井的一大特色，在色泽上明显区别于其他龙井。因狮峰龙井卖价奇高，茶农会制造出这种色泽以冒充，方法是在炒制茶叶过程中稍稍炒过头而使叶色变黄。真、假的区别是，真狮峰匀称光洁、淡黄嫩绿，茶香中带有清香；假狮峰则角松而空、毛糙、偏黄色，茶香带炒黄豆香。不经多次比较，确实不太容易判断。但是一经冲泡，区别就非常明显了：炒制过火的假狮峰，完全没有龙井应有的馥郁鲜嫩的香味。

（四）整碎

整碎就是茶叶的外形和断碎程度；以匀整为好，断碎为次。比较标准的茶叶审评，是将茶叶放在盘中（一般为木质），使茶叶在旋转力的作用下，依大小、轻重、粗细、整碎形成有次序的分层。其中粗壮的在最上层，紧细重实的集中于中层，断碎细小的沉积在最下层。各茶类都以中层茶多为好。上层一般是粗老叶子多，滋味较淡，水色较浅；下层碎茶多，冲泡后往往滋味过浓，汤色较深。

（五）气味

就是闻闻茶叶的气味，看看有无杂味、霉味等不良气味，同时辨别香味的类型。陈年普洱的香气辨别主要看香气的纯度，区别霉味与陈香味。霉味是一种变质的味道，陈香味是普洱茶在后发酵过程中，多种化学成分在微生物和酶的作用下，形成的新物质所产生的一种综合香气，如桂圆香、红枣香、槟榔香等令人心神愉悦的香气。普洱茶香气达到的最高境界，也就是常说的普洱茶的陈韵。所以陈香味与霉味是不同的，如有霉味、酸味或其他异味等均为不正常。

三、茶叶的储存

茶叶的储存总体把握几个原则：低温、干燥、避光、密封、隔味。由于茶叶疏松多孔，易吸潮、吸收异味，所以在保存上十分讲究。家庭选购的茶叶，尤其是散装茶应当立即重新包装、贮藏。目前常用的茶叶储存方法主要有以下几种。

（一）瓦坛贮茶法

用牛皮纸或其他较厚实的纸把茶叶包好，茶叶的水分含量不要超过 6%，即通常用手捻茶叶易成粉末的含水水平，然后把茶包置于优质陶瓷坛的四周，中间放块状石灰包，石灰包大小视放置茶叶的多少而定；用棉花或厚软草纸垫于盖口，减少空气交换。石灰视吸湿程度一两个月换一次，一般可以保存半年左右。如一时没有石灰或嫌换石灰麻烦，也可以改用硅胶，当硅胶呈粉红色时取出烘干（呈绿色）又可再用。

（二）罐贮法

本方法是采用目前市售的各种马口铁听，或是原来放置其他食品或糕点的铁听、罐子，最好是有双层铁盖的，这样有更好的防潮性能。贮藏方法简便，取饮随意，是当前家庭贮茶常用的方法。为了能更好地保持听内干燥，可以放入一两小包干燥的硅胶。将装茶的听罐放置于阴凉处，更能减缓听内茶叶陈化、劣变的速度。

（三）塑料袋贮藏法

塑料袋是当今最普遍和通用的包装材料，价格便宜，使用方便。因此，用塑料袋保存茶叶是目前家庭贮茶最简便、最经济实用的方法之一。将茶叶用较柔软的净纸包好，置于密度高、有一定强度、无异味的密封塑料袋中。放入冰箱冷藏室中，即使放上一年，茶叶仍然可以芳香如初、色泽如新。

第二节 择好水

一、水具五德

《道德经》第八章中说："上善若水，水善利万物而不争。处众人之所恶，故几于道。"老子认为上善的人，就应像水一样；水造福万物，滋养万物，却不与万物争高下，这才是最为谦虚的美德。水具五德，"上善若水"便是对水之品德的高度赞扬。

（一）生

水是生命之源，人类的生命与水息息相关。水是无色、无味的透明液体，是地球上最常见的物质之一。对人体的生理功能而言，没有水，养料不能被吸收；氧气不能被运到所需部位；养料和激素也不能到达它的作用部位；废物不能排除，新陈代谢也将停止，这样人便会死亡。因此，水是包括人类在内的所有生命生存的重要资源，也是生物体最重要的组成部分。

（二）柔

"天下柔弱莫过于水"，柔弱如水，可以不与世争，慢慢化解刚强的力量。柔中有刚；天下至柔，也是天下至刚。水是道家清静无为、无为而无不为、柔弱胜刚强、贵生贵柔的物化表征，体现了道家《道德经》中"天下之至柔，驰骋天下之至坚"的心志。

（三）顺

这是水非常重要的一方面。水，置于方器中而为方，置于圆器中而为圆，本身无形无状，因此也能万形万状，千变万化，不拘一格。遵从大道的要义，才能顺从自然，顺从规律，顺势而为。

（四）通

指水通达天下，涵括四海，江河湖海皆可通之。《说文》注："通，达也。"《易·系辞》解为"往来不穷谓之通"。地球表层水体构成了水的循环系统，包括海洋、河流、湖泊、沼泽、冰川、积雪、地下水和大气中的水等，对于生态平衡起着重要作用。因水通达，故能成就浩浩荡荡的气势、惊涛拍岸的雄浑。

（五）容

水心胸宽广，能够包容一切。地球上有 71% 的面积被水覆盖，全部海洋的容量是 13.7 亿 m^3，容量非常之大，不可思议，也不可替代。所谓海纳百川，有容乃大。古今中外，成就大业者，无不具有包容、兼容一切的心胸。

水具五德，水益人类，而人类却没有给水以对等的回报。大量的工业、农业和生活废弃物排入水中，造成水源污染。目前，全世界每年约有 4 200 多亿 m^3 的污水排入江河湖海，污染了 5.5 万亿 m^3 的淡水，这相当于全球径流总量的 14% 以上，并且每年还在增加、扩展和累积。日益积攒的水污染污浊着我们的地球和家园，污水治理已经成为"水家族"最重要的事项。保护水资源、保护我们的生存环境，这是茶人的共同愿望，也是茶道研修者公益实践的内容之一。

二、泡茶之水的要求

茶叶必须通过开水冲泡才能为人们享用；水质直接影响茶汤的质量，好茶离不开好水，所以中国人历来讲究泡茶用水。自古茶人就强调"水为茶之母，器为茶之父"，这是因为水中不仅溶解了茶的芳香甘醇，而且溶解了茶道的精神内涵、文化底蕴和审美理念。烹茶鉴水，也就成为中国茶道的一大特色。明人许次纾在《茶疏》中说："精茗蕴香，借水而发，无水不可与论茶也。"张大复在《梅花草堂笔谈·试茶》中论述："茶性必发于水。八分之茶，遇水十分，茶亦十分矣；八分之水，试茶十分，茶只八分耳。贫人不易致茶，尤难得水。"

（一）水的分类

古人把宜茶用水分为天水、地水两大类。天水也称为"无根水"，即雨、雪、霜、露、雹。地水即泉水、江水、河水、湖水、井水。古代茶人对烹茶用水的认识，经历了唐代重品第、宋代重经验、明代重理论三个阶段，使得中国茶道对宜茶用水的认识不断深化、升华。在天水、井水、江水、湖水、河水、泉水诸水中，茶人对泉水情有独钟。泉水清、轻、甘、活、冽，确是宜茶用水，同时，泉水无论出自名山幽谷，还是出自平原城郊，都以其汩汩溢冒、涓涓流淌的风姿以及淙淙潺潺的声响引人遐想，为茶文化平添了几分幽韵与美感。

从古至今，人们对泡茶之水进行了鉴别，并作了评级。

（1）最早提出鉴水试茶的是唐代的刘伯刍。他"亲揖而比之"，提出宜茶水品七等：扬子江南零水[1]第一；无锡惠山寺石水第二；苏州虎丘寺石水第三；丹阳县观音寺水第四；扬州大明寺水第五；吴淞江水第六；淮水第七。

（2）唐代张又新在《煎茶水记》中记述，陆羽也曾对水品进行了辨别，其品评次第如下：庐山康王谷水帘水第一；无锡县惠山寺石泉水第二；蕲州兰溪石下水第三；峡州扇子山下有石突然，泄水独清冷，状如龟形，俗云蛤蟆口水第四；苏州虎丘寺石泉水第五；庐山招贤寺下方桥潭水第六；扬子江南零水第七；洪州西山西东瀑布水第八；唐州柏岩县淮水源第九；庐州龙池山岭水第十；丹阳县观音寺水第十一；扬州大明寺水第十二；汉江金州上游中零水第十三；归州玉虚洞下香溪水第十四；商州武关西洛水第十五；吴淞江水第十六；天台山西南峰千丈瀑布水第十七；郴州圆泉水第十八；桐庐严陵滩水第十九；雪水第二十。

（3）清朝乾隆皇帝也是一位品泉名家，他对天下名泉佳水进行了较为深入的研究，也评定了七品：京师玉泉第一；塞上伊逊之水第二；济南珍珠泉第三；扬子江金山泉第四；无锡惠山泉、杭州虎跑泉并列第五；平山泉第六；清凉山、

---

[1] 也称中泠泉。当年江水西来，至金山分为三泠：南泠、中泠和北泠。泠者，水曲也。第一泉位于中间水曲之下，故名中泠。

白沙井、虎丘泉以及京师西山碧云寺泉均列为第七品。

（4）现在人们常说的中国五大名泉为以下五处。

①镇江中冷泉，又名南零水，早在唐代就已天下闻名，刘伯刍把它推举为宜于煎茶的七大水品之首。中冷泉原位于镇江金山之西的长江江中涡险处，汲取极难。“铜瓶愁汲中冷水，不见茶山九十翁”，这是南宋诗人陆游的描述。文天祥也曾写道：“扬子江心第一泉，南金来北铸文渊，男儿斩却楼兰首，闲品茶经拜羽仙。”如今，因江滩扩大，中冷泉已与陆地相连，仅是一个景观罢了。

②无锡惠山泉，号称“天下第二泉”。此泉于唐代大历十四年开凿，迄今已有 1 200 余年历史。元代大书法家赵孟頫和清代吏部员外郎王澍分别书有“天下第二泉”，刻石于泉畔，字迹苍劲有力，至今保存完整。这就是“天下第二泉”的由来。惠山泉分上、中、下三池。上池呈八角形，水色透明，甘醇可口，水质最佳；中池为方形，水质次之；下池最大，系长方形，水质又次之。

③苏州观音泉，为苏州虎丘胜景之一。张又新在《煎茶水记》中将苏州虎丘寺石水（观音泉）列为第三泉。该泉甘洌，水清味美。

④杭州虎跑泉。相传，唐元和年间，有个名叫性空的和尚游方来到虎跑，见此处环境优美，风景秀丽，便想建座寺院，但无水源，一筹莫展。夜里梦见神仙相告：“南岳衡山有童子泉，当夜遣二虎迁来。”第二天，果然跑来两只老虎，刨地作穴，泉水遂涌，水味甘醇，虎跑泉因而得名。名列全国第四。其实，同其他名泉一样，虎跑泉也有其地质学依据。虎跑泉的北面是林木茂密的群山，地下是石英砂岩；天长地久，岩石经风化，产生许多裂缝，地下水通过砂岩的过滤，慢慢从裂缝中涌出，这才是虎跑泉的真正来源。据分析，该泉水可溶性矿物质较少，总硬度低，每升水只有 0.02mg 的盐离子，故水质极好。

⑤济南趵突泉，为当地七十二泉之首，列为全国第五泉。趵突泉位于济南旧城西南角，泉的西南侧有一建筑精美的“观澜亭”。宋代诗人曾经写诗称赞：“一派遥从玉水分，暗来都洒历山尘，滋荣冬茹温常早，润泽春茶味至真。”

（二）鉴水标准

现代人比较科学的鉴水标准，主要有五个方面。

（1）清。水质的“清”是相对“浊”而言的。用水应当质地洁净、无污染，这是生活中的常识。沏茶用水尤应洁净，古人要求“澄之无垢，挠之不浊”。水不洁净则茶汤浑浊，难以入眼。水质清洁无杂质、透明无色，方能显出茶之本色。

（2）轻。水质的“轻”是相对“重”而言，古人总结为好水“质地轻，浮于上”，劣水“质地重，沉于下”。清人更因此以水的轻、重来鉴别水质的优劣，并将其作为评水的标准。古人所说水之“轻”“重”，类似今人所说的“软水”“硬水”。

凡含有较多量的钙离子（Ca^{+}）、镁离子（Mg^{+}）的水称为“硬水”，不溶或只含有少量的钙、镁离子的水称为“软水”。[1] 实验表明，采用软水泡茶，茶汤明亮，香味鲜爽，色、香、味俱佳；而用硬水泡茶，茶汤之色、香、味大减，茶汤发暗，滋味发涩，高档名茶如用硬水沏泡，茶味受损更重。如果水中含有较大的碱性或铁质，茶汤就会发黑，滋味苦涩，无法饮用。含铁离子茶汤会发黑，是因铁离子与茶汤中的茶多酚发生络合反应生成蓝紫色物质——在国标中茶多酚的测定用的就是这个原理（酒石酸亚铁比色法），所以茶汤中含过多的铁离子对于茶汤的风味是不好的。

（3）活。“活水”是对“死水”而言，要求水“有源有流”，不是静止水。煎茶的水要活，陆羽在其著作《茶经》中就强调过，后人亦有深刻的认识，并常常赋之以诗文。苏东坡曾在《汲江煎茶》诗中说：“活水还需活火烹，自临钓石取深清。”

（4）甘。“甘”是指水含于口中有甜美感，无咸苦感。宋徽宗《大观茶论》谓：“水以清、轻、甘、洁为美，轻、甘乃水之自然，独为难得。”水味有甘甜、苦涩之别，一般人均能体味。

（5）洌。《说文》云：“洌，水清也。”指水的清澄甘美。水的冷洌，也是煎茶用水所要讲究的。明田艺衡说：“泉不难于清，而难于寒。其濑峻流驶而清、岩奥阴积而寒者，亦非佳品。”泉清而能洌，证明该泉系从地表之深层沁出，所以水质极好。

---

[1] 科学上的标准为：软水，每升水中的Ca+、Mg+含量均不超过10mg；硬水，每升水中的Ca+、Mg+含量超过10mg。

在没有泉水的情况下，也可以用井水。只要周围环境清洁卫生，深而多用的井水用来泡茶也是不错的。此外，雨水和雪水、江河湖泊中的活水，都可以用来泡茶。自来水中因含氯较多，需要贮存在水缸或水桶中过夜，待氯气挥发后再煮沸泡茶，或者适当延长煮沸时间，以驱散氯气，然后再泡茶。现在有些茶艺馆选用矿泉水、纯净水来泡茶，效果也不错。

选好水，还要注意泡茶时水与茶用量的配比。像绿茶、黄茶、白茶等不发酵或轻发酵茶类，由于茶叶较细嫩，通常用玻璃杯冲泡，以便于欣赏茶叶在水中的舞姿；茶与水的比例为 1∶50，即 1g 茶叶 50ml 水，家中所用的玻璃杯一般为 200ml 左右；3g 茶叶 150ml 水冲泡即可，通常可冲泡 2 ~ 3 次。

半发酵的乌龙茶，因其条索紧结多为半球形，茶与水的比例为 1∶20；也可根据冲泡所用壶体来投茶，所投茶叶占壶体的 1/3 ~ 1/2，可冲泡 6 ~ 7 次；冲泡后，以叶底舒展可充满一壶为好。

全发酵的红茶饮用，比较讲究的是清饮功夫红茶，包括祁红、滇红等。取 3 ~ 5g 红茶入杯（茶与水的比例同样为 1∶50），然后冲入沸水、加盖，几分钟后先闻其香，再观其色，后品其味。

投茶量的多少可以视壶的容积大小和个人口味而定，若爱喝浓茶则可适当多投一些。

第三节 备茶具

一、选择合适的茶具

要获取一杯上好的香茗，需要做到茶、水、火、器四者相配，缺一不可。这是因为饮茶器具不仅是饮茶时不可缺少的一种盛器，具有实用性，而且还有助于提高茶叶的色、香、味。同时，一件高雅精美的茶具，本身还具有欣赏价值，富含艺术性。

对于一个爱茶人来说，不仅要会选择好茶，还要会选配好茶具。好茶、好壶，犹似红花、绿叶，相映生辉。选配茶具要注意以下几方面。

（一）选配茶具要因地制宜

我国地域辽阔，各地的饮茶习俗不同，故而对茶具的要求也不一样。长江以北的地区，多爱用有盖的瓷杯冲泡花茶，以保持花香；也有用大瓷壶泡茶，然后再倒入茶杯饮用的。江浙一带，饮茶多注重滋味和香气，因此喜欢选用紫砂茶具泡茶，或用有盖瓷杯沏茶。福建及广东潮州、汕头一带，习惯用小杯啜饮乌龙茶，选用的是“烹茶四宝”——潮汕炉、玉书碨、孟臣罐、若琛瓯泡茶，以鉴赏茶的韵味。潮汕炉是一只缩小了的粗陶炭炉，专门作为加热之用；玉书碨是一把缩小了的瓦陶壶，高柄长嘴，架在风炉之上，专作烧水之用；孟臣罐是一把比普通茶壶小一些的紫砂壶，作泡茶之用；若琛瓯是只有半个乒乓球大小的小茶杯，一般有 2 ～ 4 只，每只只能容纳 4ml 茶汤，供饮茶之用。

（二）选配茶具要因人制宜

在古代，不同的人用不同的茶具，茶具在很大程度上反映了品鉴人不同的地位和身份。如历代的文人墨客，都特别强调茶具的“雅”。宋代文豪苏东坡在江苏宜兴讲学时，自己设计了一种提梁式的紫砂壶，“松风竹炉，提壶相呼”，独自烹茶品赏。

另外，职业有别，年龄不一，性别不同，对茶具的要求也不一样。如老年人讲求茶的韵味，要求茶叶香高、味浓，重在物质享受，故多用茶壶泡茶；年轻人以茶会友，要求茶叶香清、味醇，重在精神品赏，故多用茶杯沏茶。

（三）选配茶具要因茶制宜

自古以来，讲究品茶艺术的茶人，注重品茶韵味，崇尚意境高雅，对如何选配茶具很有研究。比如唐朝时期，陆羽通过对各地所产瓷器茶具的比较后认为“邢不如越”。这是因为唐代人们喝的是饼茶，茶须烤炙研碎后，再经煎煮而成，这种茶的茶汤呈淡红色，倾入瓷茶具中，汤色就会因瓷色的不同而起变化。如“邢州瓷白，茶色红”，而越瓷为青色，倾入淡红色的茶汤，则呈绿色。陆羽从茶叶欣赏的角度，提出了“青则益茶”的看法，以青色越瓷为茶具上品。

从宋代开始，饮茶习惯逐渐由煎煮改为“点注”。团茶研碎经点注后，茶汤已接近白色了。这样，唐时推崇的青色茶碗就无法衬托出白的色泽。而此时作为饮茶的碗已改为盏，这样对盏色的要求也就起了变化。“盏色贵黑青”，即认为黑釉茶盏才能反映出茶汤的色泽。宋代蔡襄在《茶录》中写道：“茶色白，宜黑盏。建安所造者绀黑，纹如兔毫，其坯微厚，久之热难冷，最为要用。”特别推崇“绀黑”的建安兔毫盏。

明代初期饮用芽茶，茶汤已由宋代的白色变为黄白色，这样对茶盏的要求当然不再是黑色了，而是白色。对此，明代的屠隆就认为，茶盏“莹白如玉，可试茶色”。明代张源在《茶录》中也写道：“茶瓯以白瓷为上，蓝者次之。”

一般而言，根据茶叶不同，茶具的选择可参考以下三点。

（1）壶泡法：适用于各种茶类，色彩依茶类而定。

①名优绿茶宜用白瓷、青瓷、青茶瓷茶具；

②花茶类宜用斗彩、五彩茶具；

③黄茶类可用奶白瓷、黄釉瓷、黄橙为主色的五彩茶具；

④红茶类可用白瓷、白底红花瓷和紫砂茶具；

⑤乌龙茶中高香轻发酵茶可用白瓷、釉上彩青花瓷茶具，中发酵和重焙火茶可用紫砂茶具；

⑥普洱茶宜用紫砂茶具，相得益彰。

（2）杯泡法：适用于名优绿茶，如品饮西湖龙井、洞庭碧螺春、君山银针、黄山毛峰等细嫩名优绿茶，可选用无色透明玻璃杯、无盖白瓷、青花瓷杯。

（3）盖碗（杯）泡法：适用于花茶、红茶、普洱茶等。

（四）选配茶具要因具制宜

选用茶具，一般要考虑三个方面：（1）要有实用性，比如紫砂壶出水圆润，收水果断，透气性好，利于泡茶等；（2）要有欣赏价值——从工艺角度讲，茶具最好具有一定的独创性，在造型和艺术设计上符合审美的要求；（3）有利于茶性的发挥，即善于发挥茶的色、香、味。

三、泡茶用具简介

（一）主要茶具

（1）茶壶：用来泡茶的主要器具。茶壶的种类繁多，主要以形态和质地的不同来划分；就其基本形态来分，有近200种。

（2）茶盘：承载泡茶主要用具的器具。既可增加美观，又可防止茶壶烫伤桌面、茶水浸湿茶桌。

（3）公道杯：分茶的用具，使茶汤均匀一致。

（4）玻璃杯：盛放泡好的茶汤并用于品饮的器具。

（5）闻香杯：品茶时，用以闻香的器具。

（6）品茗杯：品茗用的小杯。

（7）杯托：承载闻香杯、品茗杯的器具。

（8）盖碗杯：由杯盖、杯身、杯托三部分组成的品茶用具。

（二）辅助用具

除了主要用具外，在泡茶过程中还需要一些辅助用具，既可以辅助泡茶、方便操作，又可以增加美观。

（1）茶巾：用来擦干壶底或杯底的水。

（2）奉茶盘：盛放茶杯、茶碗、茶具、茶食等，敬送给品茶者，显得洁净高雅。

（3）茶则：从茶叶桶中取茶放入壶中的用具。

（4）茶匙：将茶叶直接拨入茶壶的用具。

（5）茶针：疏通壶嘴的用具。

（6）茶夹：取放品茗杯的用具。

（7）渣匙：从泡茶器中取出茶渣的用具，常与茶针相连。

（8）茶漏：扩充壶口面积，防止拨茶时茶叶散落在桌面上。

（9）滤网：过滤茶渣的用具。

（10）茶荷：盛放干茶的器具，多用于客人赏茶。

（11）随手泡：泡茶时盛放冲泡用水的用具。

（12）桌布：铺在桌面向四周下垂的饰物。

第四节
处雅境

品茶是一个艺术创造、艺术传达和艺术享受的过程。有了佳茗、好水与良器，还需优美、洁雅、安静的环境，才能体味茶道之美，荡烦涤腻，达到修身养性的目的。

徐渭在《徐文长秘集》中，提出品茶要求幽雅环境："茶，宜精舍、云林、竹灶，幽人雅士，寒宵兀坐，松月下，花鸟间，清白石，绿鲜苍苔，素手汲泉，红妆白（扫）雪，船头吹火，竹里飘烟。"

明代冯可宾在《茶录·宜茶》中，提出品茶的13个条件:（1）无事：超脱凡尘，悠闲自得，无所牵挂;（2）佳客：人逢知己，志同道合，推心置腹;（3）幽坐：环境幽雅，平心静气，无忧无虑;（4）吟诗：茶可引思，品茶吟诗，以诗助兴;（5）挥翰：茶墨结缘，挥毫泼墨，以茶助兴;（6）徜徉：青山翠竹，小桥流水，花径信步;（7）睡起：睡觉清醒，香茗一杯，净心润口;（8）宿醒：酒后醒醉，饭饱去腻，用茶提神;（9）清供：杯茶在手，佐以果点，相得益彰;（10）精舍：居室精美，摆设陶情，平添情趣;（11）会心：品尝香茗，深知茶事，心有灵犀;（12）赏鉴：精于茶道，懂得鉴评，善于欣赏;（13）文僮：茶僮侍候，烧水奉茶，得心应手。

冯可宾还提出7个不适宜品茶的环境条件:（1）不如法，指烧水、泡茶不得法;（2）恶具，指茶具选配不当，或质次，或玷污;（3）主客不韵，指主人和宾客口出狂言，行动粗鲁，缺少涵养;（4）冠裳苛礼，指戒律严多，为官场间不得已的应酬；（5）荤肴杂陈，指大鱼大肉，荤菜赋杂，有损茶性；（6）忙冗，指忙于事务，心乱意烦，无心品茗；（7）壁间案头多恶趣，指室内杂乱，令人生厌，俗不可耐。

品茗的环境构成因素很多，关键是要营造一个独特、文明、高雅、洁朴、温馨、和谐的环境。品茗环境可划分为自然环境和人工环境。两者就大范围而言，均应包括以下四个方面。

一、洁朴

"一杯香露暂留客，两腋清风几欲仙"。品茗是清雅之事，讲究一个"洁"字，一个"朴"字。无洁则不清，无朴则过奢。茶具灵性，不可玷污；茶性朴拙，不喜张扬。所以，品茗场所要求安静、清新、舒适、干净，四周可陈列茶文化的艺术品，或一幅画、一件陶瓷工艺品、一束插花、一套茶具、一个盆景等。这些都应随着主题的不同而布置，或绚丽，或幽雅，或朴实，或宁静，尽可能利用一切有利条件，如阳台、门庭、小花园甚至墙角等，营造出一个良好的品茗环境。

二、清静

清静是体悟茶道的重要途径，也是心灵净化的方式。品茗的环境未必豪华、气派，但一定要能够让人的心静下来，切忌过于喧闹。心静下来，才能够品尝出茶的真滋味，才能够感受到心灵的碰撞与交流。心静之愉悦，是茶道精神美学的重要体现。

典雅古朴的室内陈设，充满传统文化气息的书画挂轴，富有民间情调的纸灯笼、竹帘，深得传统意趣的插花焚香，雅音蕴藉的古筝音乐，曲径通幽的石子小道，清趣静寂的山水亭园……在清幽的环境中，肌肤感受的是和爽的清风，耳边听到的是如铃的泉水叮咚声；伴随着悦耳的鸟鸣，品一杯清茶，能让人静心、静气、静神，让烦躁的心情平静，让急躁的性子变得和缓，让满腹的烦恼随着缕缕茶香而消散，让人平凡的行为变得优雅。

三、高雅

茶人相聚，追求的是一个“雅”字。自古以来，文人墨客将焚香、挂画、插花、点茶视为人生四大雅乐。品茗时的户外环境，大到山野溪畔，小到茶屋、茶轩、茶亭；还有室内环境及品茗的佐物，如古琴、书本、木鱼、棋局、茶壶、茶灶等；再到植物配景，如松、竹、梅、兰、菊、秋树、蕉叶、荷花等，都是境之“雅”的重要因素。许次纾在《茶疏》中指出，品茶应在“心手闲适”（心情舒服、清闲）、“披咏怠倦”（吟诵诗书怠倦）之际，在“风日晴与”“茂林修竹”“清幽寺观”“小桥画舫”等优美环境中进行。

清山秀水、小桥亭榭、琴棋书画、幽居雅室、乳泉潺潺，当然是理想的品茗场所。不过，在普通家庭中，只要略加布置，于房屋一角摆设些花草、茶几，会客聚友、家人团圆，品饮一番，也能其乐融融。

四、和美

“境由心造”。茶境乃“和”之大境，茶道即人道。人缘和美乃是茶道品饮的核心。泡茶可修身养性，品茶如品味人生。品茶者有三乐。一为独品得神。一个人品茶，能放下世俗的纷扰，颐养心性，从而达到物我两忘之妙境。二为对品得趣。两个知心朋友相对品茗，或无须多言即心有灵犀一点通，或推心置腹、互诉衷肠，不知不觉间情谊加深，亦一乐也。三为众品得慧。品茗亦不忌人多，子曰：“三人行，必有我师焉”。无论何种形式，以茶会友，谈茶论道，自然少了几分酒宴上的客套，多了几分真诚与直率。

总之，茶由人泡，道由人悟；水由人鉴，器由人选；境由人创，茶由人品。品茶就是品文化、品人生。品茗无疑是一门综合性的艺术，在幽雅、洁朴、高尚、和谐的自然环境中，杯茶在手，闻其香，观其色，察其姿，看其形，品其味，啜其华。此情此景，虽“口不能言”，却“快活自省”，静领其意，韵味无穷，这是品茶赋予人们的一种享受。

第五节
懂冲泡

一、茶叶冲泡三要素

（一）茶叶的用量

茶叶种类繁多。茶类不同，用量各异。如冲泡一般红茶、绿茶，茶与水的比例大致掌握在1∶50～1∶60，即每杯放3g左右的干茶，加入沸水150～200ml。如饮用普洱茶，每杯放5～10g。如用茶壶，则按容量大小适当掌握。用茶量最多的是乌龙茶，每次投入量几乎为茶壶容积的1/2，甚至更多。此外，茶叶用量还与消费者的饮用习惯和年龄层次有密切的关系。

（二）泡茶的水温

泡茶烧水，要大火急沸，不要文火，以刚煮沸起泡为宜。用这样的水泡茶，茶汤香、味皆佳。泡茶水温的掌握，主要以泡饮什么茶而定。高级绿茶，特别是各种芽叶鲜嫩的名茶（绿茶类名茶），不能用100℃的沸水冲泡，一般以80℃左右为宜（通常将水烧开后，再冷却至80℃；如果是无菌生水，则只要烧到所需温度即可）。茶叶愈嫩、愈绿，冲泡的水温便愈低，这样泡出的茶汤一定嫩绿明亮，滋味鲜爽，维生素C也较少被破坏。泡饮各种红茶和中低档绿茶，则要用100℃的沸水冲泡。泡饮乌龙、普洱和黑茶，因每次用茶量较多，且茶叶较粗老，故必须用100℃的沸水冲泡。花茶的加工一般是用绿茶窨制，现在也有用红茶或普洱茶作为原料的，水温则根据不同种类及老嫩程度而定。如用优质高档绿茶制作的花茶，则宜用低水温（80℃～85℃）冲泡；用粗老的绿茶或是普洱茶等为原料窨制成的花茶，适宜用较高的水温（90℃～100℃）冲泡。同时，为了保持和提高水温，须在冲泡前用开水烫热茶具，冲泡后在壶外淋开水。少数民族饮用砖茶，则要求水温更高；将砖茶敲碎，放在锅中熬煮。

（1）冲泡乌龙茶的水，温度100℃，茶、水比例1∶20；

（2）冲泡绿茶的水，温度80℃，茶、水比例1∶50；

（3）冲泡红茶的水，温度90℃～95℃，茶、水比例1∶50。

（三）冲泡时间和次数

如果用茶杯泡饮一般的红茶、绿茶，每杯放干茶3g左右。先倒入少量开水，以浸透茶叶为度，加盖3分钟左右，再加开水到七八成满，便可趁热饮用。当喝到杯中尚余1/3左右茶汤时，再加开水，这样可使前、后茶汤浓度比较均匀。据测定，一般茶叶泡第一次时，其可溶性物质能浸出50%～55%；泡第二次，能浸出30%左右；泡第三次，能浸出10%；泡第四次，则所剩无几了，故常以冲泡3次为宜。如饮用颗粒细小、揉捻充分的碎红茶或碎绿茶，用沸水冲泡3～5分钟后，其有效成分大部分浸出，可一次快速饮用。饮用速溶茶，也是采用一次冲泡法。

二、泡茶的常用技巧

（一）茶具的取放方法

茶道用具的摆放是极富科学性和艺术性的。取放茶具要“轻”“准”“稳”。“轻”是指轻拿轻放，既体现了茶人对茶具的珍爱之情，也体现了茶艺师的个人修养。“准”是指茶具取出和归位要准。取具时，眼、手应准确到位，不能毫无目的。同时，茶具归位要归于原位，不能因取放后便失去原有的位置。“稳”是指取放茶具的动作、过程要稳，速度要匀；茶具本身要平稳，每次停顿位置要协调，给人以稳重大方的美感。

（二）水的控制

在茶的冲泡过程中，水的控制尤为重要。

首先是煎水。煎水，即功夫茶中所说的候汤。陆羽《茶经》说："其沸如鱼目，微有声，为一沸；缘边如涌泉连珠，为二沸；腾波鼓浪，为三沸。以上水老不可食也。"就是说，水烧到出现鱼眼般的气泡、微微有声时，为第一沸；出现泉涌连珠的时候，为第二沸；到了水面似波浪般翻滚、奔腾时，为第三沸。苏辙《和子瞻煎茶》诗云："相传煎茶只煎水，茶性仍存偏有味。"说明了煎水的重要。

南宋罗大经《鹤林玉露》中记载了李南金的"背二涉三"辨水法，即水煮过第二沸（背二）刚到第三沸（涉三）时，最适合冲茶。古人常用"老""嫩"二字来形容水煮得过头或不及。水太"嫩"，则矿物质尚未沉淀，影响茶滋味；而氧气散失过多，则会使水"老"不佳。沸水烧久了，将水中的氧气去除干净，而形成"老"；不佳，因为水中氧含量太低，不利于冲泡过程中的物质转变，不利于醇化口感。

其次，水流的控制也要多加实践。在茶的冲泡过程中，或纤细晶莹，或瀑布飞溅；或急或缓的水线既是挥发茶性的需要，也是一种茶艺之美的体现。水流的粗、细、快、慢，出水与收水的自然以及水线的连绵不断，都是由于手腕在运壶过程中的变化而产生的。因此，执壶冲水、凤凰三点头等诸多水的控制的练习，以及不同茶具的出水、收水的练习，都是泡茶的基本功。特别是初学者，要养成良好的用水习惯。

（三）行茶动作

行茶过程中，身体要保持良好的姿态，头要正，肩要平，眼神与动作要和谐自然。在泡茶过程中，要沉肩、垂肘、提腕，用手腕的起伏带动手的动作，切忌肘部高高抬起。冲泡过程中，左、右手要尽量交替进行，不可总用一只手，且左、右手尽量不要有交叉动作。

冲泡时要掌握高冲低斟原则，即冲水时可悬壶高冲，或根据泡茶的需要采用各种手法。如果是将茶汤倒出，就一定要压低泡茶器具，使茶汤尽量减少在空气中停留的时间，以保持茶汤的温度和香气。

三、泡茶的一般程序

从功能的角度，茶艺可分为生活型和表演型。生活型是平时为客人泡茶品饮的实用茶艺；表演型是指对生活型进行艺术加工后、主要用于舞台表演的茶艺。

不同的茶叶有不同的冲泡方法，常见的有壶泡法、盖碗泡法和杯泡法三种。有些程序大体一致，但仍要根据不同的特点进行冲泡。就生活型茶艺来说，基本冲泡程序为以下几个步骤。

（1）烫壶。在泡茶之前需用开水烫壶，一则可去除异味，再则有助于挥发茶香。

（2）置茶。一般泡茶所用茶壶壶口皆较小，需先将茶叶装入茶荷内；将茶荷递给客人鉴赏茶叶外观后，再用茶匙将茶荷内的茶叶拨入壶中，茶量以壶的1/3为度。

（3）温杯。将烫壶之热水倒入茶盅内，再行温杯。

（4）高冲。冲泡茶叶需高提水壶，水自高点下注，使茶叶在壶内翻滚、散开，以更充分地泡出茶味，俗称“高冲”。

（5）低泡。泡好之茶汤即可倒入茶盅，此时茶壶壶嘴与茶盅之距离以低为佳，以免茶汤内之香气无效散发，俗称“低泡”。一般第一泡茶汤与第二泡茶汤在茶盅内混合，效果更佳；第三泡茶汤与第四泡茶汤混合；依此类推。

（6）分茶。茶盅内之茶汤再行分入杯内，杯内之茶汤以七分满为度。

（7）敬茶。将茶杯连同杯托一并放置客人面前，是为敬茶。

（8）闻香。品茶之前，需先观其色、闻其香，方可品其味。

（9）品茶。“品”字三个口，一杯茶需分三口品尝，且在品茶之前，目光需注视对方一两秒，稍带微笑，以示感谢。

四、常见表演茶艺示例

表演茶艺是在实用茶艺的基础上产生的一种艺术形式。它通过各种茶叶冲泡技艺的形象演示，科学地、生活化地、艺术地展示泡饮过程，使人们在精心营造的优雅环境氛围中，得到美的享受和情操的熏陶。当人们将喝茶提升到品饮的层次、提升为精神上的需求时，泡茶就成为一门艺术；茶艺表演则是泡茶艺术的直接体现，也更具观赏性。表演茶艺有配词版和无配词版之分。

（一）茶艺表演兴起

在中国，现代茶艺表演的兴起仅是近十几年的事，兴起的客观原因大致在以下三点。

（1）日本茶道的影响和推动。虽然日本茶道源于中国，并融入了岛国文化的特征，但它作为独特的文化内容一直被世界各国所关注。学习茶道以培养人们的道德情操、提高文化修养，已成为许多国家的共识。中、日之间茶文化的交流，促进了中国茶艺的发展。

（2）人们精神生活日益提高的需要。中国的改革开放，提高了综合国力以及人们的物质生活。在国运兴盛的年代，人们在满足物质生活的情况下，需要不断提高精神文化生活的水平。

（3）茶艺馆与茶艺表演团的建立。从 20 世纪 70 年代台湾茶艺馆的兴起，到 90 年代粤式早茶、杭州与福州的茶人之家以及茶艺馆的蓬勃发展，相应的茶艺表演团体也陆续成立。茶艺馆格调独特、氛围宜人，茶艺表演高雅动人、美轮美奂，使得人们对茶艺的追求面迅速扩大，茶艺爱好者及受茶艺熏陶者日益增多。

在上述因素的综合推动下，现代茶艺表演迅速发展。纵观各种茶艺表演。大体可分为三类：（1）民俗茶艺表演。取材于特定的民风、民俗、饮茶习惯，以反映民俗文化等方面为主的、经过艺术提炼和加工的表演，如“台湾乌龙茶茶艺表演”“赣南擂茶”“白族三道茶”等。（2）仿古茶艺表演。取材于历史资料，经过艺术提炼、加工，大致以反映历史原貌为主体，如“公刘子朱权茶道表演”“唐代宫廷茶礼”“韩国仿古茶艺表演”等。（3）其他茶艺表演。取材于特定的文化内容，经过艺术提炼和加工，以反映特定文化内涵为主体，如“禅茶表演”“新娘茶”等。

（二）两种表演茶艺的形式

（1）绿茶的茶艺（下投法）。

①烫杯。用茶壶里的热水采用回旋斟水法浸润茶杯，提高茶杯的温度，这样才能使茶最大限度地挥发香气。

②选茶。用茶则将茶叶从茶叶筒中放置到茶荷上，其色泽翠绿，香气浓郁，甘醇爽口，形如雀舌。

③听泉。用左手托住杯底，右手拿杯，从左到右由杯底至杯口逐渐回旋一周，然后将杯中的水倒出；经过热水浸润后的茶杯犹如珍宝一般光彩夺目。

④投茶。采用下投法，用茶匙把茶荷中的茶拨入茶杯中，茶与水的比例约为 1∶50。

⑤润茶。将水旋转倒入杯中，约占容量的 1/4 ~ 1/3，使茶芽舒展，此时的茶叶已显出勃勃生机，绿茶特有的香气已隐隐飘出。

⑥冲泡。“凤凰三点头”，即用手腕的力量，使水壶下倾上提反复 3 次，使茶叶在杯中上下翻动，促使茶汤均匀，同时也蕴含着三鞠躬的礼仪。

⑦敬茶。茶汤鲜绿、味鲜醇、香鲜爽，令人赏心悦目。到客人面前，双手奉上，再伸出右手，表示“请用茶”。

⑧品茶。品茶时先闻香，后观色；在细细品啜中，会感觉到甘醇润喉、齿颊留香，回味无穷。

（2）红茶茶艺。

①“宝光”初现。红茶条索紧秀，色泽并非人们常说的红色，而是乌黑、润泽、泛光，俗称“宝光”。国际通用红茶的名称为“black tea”，即因红茶干茶的乌黑色泽而来。

②清泉初沸。用来冲泡的泉水经加热微沸，壶中上浮的水泡仿佛“蟹眼”已生。

③温壶热盏。用初沸之水注入瓷壶及杯中，为壶、杯升温。

④佳茗入宫。用茶匙将茶荷或赏茶盘中的红茶轻轻拨入壶中。

⑤悬壶高冲。这是冲泡红茶的关键。冲泡的水温要在 100℃，初沸的水，此时“蟹眼已过鱼眼生”，正好用于冲泡。而高冲可以让红茶茶叶在水的激荡下充分浸润，以利于色、香、味的充分发挥。

⑥分杯敬客。用循环斟茶法，将壶中之茶均匀地分入每一杯中，使杯中之

茶色、味一致。

⑦喜闻幽香。一杯茶到手，先要闻香。红茶是世界公认的三大高香茶之一，其香浓郁、高长，又有“茶中英豪”之誉，香气甜润中蕴藏着一股兰花之香。

⑧观赏汤色。红茶汤色红艳，杯沿有一道明显的“金圈”；茶汤的明亮度和颜色，表明红茶的发酵程度和茶汤的鲜爽度。再观叶底，嫩软红亮。

⑨品味鲜爽。闻香、观色后，即可缓啜品饮。祁门红茶以鲜爽、浓醇为主，滋味醇厚，回味绵长。

⑩再赏余韵。一泡之后，可再冲泡第二泡茶。

⑪三品得趣。红茶通常可冲泡三次，三次的口感各不相同；细饮慢品，徐徐体味茶之真味，方得茶之真趣。

⑫收杯谢客。回味红茶特殊的香气，领略其隽永的口感、独特的内质。

第六节
善品饮

品茶不仅要喝出茶的味道，还要喝出茶的意境。品茶是一种艺术，要细细品啜、徐徐体察，从茶汤的色、香、味、形等方面得到审美的愉悦。品茶主要从四个方面进行：一赏茶名，二观茶形（色），三闻茶香，四品滋味。

一、赏茶名

中国茶的命名，或因产地，或以其特质，或因历史典故，或因怀念先人、古事。特别是中国名茶，如诗如词的茶名，常常使人陶醉，妙想联翩。比如“东方美人茶”，茶名就散发着东方女性的韵味；又如“珍眉绿茶”，单看茶名即会联想到古代仕女的弯弯蛾眉，联想到仕女“妆罢低声问夫婿，画眉深浅入时无”的情景；又如普洱茶的“金针白莲”，茶名字义即现，表示其茶芽嫩黄如金针，其香气如莲花，让人遐想翩翩；还有碧螺春、竹叶青等，名称由来不一而足，往往能让人联想起诸多文化典故和一篇篇字字珠玑的瑰丽诗章。因此，欣赏茶名能使人增长知识，广博见闻；还能使人忆古思今，展望未来。

二、观茶形（色）

赏茶的过程，包括茶的外形、色泽等品质特征的鉴赏。茶的形状和色泽，能感染人的视觉细胞，产生丰富的联想。《茶经》曰“饮有粗茶、散茶、末茶、饼茶者”，说明古时的茶就有多种形状，而现代的茶形更是千姿百态。就散茶言，有扁形、针形、卷曲形、颗粒形、圆形、粉状、花状等；就紧压茶言，则有柱形、圆形、碗形、方形、长方形、竹节形等。

茶叶冲泡后，形状发生变化，几乎可以恢复到茶叶原料的自然状态，赏茶时就要注意观察这个变化的过程。特别是一些嫩度高的名茶，加工考究。有的芽叶成朵，婀娜多姿；有的芽头肥壮，在茶水中几经沉浮后，犹如刀枪林立。茶汤的色泽就在芽叶运动中徐徐展现。茶汤以明亮透彻为好，无沉淀、无浮游物；灰暗浑浊为差。在颜色类别上，由浅入深；红色、绿色、黄色等。同一茶类，因其级别不同，产地不同，采茶季节不一，或是加工上的微小差异，甚至所用茶具、水质的相异，茶汤色泽都会不同。比如绿茶的汤色就有浅绿、嫩绿、翠绿、杏绿、黄绿之分，红茶的颜色则有金黄、橙黄、橙红、橙绿等区别。

古人在品茶时，还用茶汤纹脉形成物象，进行“分茶”游戏。如在点茶时，必然会使茶汤纹脉振动，形成似图像、似文字的景象，品鉴者由此运用丰富的想象力进行“茶百戏”活动。古人有诗曰：“二者相遭兔瓯面，怪怪奇奇真善幻。纷如擘絮行太空，影落寒江能万变。”有声有色地描绘了分茶时的趣意。

三、闻茶香

闻茶香的技巧需要较长时间的培养。干嗅，即先嗅干茶。各类茶干香不一，有甜香、焦香、清香等香型。再热嗅；开汤后，栗子香、果味香、清香等扑鼻而来。而冷嗅时，又会嗅到被芳香物掩盖着的其他气味。用不同方法可以嗅到不同类型的香气。欣赏花茶，除茶香外，还有天然花香，如茉莉花香、栀子花香、白兰花香、珠兰花香、桂花香、玫瑰花香等，各有特色。好茶，其香自然真实、纯真，而低质茶则有烟焦味、青草味甚至发霉味，有的还夹杂馊臭味，令人作呕。

四、品滋味

品汤味和嗅茶香是欣赏茶的精华。茶汤滋味的好坏，主要取决于茶叶品质的高低；不同品种和品质的茶叶滋味相差甚远。茶叶中鲜味物质主要是氨基酸类物质，苦味物质是咖啡碱，涩味物质是多酚类，甜味物质是可溶性糖。

品茶主要有“三品”：一是品火功，看茶的加工工艺是老火、足火、生青或是有日晒味；二是品滋味，让茶汤在口腔内流动，与舌根、舌面、舌侧、舌端的味蕾充分接触，看茶味是浓烈、鲜爽、甜爽、醇厚、醇和，还是苦涩、淡薄或生涩；三是品茶的韵味。

毛峰、云雾茶，其茶汤滋味鲜醇爽口，浓而不苦，醇而不淡，回味甘甜；碧螺春、毛尖等，滋味鲜甜爽口，味清和，回味清口生津；大叶种所制红茶，滋味浓烈，刺激性强；而粗老茶叶则滋味平淡，甚至带青涩。欣赏好茶汤滋味，主要靠舌，应充分运用舌的感觉器官，尤其是利用舌中最敏感的舌尖部位，来享受茶的自然本性。

拓展阅读

一、以茶代酒※

以茶代酒的典故最早出现在晋朝陈寿的《三国志·韦曜传》里："皓每飨宴，无不竟日，坐席无能否率已七升为限，虽不悉入口，皆浇灌取尽。曜素饮酒不过二升，初见礼异时，常为裁减，或密赐荈以当酒。"

皓即孙皓（242 ~ 284 年），字元宗，三国时期东吴的末代君主（264 ~ 280 年在位）。韦曜字弘嗣，原名韦昭（陈寿为避晋武帝之父司马昭讳，改为韦曜），吴郡云阳人，以博学多闻而为孙皓所器重。文中意思是说，吴王孙皓每次大宴群臣，座客者至少得饮酒七升，不全咽下去也可以，但七升的酒必须见底。韦曜酒量不过二升，孙皓对他特别优待，担心他不胜酒力出洋相，经常允许他少喝，或暗中赐给韦曜茶来代替酒。

可惜，耿直磊落的韦曜碰到的是个嗜酒如命、贪图享受的平庸糊涂之主。孙皓竟把宴会演变成了"过家家"，"皓每于会，因酒酣，辄令侍臣嘲虐公卿，以为笑乐"。韦曜认为这样下去，"外相毁伤，内长尤恨"。彻底堕落的孙皓不听韦曜的劝阻，最终把他打入天牢。不久韦曜被处死（当然，韦曜的死还有其他的原因）。

二、苦口师

皮光业，字文通，唐朝著名诗人皮日休之子，10 岁能诗文，性嗜茶，颇有其父之风。皮光业美容仪，善谈论，见者以为神仙中人。吴越天福二年拜丞相。因其爱茶，以茗为"苦口师"，朝廷上下多传其癖。

一日，皮光业的表兄弟邀他尝新柑，并设宴款待。是日，朝廷显贵群

※"以茶代酒"，载 http://www.douban.com/group/topic/3563888/。

集，筵席殊丰。可皮光业上席后不顾樽中的酒，却呼茶甚急，于是主人只好进上一大瓯茶。皮光业即席吟道："未见甘心氏，先迎苦口师。"席间众人笑说："此师固清高，而难以解饥也。"茶有"苦口师"之称，典出于此。

【复习题】

一、名词解释

1. 泡茶 2. 茶则 3. 盖碗杯 4. 温壶热盏

二、简答题

1. 如何鉴别干茶?
2. 水具有哪五德?
3. 泡茶鉴水的标准是什么?
4. 如何选择合适的茶具?
5. 良好的品茗环境有哪些因素?
6. 泡茶的主要茶具有哪些?
7. 茶叶冲泡的三要素是什么?
8. 泡茶的一般程序是什么?

三、论述题

请论述如何品茶。

下篇 解茶道

茶道宗师——陆羽

①②③④⑤⑥⑦⑧清代制茶图

⑤

⑥

⑦

⑧

①坐姿
②风度
③表情
④眼神

①

②

③

④

大益八式

①洗尘

②坦呈

③苏醒

④法度

⑤养成

⑥身受

⑦分享

⑧放下

①（唐）《宫乐图》
②（明）唐寅《惠山茶会图》
③（明）丁云鹏《玉川烹茶图》
④（唐）《调琴啜茗图》

①（南宋）刘松年《斗茶图卷》
②（现代）齐白石《煮茶图》
③（元）赵孟頫《斗茶图》

① 19 世纪的英国早茶

② [日] 北大路鲁山人设计制作的茶具

5

Chapter

第五章

茶道宗师

第一节
生平简介

陆羽是中华茶道史上划时代的巨匠，他在中国茶业史上的成就前无古人；他用毕生心血撰写的旷世杰作《茶经》，千百年来被奉为茶史经典。在《茶经》中，陆羽首次提出了中国茶道的核心思想，深刻影响后世茶人，堪为茶道之宗师。

陆羽（733 ~ 804 年），汉族，字鸿渐（又字季疵），号竟陵子、桑苎翁、东冈子（又号“茶山御史”），唐朝复州竟陵人。[1]他一生嗜茶，精于茶道，长期调查研究，熟悉茶树栽培、育种和加工技术，并擅长品茗；后隐居江南，撰《茶经》三卷，这是世界上第一部茶叶专著，对中国茶业和世界茶业的发展作出了卓越贡献，被誉为“茶仙”，尊为“茶圣”，祀为“茶神”。《全唐文》中载有《陆羽自传》。

一、救命恩人智积僧：初识茶趣

陆羽的童年离奇、神秘而又不幸。他 3 岁时被父母遗弃，据《天门县志》记载：“或言有僧晨起，闻湖畔群雁喧集，以翼覆一婴儿，收蓄之。”当时，龙盖寺（后改称西塔寺）智积禅师晨起在竟陵西湖之滨漫步，听见群雁喧闹之声，循声走去，近前一看，发现有几只大雁用翅膀护卫着一个小孩，于是便把他抱回寺中收养起来。为什么陆羽在襁褓之中被养育到 3 岁之大而遗弃？这是

[1] 竟陵，意为“陵之竟也”，大洪山余脉在此结束，今湖北省天门市。

陆羽身世的千古之谜。

智积禅师一面教陆羽煮茶，一面教他识字，陆羽 9 岁就学会了写文章。智积见陆羽颇有慧根，便有意栽培，安排他修习《金刚经》等佛学经典，希望将来能继承自己的衣钵。但晨钟暮鼓、青灯黄卷的佛学生涯对一个孩子而言，毕竟过于枯燥。陆羽无意向佛，一心想学孔孟之道，由此引发了师徒之间一场关于儒、佛之道的大辩论。陆羽说："我既然是个孑然一身的孤儿，无兄无弟，如果我入佛门，身披缁衣，终身为僧，这岂不是要断绝后嗣吗？如果这样做，将被天下的儒士们耻笑我是一个不知孝义的人。恳请恩师，允许我学习孔孟圣人的文章典籍好吗？"智积说："你根本不知道西方佛门的道理，那学问大着呢！"智积"执释典不屈"，陆羽"执儒典不屈"，两人相持不下。对陆羽又爱又恨的智积，就罚他干苦力逼其就范，据《陆文学自传》载："历试贱务，扫寺地，洁僧厕，践泥圬墙，负瓦施屋，牧牛一百二十蹄。"但陆羽始终不愿落发为僧。两人矛盾愈演愈烈，陆羽屡遭拘禁和鞭笞，不堪其苦，终于找个机会逃出了龙盖寺。这一年是天宝四年（745 年），陆羽大约 13 岁。

虽然陆羽离开了龙盖寺，但却一直感念智积禅师的养育之恩。智积圆寂后，陆羽闻讯悲恸不已，写下了著名的《六羡歌》，以表达对恩师的怀念之情："不羡黄金罍，不羡白玉杯；不羡朝入省，不羡暮入台；千羡万羡西江水，曾向竟陵城下来"！

二、慧眼伯乐李齐物：踏上茶路

陆羽从龙盖寺逃出来后，无处栖身，就加入了一家戏班。他在表演方面极有天赋，很快成了当地名角。他诙谐善辩，最擅长扮演参军戏中的丑角，并自己编写脚本和唱词，后来整理成《谑谈》三篇，显示了出众的才华。

玄宗天宝五年（746 年），陆羽遇到了改变他一生的人物——竟陵太守李齐物。李齐物为唐太宗叔父淮南王李神通之重孙，王室后裔，为人正直，为官清廉，以刚毅不群著称于世。他政绩突出，曾凿"开元新河"征服三门峡天险，打通了黄河漕运。他本为河南府长官，后遭奸臣李林甫陷害，贬为竟陵太守。李齐物慧眼识才，见陆羽是一个聪慧异常的少年，决定将他留在郡府里，亲自教授诗文。在人生歧路上徘徊的陆羽，这时才真正开始了学子生涯。无论在学习还是生活上，孤苦无依的陆羽都得到了李齐物的亲切关怀和照顾，这对陆羽后来能成为唐代著名文人和茶叶科学家，有着不可估量的意义。

陆羽在戏班时期接触三教九流的人物，看透了人情冷暖，积累了社会经验，锻炼了社会交往的能力，为以后进入主流社会打下了基础。正因李齐物慧眼识珠，陆羽才有机会脱颖而出，逐渐成长为茶界栋梁之材。

三、启蒙老师邹夫子：领悟茶理

经李太守推荐，陆羽前往火门山拜邹夫子为师，终于遂了多年的学儒心愿。火门山位于竟陵城北20公里，相传因东汉开国皇帝刘秀当年率兵经过，火把烛天，映红两侧崖壁而得名。山上林木葱郁，泉水淙淙，是一个隐居和读书的好地方。

邹夫子本名邹堃，在火门山上开了一个学馆，教一些孩子读书。中国的私塾源于孔夫子，是造就人才的摇篮。陆羽在这里系统地学习了儒家经典，并开始正规学习书法（邹夫子的字颇有造诣，师从“二王”，即晋代书法家王羲之、王献之父子，前者被誉为“书圣”）。五年间，陆羽不仅学到了知识，而且接触了许多文化界人士，增长了见识，在成才的道路上迈进了一大步。

邹夫子和智积一样嗜茶成癖，陆羽的煮茶技艺深得他的喜爱。陆羽在读书之余，常到附近龙尾山的野生茶林里采摘茶叶，为邹夫子煮茗烹茶。为此，邹夫子还特地请人在火门山北坡凿了一眼泉，泉水自岩隙渗出，清澈如镜，四季常盈，是煎茶好水，后来这眼泉被命名为“陆子泉”，成为天门一景。正是在这里，陆羽初步认识了茶叶与泉水之间的亲和与互补关系。

火门山五年求学，为陆羽打下了坚实的儒学基础，为他在《茶经》中融入中国传统文化精髓、提升茶理境界提供了丰富的思想源泉。

四、忘年之交崔国辅：感悟茶情

753年，陆羽20岁时学成下山，入竟陵司马崔国辅府中做幕僚。崔国辅是盛唐一位颇负盛名的诗人，曾经担任过大诗人杜甫的考官，本为礼部员外郎，因亲戚犯案受牵连，被贬为竟陵司马。《唐才子传·崔国辅传》记载："初至竟陵，与处士陆鸿渐游三岁。交谊至厚，谑笑永日。又与较定茶水之品……雅意高情，一时所尚，有酬酢之歌诗并集传焉。"陆羽的才华、品德和崭露头角的烹茶技艺，深得崔公赏识。崔公长陆羽46岁，在竟陵时已逾花甲之期，两人堪称"忘年之交"。

随着陆羽年龄的增长，他心中潜隐着的一粒种子在火门山萌芽，并渐渐长大——从对茶事的被动接触到依恋执著，现已变成一种自觉的行为。754年，陆羽准备第一次告别故乡，出游巴山峡川，考察茶事。陆羽的决定得到崔国辅支持。行前，崔公将自己心爱的一头白驴、一头乌犎牛和一枚文槐书函赠送给陆羽，并赠诗一首《今别离》："送别未能旋，相望连水口。船行欲映州，几度急摇手"。

崔国辅老夫子，是陆羽坎坷的人生旅途中的又一位知遇者，不仅磨炼了陆羽的文才诗艺，而且在陆羽踏上问茶之路的起点将他扶上马，送一程，让陆羽雄心勃勃地踏上征途。

五、人生楷模颜真卿：领悟茶德

756年，陆羽来到湖州。湖州地处太湖南岸，是环太湖地区唯一因湖而得名的城市，素有"丝绸之府、鱼米之乡、文物之邦"之称，所谓"上有天堂，下有苏杭，湖州在天堂中央"。唐朝时期，茶叶产销中心转移到江浙一带，湖州茶叶特供朝廷，名扬天下。经朋友介绍，陆羽认识了时任湖州刺史的颜真卿——陆羽生活和事业上最大的支持者和赞助人，也是他至为敬重的人生楷模。

颜真卿，字清臣，世称颜鲁公，是我国家喻户晓的书法大师。他的楷书被称为"颜体"，朴拙雄浑，大气磅礴，对后世影响巨大，其碑帖至今都为学书者必临之帖。其《祭侄文稿》被评为"天下第二行书"，仅次于"书圣"王羲之的《兰亭集序》。颜真卿出生于世代儒业与官宦家庭，其所属的琅琊颜氏，名臣硕儒辈出，是中国文化发展史上颇具影响的名门大族之一。被奉为一世祖的颜回，是孔子著名弟子，安贫乐道，被后世尊为"复圣"。五世祖颜之推，是南北朝后期著名的儒学大师，撰有《颜氏家训》；此书渗透了儒家的教育思想，对中国古代士大夫教育和家庭教育产生了深远的影响，被后世奉为“治家之圭臬，处世之轨范”。

颜真卿还是一位杰出的政治家，受家学熏陶，秉性刚直，富有正义感，从不阿谀附上，以义烈名于时。安史之乱时，他抗贼有功，入京历任吏部尚书、太子太师，封鲁郡开国公。德宗时，李希烈叛乱，他以社稷为重，以古稀高龄亲赴敌营，晓以大义，终为李希烈缢杀，终年 77 岁。他一生义薄云天、忠烈悲壮的事迹，进一步提高了他在书法界的地位，可谓是道德文章两全其美的典范。

陆羽的事业在大历年间进入佳境，若言“贵人相助”，颜真卿是最关键的人物。大历七年（772 年）至大历十二年（777 年），颜真卿任职湖州五年间，多次主盟湖州茶会，陆羽几乎每会必被邀、每会必到，是以颜氏为中心的文人交游圈的核心人物之一。颜氏出资组织 50 多位文人编纂韵学巨著《韵海镜源》，陆羽参与著书，受益匪浅：一方面借机搜集历代茶事，补充《茶经》的重要内容；一方面加深儒理，把中庸、和谐的思想融入《茶经》篇章。为便于陆羽开展茶学活动，颜真卿特地在杼山建了一座茶亭——“三癸亭”（因是癸丑岁、癸卯朔、癸亥日落成，由陆羽亲自设计，颜真卿题名）赠与陆羽。大历十年（775 年），在颜真卿的关怀和赞助下，陆羽有了自己的家——青塘别墅，这为《茶经》的完成创造了良好的条件。

一介布衣、寒士陆羽之所以能轰轰烈烈地干一番事业，与诸多朋友的帮助密不可分，颜真卿对陆羽的支持便是全方位的，不遗余力。因他的帮助，陆羽才能衣食无虞、专心闭门著书立说，《茶经》才能得以充实，并引出新的精彩篇章；陆羽知名度才能大大提高，成为文坛亮星。大历十二年（777 年），颜真卿回京任职还不忘提携陆羽，向皇上推荐他为太子文学和太常寺太祝（也有人认为是李齐物所推荐）。陆羽没有赴任，但还是去京都长安拜见了颜真卿，以示感激。中国著名茶叶专家余悦教授说：“没有颜真卿的识才、爱才、助才，陆羽不会成为茶圣。”

六、良师益友释皎然：觉悟茶道

陆羽移居湖州，结识皎然，是他人生的又一大转折点。皎然俗姓谢，字昼，又字清昼，湖州长城县（今湖州长兴市）人。他是中国山水诗始祖、南朝诗人谢灵运的十世孙，出生于名门望族、书香门第，有家学渊源。早年在杭州灵隐寺学佛，后为湖州杼山妙喜寺住持，是大唐“江南名僧”。陆羽于757年来到湖州并认识了皎然。当时，陆羽是一个24岁的青年，皎然大师已40多岁，他们一见如故，结成“缁素忘年之交”，并自此结下了40多年的佛、俗情缘。

皎然可以说是陆羽的“良师”。他不仅是禅门高僧、诗僧（《全唐诗》编其诗7卷，共470首），还是大唐著名的茶僧。他亲自辟园植茶、研究茶艺，还写过许多茶诗，对茶禅思想有着极其独到的见识。如《九日与陆处士羽饮茶》写道：“俗人多泛酒，谁解助茶香。”他是中国第一个提出“茶道”概念的人，“茶道”一词最早就见于他的《饮茶歌诮崔石使君》一诗：

…………

一饮涤昏昧，情思爽朗满天地；

再饮清我神，忽如飞雨洒轻尘；

三饮便得道，何须苦心破烦恼。

此物清高世莫知，世人饮酒多自欺。

…………

孰知茶道全尔真，唯有丹丘得如此。

饮茶可以悟“道”，可以得“道”，此说在当时令天下茶人耳目一新。从茶的义理研究方面来讲，皎然引“道”入茶，稍胜一筹，给予陆羽很多的启发。

皎然更是陆羽的“益友”。陆羽刚到浙江时，人生地不熟，皎然把他推荐给他的许多朋友，如颜真卿、张志和、朱放、灵彻等；颜真卿后来成了陆羽的挚友和事业的坚强支持者。在皎然帮助下，陆羽结束了动荡不安的生活，结庐苕溪草堂，安下家来潜心撰写《茶经》。皎然也是写诗酬赠陆羽最多的人，赠诗共13首，为后人研究陆羽生平提供了许多重要线索。当陆羽《茶经》手抄本在社会上广为传抄并声名鹊起时，皎然出自对陆羽的爱护和严格要求，在《饮茶歌送郑容》一诗中批评陆羽“楚人《茶经》虚得名”，意思是“良工不示人以朴”，不可急功近利，浪得虚名。陆羽在皎然的提醒下反躬自省，继续深入考察，广泛吸收养分，在其后 20 多年的时间里对《茶经》进行多次修改、增订，终于将《茶经》锤炼成石破天惊的不朽经典。可以说，皎然是成就陆羽及其《茶经》的重要推动力之一。

第二节
伟大成就

一、茶业方面的成就

陆羽在茶业上的成就和功绩主要体现在三个方面。

（一）撰写了世界首部茶学专著——《茶经》

陆羽的功绩在于，经过长期的实地考察、亲身实践和博览群书，全面、科学地总结了前人植茶制茶的经验，系统地归纳了人们饮茶的方式、方法，并融入自己的研究心得，把中国文化的精粹内涵注入茶的饮用过程，推出了博大精深的茶学百科全书——《茶经》，从而在人类茶史上树立了一块灿烂的丰碑，奠定了陆羽在中国茶史上的崇高地位。

780 年，《茶经》一问世就引起时人的追捧；人们纷纷传抄，仿照陆羽所言方式煮茶、饮茶。封演在《封氏闻见记》中反映当时之盛况说："楚人陆鸿渐为茶论，说茶之功效并煎茶炙茶之法……于是茶道大兴。"宋陈师道为《茶经》作序写道："夫茶之著书，自羽始。其用于世，亦自羽始，羽诚有功于茶者也。"《四库全书总目提要》评价："言茶者莫精于羽。"均高度评价陆羽在中国茶叶发展史上的突出地位。陆羽的《茶经》在千年前掀起了一场饮茶革命，其倡导的茶叶清饮法[1]成为社会时尚，上至达官贵人，下至平民百姓，竞相仿效，广为普及，终于使茶叶成为百姓的日常饮料，直到今天，惠及全球。

[1] 清饮法：指在茶汤中不添加其他调品，使茶叶的自然清香挥发出来的一种饮茶方法。

自《茶经》问世以来，中国已知的古代茶书共有124种，另有大量的茶文化文献散见于诗歌、散文、小说、戏曲等文本中，言及茶事者数量在600万字以上。当然，这其中的任何一部都无法超越《茶经》的成就。可以说，《茶经》是一场怡然风雅的茶学盛宴，是解读中华茶文化密码的一把金钥匙，令后人高山仰止。

（二）陆羽《茶经》极大地促进了茶业生产与发展

陆羽在钻研茶学、撰写《茶经》时，直接或间接地对唐代的43个州、44个县的茶叶状况进行了研究，并作出了系统而全面的总结。《茶经》至少从两个方面推动了茶叶生产的发展。

（1）《茶经》使茶叶生产、茶叶贸易和饮茶风俗在很短的时间内普及全国，极大地推动了茶叶消费，扩大了市场容量。《新唐书·陆羽传》载："（羽）著经三篇，言茶之原、之法、之具尤备，天下益知饮茶矣。"北宋著名诗人梅尧臣在诗中也写道："自从陆羽生人间，人间相学事春茶。"在陆羽的直接指导下，湖州首开贡焙，生产皇室专用茶饼。建中三年（782年），朝廷开始征收茶税，茶叶正式成为国家统管的经济作物。

（2）陆羽开创了为茶著书立说的先河。他在《茶经》中全面、系统地总结了种茶、制茶的经验、知识和科学技术，如怎样采造茶叶、怎样烹煮、应备哪些茶器以及如何饮用等，将茶业发展为一门专门的技艺和学问，使中国茶业从此有了比较完整的科学根据。同时，他也由此创建了我国和世界上最早的茶学。

（三）陆羽《茶经》是中国茶道的奠基和茶文化的发轫，深刻影响了中国人的精神生活

（1）《茶经》开创了中国茶道。陆羽以他毕生的学识，融儒、道、佛三教精神与饮茶活动为一体，并将中国古典美学的基本理念融入茶事活动之中，使饮茶活动突破了饮茶解渴、饮茶保健的生理功能，成为陶冶性情的手段，升华为富有民族特色和大唐时代精神的博大精深的高雅文化——茶道；从而为饮茶开创了新境界，提升了中国人的饮茶层次，开中国茶道之先河。

《茶经》中虽未提到"茶道"二字，但如封演所指出的，有了《茶经》，才

有茶道及其后来的盛行。所以，在一定程度上，也可以把《茶经》看做是我国的第一部茶道专著。在《茶经》中，除讲到如何选茶、择水、用火、设具和饮用茶叶之外，还提到了“茶性俭”，“为饮最宜精行俭德之人”。这即是说，《茶经》一开始就提到茶具有精神的一面，而这一面正是中国茶道的源头。

（2）《茶经》宣告了中国茶文化的确立。中国茶文化是一种典型的“中介文化”，以物质为载体，并在物质生活中渗透着丰富的精神内容。《茶经》将茶这种物质存在，升华为文化艺术的精神范畴，使饮茶这种日常行为，上升为艺术创作和艺术享受的文化活动。

陆羽开创的中国茶文化追求清雅，向往和谐，基于儒家的治世机缘，倚于佛家的淡泊节操，洋溢道家的浪漫理想。也正是这种细煎慢品的品饮艺术，使人们对茶的精神品格的领略，从抽象的象征方式直接进入具体可感的品饮艺术的境界，为后世茶文化发展提供了典范。

（四）陆羽作为茶学大师，在茶道方面的造诣亦极为精深

（1）惜茶。陆羽本人于茶的鉴赏能力，已达到炉火纯青的至高境界。在《茶经》中，陆羽指出，茶有“可用”与“不可用”之鉴，而“可用”者又有“嘉”与“不嘉”之别。从采摘时机的选择、茶叶的外形标准、成茶的品质特点等方面，提出了一套完整的鉴别标准。

陆羽不辞辛苦，深入各大茶区寻访好茶。对于寻获的佳品，他会不遗余力地向政府推荐，希望大力推广。寓居常州时，他偶然得到一位山僧进献的义兴（今宜兴）阳羡茶，品尝后发现“芬芳冠世”，于是向常州刺史李栖筠极力推荐，被采纳、进贡后成为名茶。在湖州考察茶事时，他发现顾渚山紫笋茶极佳，但埋没深山不为人知，深感可惜，于是亲自给时任国子监祭酒的杨绾写信，并寄茶予以推荐。后来，皇帝采纳陆羽的建议，在顾渚山修建了中国历史上的第一座皇家贡茶院，紫笋茶也因此而名扬天下。

（2）识水。为了对茶的境界有更多体会，陆羽也深度研究了水。他在《茶经》中把水分成山水、江水、井水三个类型。有人说他把天下的水分为20个等级，西到商州（现陕西商县），南到柳州，北到后州的淮水发源地（豫西桐柏山区），遍及长江中下游，甚至包括瀑布和雪水。人们从他对水质精辟的分

析中得到启发："夫茶于所产处，无不佳也，盖水土之宜。离其处，水功其半，恭善烹洁器，全其功也。"意思是说，能出产好茶的地方，那里的水都是很棒的，因为得到水土之宜；再好的水运到远处，品质也只剩一半，要靠泡茶技术和好的器具来补救了。相传陆羽还写过一部鉴水的专门著作《水品》。

陆羽寓居苏州期间，深入研究了水质对种茶的影响。他用虎丘泉水栽培苏州散茶，探索出一整套栽培、采制的方法。相传，陆羽在苏州研究泉品、茶叶的消息再次传进了京城，德宗皇帝得悉后，就把陆羽召进宫去，要他烹茶。皇帝品饮之后，大加赞赏，封他为"茶圣"。

（3）工器。陆羽《茶经》中设计了25种茶具，在当时广受追捧，盛极一时。封演在《封氏闻见记》中就真实地反映了当时之盛况："楚人陆鸿渐为茶论，说茶之功效、煎茶、炙茶之法，造茶具二十四事，以都统笼[1]贮之。远近倾慕，好事者家藏一副……于是茶道大兴。"约百年后的唐懿宗按陆羽以竹、木、陶制的"器""具"要领，精制了整套鎏金银质、美轮美奂的"五哥茶具"。千年后出土，其精美绝伦仍引起人们惊叹。

（4）善饮。从《茶经》中可以看出，陆羽饮茶的艺术达到了常人难以企及的高度。他不仅能分辨出从第一碗到第五碗的味道差别，而且对同一碗茶的上半与下半极为细微的差异也能明察秋毫，达到了出神入化的境界，也可以说是一位味觉大师。

（5）觉悟。正如古代文人追求"文以载道"，陆羽不仅希望茶满足人们的感官享受，而且能"以茶载道"，以茶行道。他在长期的茶事实践中用心体悟，并以深厚的儒学、佛学功底及文学艺术修养融入其中，悟出了茶在修身养性、净化心灵、敦化社会风气方面的独特作用，奠定了中国茶道思想的基础。

二、多才多艺

陆羽博学多闻，求知欲和探索欲极强。唐李肇在《唐国史补》中形容他"耻一物不尽其妙"，事实上他的确在诸多领域有着不凡的建树。他不仅是茶

[1] 都统笼：贮藏各种茶具的大笼子。

学大师，也是文学家、书法家、地理学家，同时还精通音律，擅长戏剧，是一个通才，更是一个奇才。

（一）文学

一般人只知道陆羽是茶圣，却不知他在当时是以诗文而名重天下的。他年仅 20 岁就开始与杜甫的文学考官、著名诗人崔国辅往来唱和，两人的作品还结成合集。据唐代著名宰相权德舆所记："太祝陆君鸿渐，以词艺卓异，为当时闻人……凡所至之邦，必千骑郊劳，五浆先馈。"陆羽只不过一介布衣，然而所到之处却受到明星般的礼遇，都是因为他的文学之名，以至后来连皇帝都诏拜陆羽为"太子文学"。

其代表作有《六羡歌》《四悲诗》《天之未明赋》《陆羽崔国辅诗集》《渔父词集》《洪州玉芝观诗集》等，传记作品有《五高僧传》《僧怀素传》《陆文学自传》《茶经》本身不仅是一部富有创意的茶学专著，也是一部文学品位很高的茶文化精品，《四库全书总目提要》评价"其文亦朴雅有古意"。陆羽以科学家的求实精神和诗人的生花妙笔撰写了一部文采斐然的茶学专著。

（二）书法

在《中国书法大辞典》中，陆羽被列为唐代书法家，可谓实至名归。陆羽在孩提时期，就对书法有浓厚的兴趣，"竟陵西湖无纸，学书以竹画牛背为字"。他曾在大诗人、大画家王维的画上题字，宋《张洎集》云："唐王维画孟浩然像，有陆文学题记，词翰奇绝。"谓之文章、书法极为惊艳。苏州永定寺长老观后，佩服不已，特别邀请他为金銮大殿题写匾额。陆羽《茶经》手稿至宋代还流传于世，不仅被当作茶叶教科书，还被当做书法范本临摹。后人评其字体婀娜秀丽，有唐代大书法家褚遂良笔意。

陆羽不仅师从书法名家，书法造诣精深，而且有相当的理论水平，能高屋建瓴地评点书法名家。他写有《论徐、颜二家书》《释怀素与颜真卿论草书》《僧怀素传》（见《全唐文》）等文章，是今天研究唐代书法的珍贵文献。

（三）地理、史学

陆羽遍游全国各地的经历，还助他成为一位地理学家，尤其是研究山水、历史和方志的专家。陆羽一生编撰了大量的方志和史学著作。

（1）地方志：《吴兴志》《吴兴图经》；

（2）列官志：《吴兴历官记》（3卷），《湖州刺史记》（1卷）；

（3）人物志：《南北人物志》（10卷），《江表四姓谱》（8卷）；

（4）山川志：《武林山记》《顾渚山记》《惠山泉碑》《陆羽水品》《杼山记》；

（5）寺院志：《游惠山寺记》《天竺、灵隐二寺记》。

（四）戏剧、音乐

陆羽少年在戏班时就撰写过《谑谈》3篇，后来在精研茶学的同时，仍然致力于“参军戏”的创作。在从事戏剧的日子里，他先后担任过“伶正”“伶师”（相当于今天的导演），还为名伶创作、编剧。陆羽曾为参军戏名伶李仙鹤撰作剧本《韶州参军》，唐玄宗看过李仙鹤的表演后大为欣赏，便赏赐给他一个真正的“同正参军”的官衔，享受相应的参军俸禄。因为演参军戏而成为一个真正的参军，也算得上是一件旷古未闻的奇事，陆羽的创作功力也由此可见一斑。

陆羽在音乐上也造诣颇深，曾经撰写过一部探讨古代音乐戏剧史及相关制度的《教坊录》。同时还撰写过姓名学著作《源解》30卷、政治学著作《君臣契》、心理学著作《占梦》，其涉猎之广、视野之开阔令人叹为观止！可惜的是，这些作品绝大多数都已散佚，只有一部《茶经》传世。然仅一部《茶经》就让陆羽流芳百世，可想而知，如果这些作品全都流传下来，陆羽的光芒将会更加耀眼。

陆羽成长的历程，也给我们带来很深的启迪：陆羽虽专注于茶学，但他“不名一行，不滞一方”，能博采众长，兼容百家；也惟有如此深厚底蕴之下锤炼出的《茶经》，才能经得起历史的考验而屹立千年。

第三节 精神风范

陆羽出身贫寒，一生不仕，但他的精神品格堪为万世之表。老子《道德经》说“圣人被褐怀玉”，陆羽正是这样一位伟大的茶圣。

一、坚韧不拔 追求理想

陆羽原是社会最底层的人（弃儿，不知名姓），却能对人间的权势、富贵不屑一顾，潇洒不群。他的身上，充满了浓郁的理想主义色彩和浪漫主义情怀，终其一生都在探究生命的本质、生活的本质。

陆羽先为弃儿，继为寺僧，再为伶师，卷入过难民潮，终生未娶，四海为家，但却能昂然挺立，成就大业。这说明物质环境的优越并不是成才的关键，坚强的意志力、对事业的痴心才是至关重要的。正如蒲松龄在《聊斋志异·阿宝》中所云：“性痴则其志凝，故书痴者文必工，艺痴者技必良；世之落拓而无成者，皆自谓不痴者也。”

陆羽是一位在逆境中自学成材的典范。如他为了学习儒学，历试贱务而不辍，无纸学书，则“以竹画牛背为字”；“或时心记文字，懵焉若有所遗”。（《陆文学自传》）他为了编写《茶经》和其他著作，“荆吴备登历，风土随编录”；“野中求逸礼，江上访遗编”；广泛调查，博览群书，孜孜以求，锲而不舍，在成功的道路上一步一个脚印，执著进取，终于成为一位博学多才的杰出学者。

陆羽历时26年，终于著成《茶经》这一传世经典。究其成功的原因，除了具有卓越的文才外，主要在于他有孜孜不倦、锲而不舍、将自己一生奉献于茶叶事业的高尚志趣；还有一种不断钻研，精益求精，力求至善至美的精神。这或许才是陆羽《茶经》留给茶人的千年不朽的价值所在。

二、知行合一　探寻真理

陆羽从小好学。有一天，他偶得张衡的《南都赋》，但不认识上面的字，只得在放牧的地方模仿小学生，端坐着展开书卷，动动嘴巴。智积禅师唯恐他受到佛经以外书籍的影响，决定把他管束在寺院里，叫他修剪杂草，并让年龄大的徒弟管束他。有时陆羽心里记着书上的文字，精神恍惚，若有所失，长时间不干活。看管的人以为他懒惰，用鞭子抽打他的背。他曾在《陆文学自传》中说："岁月往矣，恐不知其书"，悲泣不能自禁。

陆羽一生信守《中庸》所提出的"博学之，审问之，慎思之，明辨之，笃行之"的治学精神，是中国儒家尊崇的"格物致知"精神的完美实践者。天宝十三年（754年），21岁的陆羽走出书斋，开始了他长达半个世纪的旅行生活。期间历尽艰辛，考察了全国重要茶区，并亲自生产、制作茶叶，走理论和实践相结合的治学之路，真正做到了"读万卷书，行万里路"，其成功的经验值得我们借鉴。

三、重情守信　广结善缘

陆羽在人生的各个阶段都不乏贵人相助，除了得益于他对儒、佛、诗、赋的精深造诣和丰富的茶学修养之外，诚信的人品、坦荡的胸襟、重情重义的秉性也是重要的因素。按《陆文学自传》所述，陆羽"为性褊噪"，即性格耿直，不会拐弯抹角；"苦言逆耳，无所回避"，发现朋友不对的地方一定当面指出，绝不留面子；这样的性格，"俗人多忌之"，一般的俗人害怕与他交往，但真正的朋友都很敬佩。

他心胸开阔，从善如流，对"朋友规谏，豁然不惑"；一言九鼎，极重信义，“及与人为信，虽冰雪千里，虎狼当道，不愆也”；他乐观豁达，幽默风趣，在社交场合是活跃气氛的高手。唐赵璘在《因话录》卷三中称赞他“聪慧多能，学赡词逸，诙谐纵辩，盖东方曼倩之俦”，即东方朔一类的智趣之人。

“物以类聚，人以群分”，正直、清廉、重义的君子都愿意与陆羽交往；他交到的也都是真朋友，甚至一辈子的朋友。陆羽的朋友之多，交友范围之广，为世所罕见，周愿《三感说》称：“天下贤士大夫，半与之游”——真可谓“天下谁人不识君”！“得道多助，失道寡助”，陆羽做人的成功也是他能成就辉煌事业的一大法宝。可以说，陆羽的《茶经》也是他身边众多高人的智慧结晶。

四、洁身自好 躬行大道

陆羽一生非常注重自己和周围人的品行节操，他所认定的价值不容许有半点亵渎。《陆文学自传》语：“见人为善，若己有之；见人不善，若己羞之。”意思是见到别人做好事，就像是自己做的而感到高兴；见到别人做坏事，也像是自己做的而感到耻辱。诗人孟郊不远千里拜会陆羽后，写下《题陆鸿渐上饶新开山舍》一诗，称赞他“乃知高洁情，摆落区中缘”，说陆羽所崇尚的是超凡脱俗和高尚纯洁的情谊，就如净慈大师诗句所言：“且随云水伴明月，但求行处不生尘。”

这种对至洁至善的追求，也融进了陆羽的茶道理想中。在陆羽心目中，茶道是至高无上的，必须以虔诚而纯净的态度对待。他在为某官员表演茶道的时候感觉受到轻视，就回家愤而写下《毁茶论》，斥责世间各种庸俗的行为对茶道的伤害。陆羽生活俭朴，淡泊名利，视富贵如浮云。成名之前，或问泉访茶，或隐居山林，悠然自得；成名之后，皇帝下诏请陆羽入京为官，他婉辞拒绝。《新唐隐逸列传》记：“久之，诏拜羽太子文学，徙太常寺太祝，不就职。”诗人刘长卿曾诗赞陆羽：“处处逃名姓，无名也是闲。”

“心中有清流，行中有和风”。应该说，陆羽是靠他渊博的学识、精湛的茶艺、高洁的人品征服了人心，这也正是陆羽的人格魅力所在。可以说，陆羽身上体现了一个真正的茶人所应具备的“茶人精神”，体现了茶道所推崇的大师境界：“心宽如海，识见深精，品行高雅，益众渡人”。

第四节
《茶经》精要

一、《茶经》的主要内容

《茶经》分为 3 卷 10 节，约 7 000 余字，是中国第一部总结唐代及唐代以前有关茶事来历、技术、工具、品啜之大成的茶业著作，也是世界上第一部茶书，第一部历史与实际考察相结合的茶文化百科全书。它展现出一个异彩纷呈的茶叶大世界，使中国的茶业从此有了比较完整的科学根据，对茶业生产和发展产生了极大影响。《茶经》的主要内容如下。

（一）上卷（三节）

“一之源”，论述茶的起源、名称、品质，介绍茶树的形态特征、茶叶品质与土壤的关系，指出宜茶的土壤、茶地方位地形、品种与鲜叶品质的关系以及栽培方法、饮茶的生理保健功能。本节还提到湖北巴东和四川东南发现的大茶树。

“二之具”，谈有关采茶叶的用具，详细介绍制作饼茶所需的 19 种工具名称、规格和使用方法（见表 5-1）。

“三之造”，讲茶叶的种类和采制方法，指出采茶的重要性和采茶的要求，提出了适时采茶的理论，叙述了制造饼茶的 6 道工序：蒸熟、捣碎、入模拍压成形、焙干、穿成串、封装，并将饼茶按外形的匀整和色泽分为 8 个等级。

（二）中卷（一节）

“四之器”，写煮茶、饮茶之器皿；详细叙述了 25 种煮茶、饮茶用具的名

表 5-1 唐代的制茶工艺与工具（七经目）

序号	工艺	工具类别	数量	工具名称
1	采	采茶工具	1 种	籝
2	蒸	蒸茶工具	5 种	灶，釜，甑，箅，榖木枝
3	捣	捣茶工具	2 种	杵，臼
4	拍	拍茶工具	4 种	规，承，襜，芘莉
5	焙	焙茶工具	5 种	棨，朴，焙，贯，棚
6	穿	穿茶工具	1 种	穿
7	封	封茶工具	1 种	育

称、形状、用材、规格、制作方法、用途，以及器具对茶汤品质的影响；还论述了各地茶具的好坏及使用规则。

（三）下卷六节

“五之煮”，写煮茶的方法和各地水质的优劣；叙述饼茶茶汤的调制，着重讲述烤茶的方法，烤炙、煮茶的燃料；泡茶用水和煮茶火候、煮沸程度和方法对茶汤色香味的影响；提出茶汤显现雪白而浓厚的泡沫是其精髓所在。

“六之饮”，叙述饮茶风尚的起源、传播和饮茶习俗，提出饮茶的方式、方法。

“七之事”，叙述古今有关茶的故事、产地和药效，记述了唐代以前与茶有关的历史资料、传说、掌故、诗词、杂文、药方等。

“八之出”，评各地所产茶之优劣；叙说唐代茶叶的产地和品质，将唐代全国茶叶生产区域划分成八大茶区，每一茶区出产的茶叶按品质分上、中、下、又下四级。

“九之略”，谈哪些煮茶、饮茶的器皿可省略以及在何种情况下可以省略。如到深山茶地采制茶叶，随采随制，可简化成使用 7 种工具。

“十之图”，提出把《茶经》所述内容写在素绢上挂在座旁，《茶经》内容就可一目了然。

二、《茶经》的思想精髓

陆羽的《茶经》是一部思想性与艺术性、科学性与审美性结合近乎完美的佳作：既有严谨周密的科学阐述和知识传达，又有文才斐然的语言表述和辞藻呈现；既传授茶人以茶技和茶艺，又传授茶人以品格和思想。《茶经》是中国茶道美学的起源，也是茶道理论的根基，茶道中“惜茶爱人”的思想直接来源于此。本节，我们专门讲述陆羽《茶经》思想的精要之处。

（一）茶德：精行俭德

《茶经》开篇的“一之源”中写道：“茶之为用，味至寒，为饮最宜精行俭德之人”，开宗明义地提出了全书的思想核心——“精行俭德”。作为《茶经》中茶道道德观的核心，“精行俭德”思想贯穿于《茶经》全文，也是陆羽一生的行为准则。它以茶示俭，以茶示廉，反映了陆羽作为儒者淡泊明志、宁静致远的心态，寄寓着其人格精神，倡导的是一种茶人之德。

从“精行俭德”四字的含义来看，可以理解为：行为专诚，德行谦卑，不

放纵自己。

（1）精行。精行，在茶事角度可理解为以精益求精的态度慎对茶叶。《茶经》中说“茶有九难”：造、别、器、火、水、炙、末、煮、饮。从种茶、制茶、鉴别、烤茶、煮茶到品茶，无不要求精心对待，方可得到茶的真香。陆羽在烹茶时反复强调追求“精”。只有“精行”才能不负大自然的恩赐，让好的茶和茶具物尽其性，达到至善至美的境界。例如他对茶器极为讲究，连盛放茶渣的滓方、洁器用的茶巾，在制作材料和规格上都有明确、细致的规定。从茶之“出”，到茶之“造”，再到茶之“饮”，都配以针对性的工艺和器具，将茶事升华为一种精美的生活艺术，并生发出具有普适性的茶道哲学。

（2）俭德。俭德与精行相辅相成。“俭德”，节俭的品德，人品的基础。《说文解字》解释：“俭，约也。”即约束自己，不要放纵。孔子提倡的“温、良、恭、俭、让”五德，俭即在其中。德，自然是指品行、节操。

“俭”是茶的自然属性，《茶经》“五之煮”中说“茶性俭，不宜广”。陆羽主张以勤俭作为茶事的内涵，反对铺张浪费的行为。例如他对煮茶的锅，要求用生铁制成，如果用瓷、石则不耐用，如果用银制则“涉于侈丽”，这就是他一以贯之的崇俭观念。在这里，俭其实已经上升为对一个人精神品质的要求，而不仅仅是行为而已。

精行与俭德互为呼应，并可从茶的人性化找到缘由。“精行俭德”简单来说，就是“注重操行和俭德的人”（吴觉农《茶经述评》）。“精行”是以茶事为对象；“俭德”虽为茶的自然品性，但更多的是指行茶事人，可理解为茶人要从茶中品味茶性，让茶的内涵和品质尽可能地发挥，予人以积极影响，给社会增添和谐。

陆羽提出的“精行俭德”，体现了古老而朴素的人文精神；把茶看做养廉和励志、雅节的手段，成为中国茶道的指导原则，也是对古今茶人的道德要求。

（二）茶理：坎上巽下离于中，体均五行去百疾

陆羽行文简练，惜字如金，却在《茶经·四之器》中不惜用 244 个字来描述他所设计的风炉（见图 5-1）；因为在这件茶器上，集中体现了陆羽所领悟的深刻茶理。

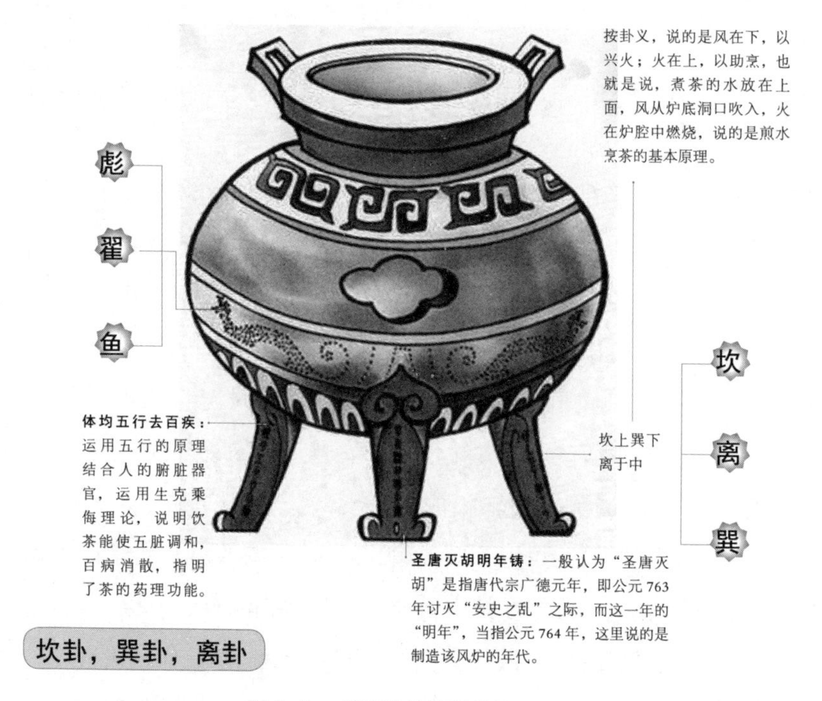

图 5-1　陆羽设计的风炉

资料来源：紫图编绘，《图解茶经：认识中国茶道》，南海出版社 2007 年版。

风炉，用铜或铁制成，状如古鼎，壁厚三分；炉口上的边缘九分，使下面的六分虚空形成炉膛，炉膛内涂抹了一层泥。炉的下方有三只脚，分别用古文铸写了二十一个字：“坎上巽下离于中”“体均五行去百疾”和“圣唐灭胡明年铸”。在三只脚间开三个窗口，炉底开一洞用来通风漏灰。三个窗口上书六个字，分别是“伊公”“羹陆”及“氏茶”，六字相连，意思就是“伊公羹、陆氏茶”。

实际上，陆羽《茶经》在风炉形制上注入了许多文化内涵，意味深长。

（1）坎上、巽下、离于中——中庸思想。

风炉的设计表达了儒家的“中庸”思想，“风炉以钢铁铸之，如古鼎形。厚三分，缘阔九分，令六分虚中”；炉有三足，足间三窗，中有三格；三、六、九这些数字，都是严格按照《易》学象数所规定的尺寸来实践其设计思想的。

风炉为鼎形，鼎是古代传国之重器，陆羽首次将其用来烹茶；风炉三足上均刻有铭文并赋予寓意。第一足铭文是：“坎上巽下离于中”，“坎”“巽”“离”

都是《周易》八卦的卦名。

首先，“巽”卦和“离”卦相结合，形成“鼎”卦。鼎状风炉既取鼎卦之象，亦取鼎卦之意。取其象，如将卦象符号稍加变形，很像一种容器；取其意，《周易·鼎卦》辞曰：“鼎，象也，以木巽火烹饪之”。因为古鼎的用途之一就是作为烹饪器具，所以，必有火与水与之相遂。按《鼎》卦的寓意，“巽”主风，“离”主火，“巽下离上”，就是风在下以兴火，火在上以烹饪之意。而七字铭文中的“坎上”，“坎”主水，意思是煎茶的煮水容器是置于鼎器之上，风从下面吹入，火在中间燃烧，概括了煮茶的基本原理（见图 5-2）。

坎

坎：坎为水，行险用险，为险，两坎相重，险上加险，险阻重重，一阳陷二阴。所幸阴虚阳实，诚信可豁然贯通。虽险难重重，却能显人性光彩。

巽

巽：巽为风（巽卦），谦逊受益两风相重，长风不绝。无孔不入，巽义为顺。谦逊的态度和行为可无往不利。

离

离：为火（离卦），附和依托离为火，为明，太阳反复升落，运行不息，柔顺为心。

图 5-2　坎、巽、离卦象

其次，“坎”卦与“离”卦结合，又形成“既济”卦。“既济”卦是“坎”上“离”下，即水在上、火在下。水、火完全背离是“未济”卦，什么事情都办不成；水、火交融才是成功的条件，即“既济”卦。水与火原是不相容的，是相克的，如何变相克为相生，使不相容的对立面趋于和谐？就要靠调剂物。这个调剂物就是置于水、火中间的锅，而加速其调和的中介物质正是风。“巽”卦就代表风。用锅实现水火相交，鼓风帮助燃烧，这是人类管理水火的重大突破。

陆羽根据《易经》理论，运用坎、离、巽三个卦象来说明煮茶中包含的自然和谐的原理。他还将此三卦及代表这三卦的鱼（水虫）、彪（风兽）、翟（火禽）绘于炉上，以表达茶事即煮茶过程中的风助火、火熟水、水煮茶，三者相生相助，以达到一种和谐的平衡状态。这表明茶事活动过程完全符合《易经》观象取物而创造文化之“理”，进一步显扬了《易》理用于指导茶事的深层意义，集中反映出“天人合一”思想对茶事渗透的深度和广度。

（2）体均五行去百疾——养生之道。

风炉的另一足铸有“体均五行去百疾”，是以上面那句“坎上巽下离于中”的中道思想、和谐原则为基础的。“体”指炉体，“五行”即金、木、水、火、土五种物质及其运动。以茶协调五行，作为陆羽的创造性思想，符合中国人的养生之道。阴阳五行学说，是中国古人认识世界的方法。古人认为，金、木、水、火、土是构成世界的五种最基本物质，它们之间相互滋生、相互制约的运动变化构成物质世界；以此，说明了世界万物的起源。

表 5-2 茶道五行表

五行	性质	季节	方向	运动	颜色	味道	内脏	茶	风炉中的五行
木	生长	春	东	向上	青	酸	肝	茶叶	中有木炭，得木之象
火	能量	夏	南	浮着	红	苦	心	炭火	以木生火，得火之象
土	地球	四季	中	各种	黄	甘	脾	土壤	炉置地上，得土之象
金	凝固	秋	西	向下	白	辛	肺	茶具	以铜铁铸，得金之象
水	流动	冬	北	沉没	黑	咸	肾	泉水	有盛水器，得水之象

五行相生、相克：

土生金，金生水，水生木，木生火，火生土。

水克火，火克金，金克木，木克土，土克水。

“体均五行去百疾”，可以理解为用风炉煮茶，金、木、水、火、土俱全，煮出来的茶能祛病强身。风炉因其以铜铁铸之，故得金之象；而上有盛水器皿，得水之象；中有木炭，得木之象；以木生火，得火之象；炉置地上，则得土之象。这样看来，因循有序，相生相克，阴阳谐调，岂有不“去百疾”之理？

从现代生活来看，因茶叶本身包蕴五行，所以饮茶也是一种非常适宜的保健之道。茶本身属木，但要成为可以饮用的成品茶，就必须要有其他四种元素的参与、调和才行。

火：制作时，杀青、干燥、复焙；冲泡时，烧水。

金：铁锅中杀青，铁锅属金；现代机械化制作，许多机械都是钢铁制造。

土：传统制作需将茶叶放地上摊晾，俗语称之为“吸地气”；成品茶的包装贮藏，陶瓷是最常用的容器；而在冲泡时，最佳的功夫茶具是紫砂壶、小瓷盅，此类茶具均属土。

水：最大的作用在于冲泡。水为茶之母，好茶需好水，没有水就泡不成茶。

由此看来，小小的一杯茶汤中，包蕴的却是完完整整的一个五行世界，金、木、水、火、土，缺一不可。人体也是一个完整的五行世界，有五脏（肝、心、脾、肺、肾），五官（目、舌、口、鼻、耳），五体（筋、血、肉、皮毛、骨），每一种器官都与五行一一对应。只有各部分相互协调、平衡，才能保持人体健康。根据传统五行理论以及治疗方法的基本要点指导饮茶，可以取得良好的养生效果（见表 5–2）。

（三）茶义：伊公羹，陆氏茶

陆羽在其风炉的三个通风窗孔之上，铸有铭文六字，分别为：“伊公”“羹陆”“氏茶”，将这六个字连起来，即是“伊公羹，陆氏茶”。

伊公，即伊尹，名挚，是我国历史上第一位有名的贤相，曾辅佐成汤开创商王朝 555 年基业；先后辅佐过五位天子，辅佐君王之多在中国历史上可谓罕见，无人能出其右（见图 5–3）。其无与伦比的功绩，后世已很难逾越。古人把伊尹和孔子相提并论，一个称为“元圣”，一个称为“至圣”；但他比孔圣人要早 1 360 多年。

图 5–3　**伊尹像**

陆羽把“陆氏茶”与“伊公羹”相提并论，是用自己的茶比伊尹治理国家所调之羹，来说明修身、齐家、治国、平天下的道理，希望“陆氏茶”也能起到教化人心的作用；字里行间寄托了他心中深藏的政治理想，以茶济世之心溢于言表。陆羽以伊尹自况是当之无愧的。伊尹是名垂青史的贤相，陆羽是功益古今的茶圣，各有殊勋，各领风骚，都是历史上被人们景仰的圣贤、名人。

在风炉的第三足上，还刻有“圣唐灭胡明年铸”，标明是在唐代平息安史之乱的第二年铸造的，表明了陆羽对国家兴亡的关注，对太平盛世和政治开明的渴望与欢迎；同时也寄托了茶人积极入世、以身许国的高尚情怀。圣唐的和谐安定正是人们向往的理想社会。像陆羽这样熟读儒家经典又深具儒家情怀的人，绝不会只把这种向往之情留给自己，他要通过茶道（而不是别的方式）来显扬这种儒家的和谐理想，将它普济人间。

综观陆羽一生的作为，有着儒家强烈的入世情怀和普世理想。他虽身为闲云野鹤的隐士，却处江湖之远亦忧其民。他在自传中写道：“自禄山乱中原，为《四悲诗》，刘展窥江淮，作《天之未明赋》，皆见感激当时，行哭涕泗。”如《四悲诗》云：“欲悲天失纲，胡尘蔽上苍。欲悲地失常，烽烟纵虎狼。欲悲民失所，被驱若犬羊。悲盈五湖山失色，梦魂和泪绕西江。”这些，都是对人民的痛苦有所感触，用悲愤的泪水写成的，所以也让当时的人们感动不已。

清金兰生编述《格言联璧》曰：“劝人一时以言，劝人万世以书。”一部《茶经》，使后世百姓受益无穷，陆羽终于实现了他的济世理想和自身价值；也因其对茶的巨大贡献，被后人尊为“茶圣”“茶仙”“茶神”。同时，陆羽所倡导的入世精神，也影响着后世历代茶人，成为茶人“啜苦励志，咽甘报国”的爱国忧民传统。

三、《茶经》的广泛流布

陆羽的《茶经》是一部关于茶叶生产的历史、源流、现状，以及制茶工艺、饮茶艺术、茶德茶风、茶之文化的综合性著述，陈彬藩《论茶经》评价其为“茶业百科全书”“茶叶文化宝库”“世界茶叶的经典”。《茶经》的问世，对于中国茶叶学、茶文化学，乃至整个中国的茶饮文化都产生了重要影响。

我国历代官方、民间对《茶经》都非常重视，一再刊行；宋代有数种刻本，《新唐书》《读书志》《通志》《文献通考》《宋志》《四库全书》等均有记载。据农史学家研究，国内、外《茶经》藏本共有 109 种。其中，国外的藏本有 39 种，存于日本的就有 22 种。此外，尚有英、德、意、韩等多种文字、版本刊行，堪称出版史、文化史上的奇迹。

陆羽的《茶经》，亦伴随着中国的名茶，在唐代起便越出了国界，尤其对日本影响至深。早在公元9世纪初唐宪宗时期（即日本嵯峨天皇时代）就传到日本；陆羽创造的文士茶[1]被日本茶学界誉为“茶道天才陆羽的煎茶法”。宋代时，日本名僧荣西来到我国，潜心研究《茶经》，受益甚多。1168年，荣西返回日本后，结合《茶经》与日本民族的饮茶历史经验，以汉字编写成《吃茶养生记》一书。该书受到日本国民的高度称赞，荣西因而被誉为“日本陆羽”。《茶经》是日本茶道的理论基础和精神源泉。即便是今天，日本茶道的集大成者千利休的第十五代传人、里千家流派家元[2]千宗室先生在其所著《〈茶经〉于日本茶道史上的意义》一书中仍指出：“中国的茶文化是日本茶道的源头，被后世尊为‘茶圣’的唐代陆羽的《茶经》，是中日两国人所共奉之最早和最高的经典著作”。

同时，我们提出的“惜茶爱人”的茶道宗旨，也是在借鉴陆羽的基本茶道思想基础上形成的。茶道理论体系中的美学纲领——“洁静正雅”和修心法则——“守真益和”，也与此密切相关。所以，《茶经》是中国茶道美学的起源，也是茶道理论的根基。

---

[1] 文士茶，也称文士茶艺，起源于唐代民间，由文人、雅士参与和传播所形成的一种泡茶品茶的艺术，其风格以静雅为主。

[2] 家元，即家主。家元式组织是日本社会结构的一个重要组织，以长子继承制为特征，现在渐已没落。

拓展阅读

一、茶经·一之源

茶者，南方之嘉木也，一尺二尺，乃至数十尺。其巴山峡川有两人合抱者，伐而掇之，其树如瓜芦，叶如栀子，花如白蔷薇，实如栟榈，蒂如丁香，根如胡桃。其字或从草，或从木，或草木并。其名一曰茶，二曰槚，三曰蔎，四曰茗，五曰荈。

其地：上者生烂石，中者生栎壤，下者生黄土。

凡艺而不实，植而罕茂，法如种瓜，三岁可采。野者上，园者次；阳崖阴林紫者上，绿者次；笋者上，牙者次；叶卷上，叶舒次。阴山坡谷者不堪采掇，性凝滞，结瘕疾。

茶之为用，味至寒，为饮最宜精行俭德之人。若热渴、凝闷、脑疼、目涩、四支烦、百节不舒，聊四五啜，与醍醐、甘露抗衡也。

采不时，造不精，杂以卉莽，饮之成疾，茶为累也。亦犹人参，上者生上党，中者生百济、新罗，下者生高丽。有生泽州、易州、幽州、檀州者，为药无效，况非此者！设服荠苨，使六疾不瘳。知人参为累，则茶累尽矣。

【参考译文】

茶，是我国南方的优良树木。它高一尺、二尺，有的甚至高达几十尺。在巴山、峡川一带，有树干粗到要两个人合抱的。要将树枝砍下来，才能采摘到芽叶。

茶树的树形像瓜芦，叶形像栀子，花像白蔷薇，种子像棕榈，果柄像丁香，根像胡桃。

“茶”字的结构，有的从“草”部（写作“茶”），有的从“木”部，有的“草”“木”兼从（写作“荼”）。茶的名称有五种：一称“茶”，二称“槚”，三称“蔎”，四称“茗”，五称“荈”。

种茶的土壤，以岩石充分风化的土壤为最好，有碎石子的砾壤次之，黄色黏土最差。

一般说来，茶苗移栽的技术掌握不当，移栽后的茶树很少长得茂盛。种植的方法像种瓜一样，种后三年即可采茶。

茶叶的品质，以山野自然生长的为好，在园圃栽种的较次。在向阳山坡、林荫覆盖下生长的茶树，芽叶呈紫色的为好，绿色的差些；芽叶以节间长、外形细长如笋的为好，芽叶细弱的较次。叶绿反卷的为好，叶面平展的次之。生长在背阴的山坡或山谷的品质不好，不值得采摘。因为它性属凝滞，喝了会使人腹胀。

茶的功用，因为它的性质寒凉，可以降火，作为饮料最适宜品行端正、有节俭美德的人。如果发烧、口渴、胸闷、头疼、眼涩、四肢无力、关节不畅，喝上四五口，其效果与最好的饮料醍醐、甘露不相上下。

但是，如果采摘不适时，制造不精细，夹杂着野草败叶，喝了就会生病。

茶和人参一样，产地不同，质量差异很大，甚至会带来不利影响。上等的人参出产在上党，中等的出产在百济、新罗，下等的出产在高丽。出产在泽州、易州、幽州、檀州的人参（品质最差），作为药用没有疗效，更何况比它们还不如的呢！倘若误把荠苨当人参服用，将使疾病不得痊愈。明白了关于人参的类比喻，茶的不良影响也就可明白了。

二、世界三大茶书

中国“茶圣”陆羽的《茶经》，成书于公元780年，是中国乃至世界现存最早、最完整、最全面介绍茶的第一部专著，被誉为“茶叶百科全书”。此书是一部系统阐述茶叶科学知识与生产实践的综合性论著，同时将普通茶事升格为一种美妙的文化艺能，又是一本阐述茶文化的经典著作。《茶经》的问世，极大推动了中国与世界茶叶、茶事、茶文化的发展，直至今日仍备受全球茶人推崇。

《吃茶养生记》为日本临济宗初祖荣西禅师所著，问世于公元1191年，是日本第一部茶学专著。此书将中国五行、印度五大思想巧妙地结合起来，与身体五脏并行相列，阐述茶叶的药物性能与医疗功效，提倡吃茶可使世人安心静思、强身健体、消除杂念、摆脱乱世苦恼。中国茶学经荣西禅师传到日本后，得到很快发展，至16世纪千利休集茶学之大成，始开创日本“茶道”。

美国学者威廉·乌克斯历经25年时间编著完成的《茶叶全书》，与《茶经》《吃茶养生记》并称世界三大茶书经典。此书从六个方面详细阐述了茶叶所涉及到的各个领域，包括历史方面、技术方面、科学方面、商业方面、社会方面及艺术方面，煌煌八十余万言，堪称世界性的茶叶巨著。自1935年出版以来，《茶叶全书》一直为世界茶业界所重视，各产茶国与消费国均视此书为茶叶必读之书。

【复习题】

一、名词解释

1. 精行俭德
2. “伊公羹，陆氏茶”

二、简答题

1. 请简述陆羽人生经历中所遇到的良师益友。
2. 陆羽作为茶学大师，在茶道方面的造诣表现在哪些方面?
3. 请简要介绍一下《茶经》的主要内容。
4. 请简述《茶经》的思想精髓包括哪几个方面?

三、论述题

1. 陆羽的伟大成就有哪些?
2. 陆羽身上体现了哪些精神风范? 对你有什么启发?

四、拓展题

熟读并背诵《茶经·一之源》。

6

Chapter

第六章 茶道理论

第一节

茶道定义

一、茶道之源

我国不但是世界上最早发现和使用茶叶的国家，也是世界上最早提出“茶道”概念和创立茶道精神的国家。

“茶道”一词最早见于唐代的记载。唐释皎然是中国提出“茶道”概念的第一人，其在《饮茶歌诮崔石使君》诗中说：“三饮便得道，何需苦心破烦恼……熟知茶道全尔真，唯有丹丘得如此”。皎然认为，饮茶能清神、得道、全真，茶和道之间有某种内在联系，神仙丹丘子深谙其中之道。

唐人封演的《封氏闻见记》卷六“饮茶”记载：“楚人陆鸿渐为茶论，说茶之功效并煎茶炙茶之法，造茶具二十四式以都统笼贮之，远近倾慕，好事者家藏一副。有常伯熊者，又因鸿渐之论广润色之，于是茶道大行，王公朝士无不饮者。”唐朝时期，在陆羽《茶经》的积极影响下，加上常伯熊的润色，使得“茶道大行”，饮茶之风盛行，成为王公贵族和文人雅士的钟爱。当时社会上茶宴已很流行，宾主在以茶代酒、文明高雅的社交活动中，品茗赏景，各抒胸襟。

明朝中期的茶人张源在其《茶录》一书中单列“茶道”一条，记载：“造时精，藏时燥，泡时洁，精、燥、洁，茶道尽矣”。张源将茶道的内容概括为造茶要精、藏茶要燥、泡茶要洁三个方面，认为做到这三点才是茶道。其对于茶道的理解，更多侧重于技术方法。

我国也是最早发掘茶道精神内涵的国家。在《茶经》中，陆羽极富创意地提出了“精行俭德”的茶道精神，因为它属于茶文化的重要范畴，故引起了人们的广泛关注和评价。“茶之为用，味至寒，为饮最宜精行俭德之人。”在陆羽看来，喝茶不再是单纯地满足解渴的生理需要，而是对饮茶之人提出了品德的要求，饮茶者应是具有俭朴美德之人。陆羽的茶人精神其实就是茶道精神。

继陆羽之后，刘贞亮提出的“茶之十德”，对茶道精神也有所表述。他说：“以茶散闷气，以茶驱腥气，以茶养生气，以茶除疠气，以茶利礼仁，以茶表敬意，以茶尝滋味，以茶养身体，以茶可雅心，以茶可行道。”其中“利礼仁”“表敬意”“可雅心”“可行道”等就是属于茶道范畴。

宋徽宗赵佶《大观茶论》云：“至若茶之为物，擅瓯闽之秀气，钟山川之灵禀，祛襟涤滞，致清导和，则非庸人孺子可得而知矣。冲澹闲洁，韵高致静……”他把茶道精神概括为“祛襟、涤滞、致清、导和”四个方面，认为茶的芬芳品味，能使人闲和宁静、趣味无穷。

通常认为，中国的茶道形成于唐代，是因为饮茶的方式在唐代逐渐由药饮和粗放式煮饮，发展成为细煎慢啜的品饮，进而演进为艺术化、哲理化的茶文化。

二、茶道定义

在博大精深的中国茶文化中，茶道是核心，是灵魂。关于茶道，可以作如下解读。

首先，让我们来看这个“茶”字。“茶”字的构成，是典型的“人”在“草”“木”中。这里包含了三层含义：一，茶是以“人”为中心的，茶叶无疑是上天赐予人类的一款珍贵饮品，是一种特殊的人文关怀；二，草木都是大自然的产物，人在其中，意味着人与大自然的和谐共处，对于现代人来说，品茶也意味着回归自然；三，茶字可以拆解为十、十、八十八加上为一百零八，也就是人们通常所说的“茶寿”，代表着健康和长寿。

其次，再看这个“道”字。“道”在中国传统文化体系中占有非常重要的地位，可以说是中国古代哲学的核心范畴。在东方文化体系中，“道”是一个无所不在又无迹可寻、包罗万象又难于言传的概念。《道德经》注为：“道生一，一生二，二生三，三生万物”；韩非子《解老》解曰：“道者，万物之所然也，万理之所稽也”；《易经》强调：“形而上者谓之道，形而下者谓之器”。道是天地万物的起源和万物运行演化的规律，主要用来说明世界的本原、本体、规律或原理。道无处不在，无时不有，它存在于山川湖泊、日月星辰之中，存在于一花一草、一枝一叶之中，也存在于我们的平凡生活之中。道者，必由之路也，人人都不能避免的，就可称之为道，譬如生、老、病、死，就体现了人生的自然规律。正因为如此，在汉语的语境中，“道”具有特殊的崇高地位，是不能轻言的，人们宁可用“艺”“术”“法”“功”来表示，比如“花艺”“棋术”“拳法”“武功（术）”等。而茶独能与道合称，足以说明中国人对于茶的格外看重，也足以体现“茶道”一词的特殊意义。这一点日本人与我们有所不同，他们喜欢在各种行业上都加上一个“道”字，比如“花道”“柔道”“武士道”“剑道”等。

再次，关于“茶”与“道”的关系。茶道是茶与道的结缘，是形而下的物质载体与形而上的道德理念的成功融合。在我国古代文学史上有“文以载道”之说，那么在茶文化领域，“茶以载道”是完全可能的。所谓“茶以载道”，是指茶的精神可以融合在道中，道也可融合在茶中，二者可以互融互通。原因是茶的清和、淡雅、空灵、朴真的诸种品质与道的空灵、纯真、静寂、无为等特性相吻合，具备可以融合的条件。

道是无形的，难以描述、表达、超越的，所谓“道可道，非常道”；而茶则是有形的，直观的、体验的、平和的。茶文化作为一种重参与、重体验、重直观的中介性文化形态，为人们接近道、体验道、感悟道提供了一种有效的方式。以茶为媒介和平台，就使得难以捉摸、难于言表的道不再遥不可及，人们可以在轻松优雅的茶汤品饮艺术中，在平静柔和的氛围中去感受、去体验、去参悟道。这一过程，就是谈茶论道，由艺入道，品茶修道，因茶悟道。

最后，茶道应有深厚的思想、艺术和文化的积淀。茶道的思想内涵、艺术表现和文化土壤，是构成茶道体系的主干内容，缺一不可。这就是为什么茶道只能在中、日、韩三国存在，而在欧美国家虽然有饮茶之风气，却没有真正意义上的茶道。欧美国家的茶饮，是作为一种社会交往的文化活动，并不特别关注内在的精神活动，所以我们可以称之为茶文化，比如英国茶文化、法国茶文化等，却不能称为英国茶道、法国茶道。以东方文化为核心的中、日、韩三国，不仅有着悠久的茶饮历史，形成了饮茶的集团、阶层与文化氛围，发展出各种系统、规范、优美的茶艺，还在品茶之中有着明确的精神诉求或信仰，比如与佛家、道家、儒家思想的融会贯通等，称之为茶道则名至实归。

茶道是一种以茶为媒的生活礼仪，也是一种能给人们带来审美愉悦的品茗艺术，更是一种修身养性、感悟真谛的方式。茶道的定义为：茶道是人类品茗活动的根本规律，是从回甘体验、茶事审美升华到生命体悟的必由之路。

（一）回甘体验

首先，回甘是一种生理上的味觉感受。陆羽《茶经》中记载："啜苦咽甘，茶也。"先喝一口，茶给人苦涩的感觉；咽下去之后，却徐徐有甘甜的回味，这就是茶的味觉特性：苦后回甘。其科学依据在于，茶叶中含有多种成分，茶多酚类物质中的复杂儿茶素和咖啡碱是呈苦味的，而简单儿茶素（如C、EC、EGC）和黄酮苷类物质则呈甘甜味。喝茶时，由于是很多物质的综合，又呈现不同的滋味感觉，舌头对滋味的感觉顺序不同，先感觉到苦味，再感觉到甜味；当呈甘甜味物质较多时，就会呈现苦后回甘的感觉。

其次，回甘又是一种心理上的奇妙体验。当代女作家吕玫说过，好茶和劣茶的高下之分在于，好茶在苦涩之后会有回甘，让人觉得感动，而劣茶却只有苦涩。趋甘避苦是人的天性，茶先予人以苦，再示人以甘，在苦与甘的鲜明对比中带给人们心灵上的触动。品茶讲究品三口，所谓"一苦二甜三回味"。感受茶汤入口后真实、自然、纯粹、本性的变化，领略茶性独一无二的色、香、味的美好，体验回甘、生津、舌底鸣泉之各种滋味的巧妙转换及茶性、茶气，如同感悟人生的沉浮与变换。回甘体验是茶道生活的基础，也是茶道艺术的独特方法。不同的年龄阶段，不同的人生经历，对于茶的回甘有不同的体验。所以说，品味人生，有如饮茶，甘苦自味，冷暖自知。关于回甘的艺术表现，《茶悟人生》中有一段文字写得很有意思：

> 茶之甘不同于蔗之甜。茶之甘是一种隐性的甜，是一种含有糖的成分而其鲜明特征却被消解掉的甜；甜藏身于茶中却不扮演标志性角

色，存在于茶中却难以捕捉到它的身影；茶不以甜见长却以回甜诱人，茶貌似给人以苦，实则悄悄予人以甘。[1]

再次，回甘可以引发我们对于人生意义的思考。茶超越其他饮料的独特之处，就在于通过苦后回甘这种含蓄的方式，传达出一种深刻的人生寓意，引人思考，耐人回味。五代诗人皮光业说过“未见甘心氏，先迎苦口师”，茶的“苦口师”称号，有“忠言逆耳利于行，良药苦口利于病”的比喻之意。人生的旅途，不乏困难与挫折，也不乏痛苦与考验，面对这些困难和痛苦，如果知难而退，我们就会一事无成；只有勇往直前、意志坚定地走下去，才能够取得最终的胜利。人生中苦尽甘来的故事有许多，古有越王勾践卧薪尝胆的故事，今有红军两万五千里长征的传奇；而“宝剑锋从磨砺出，梅花香自苦寒来”，“千淘万漉虽辛苦，吹尽狂沙始到金”的诗句更是催人奋进。从这个角度，回甘就具有激励人生和启迪智慧的效果。诚如《孟子·告子下》所言：“天将降大任于斯人也，必先苦其心志，劳其筋骨。”先苦后甜的回甘体验正是代表了人生奋斗的真谛：没有辛勤的耕耘和汗水的付出，就没有丰收的果实和成功的喜悦。

甘是对苦的回报，只有理解苦，才能享受甘。苦后回甘是一种生理上和心理上的回偿机制，也是我们学习茶道的不二法门。

（二）茶事审美

马克思在《1844年经济学—哲学手稿》中说：“社会的进步就是人类对美的追求的结晶。”美是能够使人们感到愉悦的一切事物。东汉许慎《说文》云：“美，甘也。从羊从大。”美字的本义是指味道的甘美，进而代指一切事物的美好。审美则是人类掌握世界的一种特殊形式，指人与世界形成一种无功利的、形象的和情感的关系状态，是一种主观心理活动的过程。从古至今，从中到外，人类历史上出现了成百上千种饮料，但是能够从一款普通的饮料，上升为一种精神的饮品，茶是其中少数的几种之一。陆羽对于茶道的贡献，在于他发现、挖掘并向世人展示了茶事的人文之美，将茶事与美学结合，从而开启了中国茶

[1] 吴远之、吴然：《茶悟人生》，陕西人民出版社2008年版。

文化的新时代。

茶事审美是茶道的艺术化表现，是茶道理念与美学规律的完美结合。茶事审美的过程就是用自己的眼、鼻、耳、口来欣赏茶的色、香、味、形等实物之美，再用我们的心灵去感受茶的静、雅、朴、真等精神意境之美。茶是一盏以水沏得的饮料，更是一种能陶冶情操，使我们在喧嚣尘世得以静心、凝神的精神饮料。茶事之美，可在六个要素中展现：人之美、茶之美、水之美、器之美、境之美、艺之美。人之美是社会所有美学的核心。茶由人制，境由人创，水由人择，茶具、器皿组合由人所选，茶艺由人编排、演示。人在这些美的事物中发挥着串联的作用，同时也展示着人本身的美。所以，茶道美首先是人之美，以艺示道中要表现茶人的形体美、仪态美、神韵美和心灵美。

心灵美是茶事审美中对人的最高要求，因为它是人的内在品质的真正依托，是人的思想、情操、意志、道德和行为美的综合体现。这种美与仪表美、神韵美、语言美等表层的美相和谐，才可造就出茶人完整的美。人的心灵美的核心是善。孟子认为善心包括“仁、义、礼、智”，是指人的恻隐之心、羞恶之心、辞让之心、是非之心，而在现代社会，还应该加上爱国之心，从而构成心灵美的五个方面。

通过系统的茶道培训和长期研修，可以使研修者的言行举止变得大方得体、优雅从容，使人的整体气质得到改善和提升。茶道从美化人的外在行为，到逐渐美化人的心灵世界，终至美化我们的生活。

长期以来，茶道一直承担着中国社会美学启蒙和教育功能。中国绝大部分的艺术形态都从茶道中吸取营养，而茶道也从各种艺术门类中吸取精华，形成自己独特的审美体系。所以说，茶通六艺，六艺成茶。

（三）生命体悟

所谓茶道中的生命体悟，是指人类通过品茗活动来探索、思考和体悟生命真谛的独特方式。茶道研修不是简单的习茶。习茶是对茶叶冲泡技艺和品饮方法的专门学习，茶道研修则是通过煎水、泡茶、品饮等具体活动，来实践茶道的精神理念，并从中感悟人生、明白事理、学会放下、懂得取舍，达到明心见性的目的。

茶是一款通达心灵世界的饮品，这是茶的灵性所在，也是其不同于其他饮料的本质之处。从这个意义上，茶道已经超越了人的生理需要，具有了深刻的哲理意蕴。茶道是关于生命的哲学，通过对生命价值和意义的反思，来探讨人类的精神生活、文化、历史和价值问题，生命的关爱成了茶道哲学探索的出发点和归宿。

林语堂在《生活的艺术》一文中谈到中国人与茶的情感时说，茶成了国人生活的必需品，"只要有一只茶壶，中国人到哪儿都是快乐的"，"捧着一把茶壶，中国人把人生煎熬到最本质的精髓"。在他看来，茶是国人最好的朋友，是苦中作乐的来源；而那久经煎煮的茶壶，与饱受煎熬的人生，竟有相通之处：人情冷暖也好，世态炎凉也罢，在历经沧桑之后，这"最本质的精髓"就在其中了。

周作人先生的论述堪称经典："茶道的意思，用平凡的话来说，可以称作忙里偷闲，苦中作乐，在不完全现实中享受一点美与和谐，在刹那间体会永久。"(《喝茶》)如作比较就会发现，他阐述的"苦中作乐"，与我们所说的"回甘体验"有相似之处；所说的"享受一点美与和谐"，实际上可理解为"茶事审美"；而"在刹那间体会永久"，则有了浓浓禅味，本身就是一种"生命体悟"。

日本的仓泽行洋先生则在《艺道的哲学》中明确主张：茶道是以深远的哲理为思想背景，综合生活文化，是东方文化之精华；道是通向彻悟人生之路，茶道是茶至心之路，又是心至茶之路。他的观点，与我们关于茶道乃人类心灵的必由之路的看法基本一致。

客观来说，有一定生活阅历的人，在经历了风雨沉浮，体会了喜怒哀乐，尝过了人生百味之后，对茶道的体验和感悟会更为容易和深刻。这时，让他喝上一杯苦涩而回甘的茶，一杯清凉而甘醇的茶，他会有一种似曾相识的亲切感，一种久违的触动和感悟。茶的味道与生活的味道竟然是那么的相似，令他想起诸多往事，兴起无言的感慨，从此爱上这杯茶。

有一则故事，说的是一个落魄失意的年轻人去请教一位高僧：为什么他费尽心血，历经坎坷，却无所成就？高僧明白他的来意后，便在他面前放了两只杯子，一杯里放的是刚摘来的新鲜茶叶，一杯则是加工后的茶叶，用开水冲泡之后，叫年轻人喝。年轻人先喝第一杯，发现难以下咽，气味也不香，高僧又用沸水冲泡了另一杯。一会儿，一丝丝清香缓缓地从杯中溢出，年轻人闻到沁人心脾的芳香，细细地品味着，满意地点了点头，说一切都明白了。

为什么同样是茶叶，一杯索然无味，一杯却香气四溢？关键就在于茶叶的加工过程。茶叶的形成是磨砺的积淀，它在烈日下绽放，在暴雨中成长，在火焰上焙制。没有这一番磨砺，怎能使那种浸渍在茶叶血液里的清香散发出来？人生犹如一片茶叶，只有在艰难险阻中沉浮，在痛苦考验中磨砺，才能真真实实地体味到生活的原味和魅力。在那一次次的苦难砥砺中，生命变得光彩照人，芳香四溢。

这便是人生如茶，茶悟人生。

三、中国茶道复兴

中国作为茶文化的发源地，具有悠久的文化传统。茶树之根在中国，茶道之魂在华夏。在中华民族伟大复兴的时代里，中国茶道必将复兴。

中国茶道之源早于日本数百年甚至上千年，在历史上曾经闪烁过耀眼的光芒。我国茶树品种多达600多种，千姿百态，资源丰厚。茶类丰富多彩，制作优良，争奇斗艳，风味绝佳。这些，都是世界上任何国家无法相比的。追本溯源，世界各国的茶树资源、栽培技术、茶叶加工工艺、饮茶习俗等，都直接或间接由华夏的长河源头越洋过海流入异域。可以说，茶对中国人的民族性格、审美观念以及道德规范发挥了不可替代的引导和启发作用。这就是茶之所以能够超越其物质属性而入道的根本原因，也是茶道的永恒生命力的来源。

茶，是中华民族的骄傲；茶，曾为中华民族文化谱写了光辉的篇章。

令人遗憾的是，中国虽然是茶的发源地，也最早提出了“茶道”的概念，并在该领域中取得了很大的成就，但却始终未能旗帜鲜明地以“茶道”的名义来发展这项事业，也没有出现职业化的茶道师。中国茶文化虽然内容丰富且博大精深，但是茶文化的传承和发展一直未能很好地进行，以至于不少优秀的茶文化和精湛的茶道技艺失传。到了近代，尤其是清代末年，列强入侵、民族受辱、战乱不休、生灵涂炭，人们尚不能丰衣足食，何谈静下心来享受茶之快乐呢？作为一种精神享受的茶道于是日渐衰微，茶、茶人与茶道在很长一段时间被边缘化了，犹如宝石被埋没在乱石之中，无人问津。人们似乎忘记了中国茶道的悠远历史，忘记了茶道的艺术之美，也忘记了茶道的心灵之韵。谈起喝茶就是用茶缸装茶水，说起茶会就是大家坐在一起吃糖果，言及茶道必指日本、韩国，以至于在国际交流时，不少人怀疑中国是否有真正意义上的“茶道”。

值得高兴的是，改革开放后的中国国运日渐昌盛。随着物质文明的飞速发展，国人的文化、精神需求空前高涨，开始对与茶相关的茶事、茶文化津津乐道，对名茶爱不释手，对茶艺表演产生了兴趣。茶文化是传统文化中的一朵奇葩；随着中华民族的复兴，它又迎来了一个美好的春天，在各个方面得到迅速发展。全国和地方性的茶文化组织纷纷建立，茶文化研究也步入正轨，茶博会、茶艺大赛等各种茶文化活动日益活跃。

茶为和谐之饮，是和谐、幸福的使者。进入21世纪以来，国家提出建设社会主义和谐社会的发展目标。在经济发展方面，已由单纯追求经济GDP上升到追求人文GDP、环保GDP，实现人口、资源、环境的统筹、协调发展；在文化方面，提倡建设以和谐为核心的现代文化。和谐社会所强调的是人们的幸福生活；要让物质生活水平提高的人们，获得更多的，精神生活上的享受，即提升幸福指数（也叫做幸福GDP）。茶道作为一道人际关系的润滑剂和心灵的清新剂，能够让人们获得精神上的愉悦感、人际关系的认同感以及情感上的满足感，将在建设和谐社会方面发挥着更大的作用。

茶为健康之饮，有益于人们的身心健康。随着生活水平的提高，“健康”“养生”已经成为人们生活关注的重要内容。茶富于营养，能满足人体对多种维生素和微量元素的需要，且含有与人体健康关系密切的咖啡碱、儿茶素、氨基酸等物质。优质的茶不含有任何添加剂，具有良好的保健功效。也正因为如此，茶被誉为21世纪的天然饮品。

茶为文明之饮，是修身养性、启迪智慧的媒介。现代工业的发展以及日趋激烈的竞争，带来了一些社会问题，如环境污染严重、工作压力过大、人际关系疏离，以及浮躁、焦虑等心理问题。如何获得更多的幸福，如何获得平静的心态，成为社会大众的共同追问。社会的文明、进步，使得茶道的独特魅力逐渐被越来越多的人所认识、感知和欣赏。茶道之美、茶道之甘、茶道之真、茶道之雅、茶道之洁、茶道之和，这些元素都是物质生活所不能满足的。茶道也因此日益受到大家的钟爱。

茶为和平之饮，是人与人乃至国与国之间友好、文明交往的桥梁。2008年北京奥运会的开幕式上，只出现了两个字，一个是“茶”，一个是“和”。茶之“和”在不同的层次有不同的体现：在个体是指心态“平和”，在家庭是指“和睦”，在社会是指“和谐”，在国际则是指“和平”。

在国际上，中国国力日益雄厚，经济发展突飞猛进，以经济和科技为代表的“硬实力”取得了长足的进步。在此基础上，有必要发展作为中华民族传统文化代表的茶道为“软实力”，因为茶道之中蕴含了“和谐”“谦让”“礼仪”等价值观念。中华民族的文化核心是和平，而不是战争；是谦让，而不是霸权；是合作，而不是掠夺。中国的稳定发展，是世界人民之福。在“和平与发展”成为当今世界时代主题的背景下，弘扬“惜茶爱人”“和融天下”的中国茶道，可以让其他国家通过读懂茶道的内涵，了解和认同中华民族的精神品质和文化理念。由此判断，振兴中国茶道的社会政治、经济、文化和国际条件已经基本具备。

总之，茶道是东方文化和人文精神的精粹，是古老的中华文明贡献给全人类的宝贵财富。茶运与国运相连，国富民强茶道兴，国贫民弱茶道衰。在中华民族伟大复兴的时代，弘扬千百年来一脉相承的茶道和茶文化，传承并发扬中国博大精深的人文传统，营造出清和淡雅的心灵意境，在物质日益发达的现代社会显得尤为重要。可以预见，茶道将成为未来中国乃至世界各国人们追求的一种时尚生活方式。

四、茶道与相关概念

（一）茶道与茶文化

文化，在广义上是指人类在社会历史发展过程中所创造的物质财富和精神财富的总和；在狭义上则指人类意识形态所创造的精神财富，包括宗教信仰、风俗习惯、道德情操、学术思想、文学艺术、科学技术、各种制度等。文化是人们对生活的需要和要求、理想和愿望，包含了一定的思想和理论，是人们对伦理、道德、秩序的认定和遵循，是人们生活、生存的方式、方法和准则。茶文化则是茶与文化的有机融合。它以茶为载体，并通过这个载体来展示一定时期的物质文明和精神文明；经过几千年的历史积淀，融汇了儒家、道家及佛家精华，成为东方文化艺术殿堂中一颗璀璨的明珠。

一般而言，茶文化共有四个层次。

（1）物态文化——人们从事茶叶生产的活动方式和产品的总和，即有关茶叶的栽培、制造、加工、保存、化学成分及疗效研究等，还包括品茶时所使用的茶叶、水、茶具以及桌椅、茶室等看得见、摸得着的物品和建筑物。

（2）制度文化——人们在从事茶叶生产和消费过程中所形成的社会行为规范。如随着茶叶生产的发展，历代统治者不断加强管理，其相关的措施，称之为“茶政”，包括纳贡、税收、专卖、内销、外贸等。

（3）行为文化——人们在茶叶生产和消费过程中约定俗成的行为模式，通常是以茶礼、茶俗及茶艺等形式表现出来。比如，宋代诗人杜耒《寒夜》中“寒夜客来茶当酒”的名句，便说明客来敬茶是我国的传统礼节；千里寄茶表示对亲人、朋友的怀念；民间旧时行聘以茶为礼，称“茶礼”，送“茶礼”叫“下茶”，古时谚语曰“一女不吃两家茶”，即女家受了“茶礼”便不再接受别家聘礼。此外，还有以茶敬佛，以茶祭祀等。至于各地、各民族的饮茶习俗更是异彩纷呈，各种饮茶方法和茶艺形式也如百花齐放，美不胜收。

（4）思想文化——人们在应用茶叶的过程中所孕育出来的价值观念、审美情趣、思维方式等主观因素。比如，人们在品饮茶汤时所追求的审美情趣，在茶艺操作过程中所追求的意境和韵味，以及由此生发的丰富联想；反映茶叶生产、茶区生活、饮茶情趣的文艺作品；将饮茶与人生哲学相结合，上升至哲理高度所形成的茶德、茶道等。这是茶文化的最高层次，也是茶文化的核心部分。

由此看来，茶道是茶文化的核心，是茶文化中具有哲学高度的思想理念的结合。它是具体的茶事实践过程，也是茶人修德的自我完善、自我认识的过程。茶文化中，除了茶道之外，还有更为丰富的内容，比如茶艺、茶俗等。茶文化的发展对于茶道理念的形成有着重要影响。

（二）茶道与茶艺

作为中国传统文化的一个重要组成部分，茶文化正在被越来越多的人所理解和接受，而茶艺这一独特的茶文化表现形式，更是受到民众的普遍关注和欢迎。茶艺是指茶人把人们日常饮茶的习惯，通过艺术加工，向宾客展现出来的冲、泡、饮的技巧，以提升品饮的境界。这一概念最早酝酿于20世纪70年代中期，直到1982年才由我国台湾地区“中华茶艺协会”正式推出，此后遂成为专用名词，并得到广泛认可。

茶道和茶艺都是中国博大、丰富的茶文化的重要组成部分，但是二者的地位和作用又有所不同。茶艺是茶道精神指导下的茶事活动，它包括了茶艺的技能、品茗的艺术以及茶人在茶事过程中以茶为媒介去沟通自然、内省身性、完善自我的心理体验。茶艺重在物质和行为，而茶道则是以精神领悟为主体；“道”是在茶艺的物质行为上产生的，并对其具有引导和规范的作用。茶艺是茶文化的重心，茶道则是茶文化的精神核心。

茶道主理，因茶艺而得道；茶艺主技，载茶道而成艺。二者相辅相成，相得益彰。茶艺就是“艺茶之术”的另一种说法，是泡茶的技艺和品茶的艺术；而茶道则是茶艺实践过程中所追求和体现的道德理想。茶艺是茶道的载体，是茶事活动中物质和精神的中介；只有通过茶艺活动，没有生命的茶叶才能与茶道联系起来，升华为充满诗情画意和富有哲理色彩的茶文化。这里所说的“艺”，是指制茶、烹茶、品茶等艺茶之术；而“道”，则是指艺茶过程中所贯彻的精神。

王玲在《中国茶文化》中总结：“有道而无艺，那是空洞的理论；有艺而无道，艺则无精、无神。”茶艺有名有形，是茶文化的外在表现形式；茶道，就是精神、道理、规律，源于本质，经常是看不见、摸不着的，但完全可以通过心灵去体会。茶艺与茶道综合，艺中有道，道中有艺，是物质与精神高度统一的结果。

只有真正地理解和掌握了茶道的精神实质，才能更好地指导茶艺实践。我们的茶艺才可以形神兼备，精彩动人；才可以在茶艺的过程中彻悟人生大道，完善自我。

（三）茶道与茶俗

所谓茶俗，是指一些地区性的用茶风俗；诸如婚丧嫁娶中的用茶风俗、待客用茶风俗、饮茶习俗等，也属于茶文化的范畴。

中国地域辽阔，民族众多，饮茶历史悠久；在漫长的历史中，形成了丰富多彩的饮茶习俗。不同的民族往往有不同的饮茶习俗，同一民族也因居住的地区不同而有所不同。如四川的盖碗茶、江西修水的菊花茶、婺源的农家茶、浙江杭嘉湖地区和江苏太湖流域的薰豆茶、云南白族的三道茶、拉祜族的烤茶等。茶俗是中华茶文化的重要组成部分，具有一定的历史价值和文化意义。

茶道是一种以茶为媒介的人生感悟；既是一种品饮艺术、追求品饮情趣，又是一种人生感悟、智慧的凝结。茶俗侧重喝茶和食茶，目的是满足生理需求和物质需要。有些茶俗经过加工、提炼可以成为茶艺，但绝大多数只是民族文化、地方文化的一种。茶俗也可以表演，从这个角度上可以算是茶艺。少数茶俗，比如白族的三道茶，其实也具有一定的茶道内涵，蕴含着人生哲理。

第二节 茶道特点

中国茶道是中国茶文化的核心要素，属于中华茶文化的精神层面。茶文化是一种“中介”文化，以茶为载体，体现了中国传统的思想道德与人文精神，涵盖了包括有关茶的礼仪、风俗、茶法、茶规、茶技、茶艺、历史典故、民间传说以及文学艺术等在内的茶文化形态。

中国茶道具有思想性、艺术性、实践性、时代性、民族性、社会性等方面的鲜明特点。

一、思想性

茶道的思想性，是指茶道具有深刻的思想内涵，体现了东方文化的精神元素。茶道是内容与形式的完美结合。茶道思想是茶道内在的灵魂，是核心；茶道艺术则是茶道外在的审美表现。

中国茶道属于东方文化，它所蕴涵的精神元素，是我国优秀的传统文化之一。我国传统的人文精神，根植于儒、释、道糅合的土壤之中。茶道吸收了儒、释、道三家文化精华，充满了哲学思辩，沉积了丰富的道德伦理和人文追求。比如儒家的中庸、崇和、仁爱的思想，体现在饮茶中的沟通思想、创造和谐气氛的主张；清醒、廉洁、达观、热情、亲和与包容，构成儒家茶道精神的基本格调。道家倡导清静无为、天人合一，主张重生、贵生、养生，而茶采天地之灵气、吸日月之精华，正与其天人合一的思想相吻合，从而形成中国特有的道

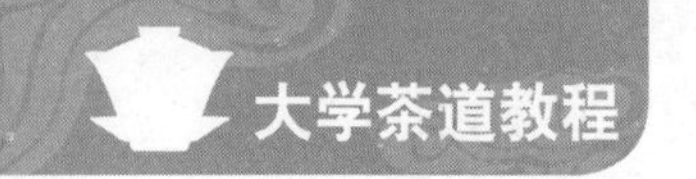

茶流派。茶的“本色滋味”，与禅家之淡泊、自然、远离执著之“平常心”相契相辅。赵州和尚一句平常的“吃茶去”，将日常生活中的茶饮与禅修、悟道相结合；茶禅联姻，于是有了著名的“茶禅一味”之说，成为中国禅茶道的源头。

二、艺术性

茶道的艺术性，是指茶道本身是一种审美活动，包含艺术的特质和审美的因素。茶道是生活的，又是艺术的。茶不同于普通饮料之处，就在于它成为了一种艺术体验。而艺术的本质是追求美、发现美、创造美。艺术的价值，在于它能够满足人类与生俱来的审美需求，使人们获得审美的愉悦。显然，这种审美愉悦感，是从物质上升为精神层面的结果。

作为艺术形式的茶道，不仅要求过程美，更注重结果美。所谓过程美，包含在茶事活动的整个过程中，要注意表现人之美、茶之美、水之美、器之美、境之美以及艺之美。所谓结果美，指无论采取什么样的表现形式，最终都应当冲泡或调制出一杯色、香、味、韵俱佳的好茶。从过程美中人们可以获得美感乐趣，而从结果美中可以获得美味乐趣，双重乐趣构成了茶艺独有的艺术享受。

自古以来，我国茶道的艺术表现形式就多姿多彩：有的儒雅含蓄，有的热情奔放，有的空灵玄妙，有的禅机逼人，有的场面宏大、错彩镂金，有的清丽脱俗、引人遐思。如茶艺，便把日常的饮茶引向艺术化，提升了品饮的境界，赋予了茶以更强的灵性和美感。

三、实践性

茶道的实践性，是指茶道研修提倡人们通过各种活动，将茶道核心理念付诸实践的过程。茶道是知与行的统一，茶道研修是以饮茶、品茗作为感悟方法。在沏茶、品茶过程中，通过嗅闻茶香、品味茶汤、体会茶艺，实现茶与心灵的和谐。从古至今，前人给我们留下了诸多茶道，如《茶经》《大观茶论》《茶谱》《茶疏》等，但仅仅学习这些理论还是不够的，必须将所学的知识付诸实践；在实践中探索，才能得到真正的提高。

陆羽就是知行合一的典范。他一生致力于茶学，不仅终日攀爬崇山峻岭，与茶农为友，而且亲自创制烹茶的鼎，完善“二十四器”，终至成为一名真正的“茶博士”。他将理论与实践相结合，种茶、做茶、品茶、赏茶，终于写出了《茶经》。

茶道研修具有特定的实践内容，包括参加主题茶会、社会公益实践，这样也可实现以茶会友、交流思想、传播文化、增进感情的目标。同时，以洗尘、坦呈、苏醒、法度、养成、身受、分享、放下为核心的基础茶式，各个环节相互融合，构成一个完整的修行体系，也是重要的静心功夫。如此，动、静结合，内外兼修，构成了茶道修行的内容。静，则练习基础茶式；动，则参加各类活动。

四、时代性

茶道的时代性，是指物质文明和精神文明的发展，给茶道注入了新的内涵和活力；茶道的内涵及表现形式，随着时代发展不断扩大、创新和发展。

新时期茶道融进现代科学技术、现代新闻媒体和市场经济精髓，使其价值功能更加显著，对现代化社会的建设作用进一步增强。比如，现代信息技术的发展，可以让茶叶的制作和生产工艺更加完美，保障茶品的生产质量和品质，还可以更好地呈现茶的艺术美；现代生物技术，可以提炼出更加丰富的茶品口感和香气；现代茶文化的传播方式也是多样的，除了传统的报纸、杂志外，网站、博客、微博等新媒体也是传播茶文化的重要途径。在国际交流时，茶道也是一种展现中华文化的重要形式，如中、日、韩之间经常举行茶文化方面的交流、表演，有利于促进彼此之间的沟通。中国的茶道正呈现代化、社会化和国际化趋势发展。

五、民族性

茶道的民族性，是指不同民族都有特有的历史、文化个性，茶与民族文化、生活相结合，形成了富有各自生活性和文化性的茶礼、茶艺及饮茶习俗。以民族茶饮方式为基础，经艺术加工和锤炼形成的各民族茶艺，更能表现出饮茶的多样性和丰富多彩的生活情趣。

中国历来有“千里不同风，百里不同俗”之说。在悠久的历史发展过程中，各民族形成了特色各异的饮茶方式，如藏族的酥油茶、蒙古族的奶茶、维吾尔族的香茶、傣族的竹筒茶、纳西族的盐巴茶、傈僳族的雷响茶、布朗族的酸茶、白族的三道茶、土家族的擂茶、苗族和侗族的油茶、回族的罐罐茶等，不胜枚举。汉族地区也有各式茶俗和不同的冲泡方式，充分展示出茶文化的民族性和地域性。

六、社会性

茶道的社会性，是指茶道在中国具有广泛的社会基础，茶是社会各个阶层都能接受乃至喜爱的饮品。饮茶是人类美好的物质享受和精神享受。随着社会文明、进步，饮茶文化逐渐渗透各个领域和层次，成为上至名流显贵，下至平民百姓的日常生活必需品之一，其社会性的特征在中国非常显著。中国自古就有“琴棋书画诗酒茶”和“柴米油盐酱醋茶”两种说法，可见茶文化是雅俗共赏的文化，在其发展过程中一直为社会各层人士所接受。在古代，贵族茶宴、士大夫的斗茶以及文人骚客的品茶活动，是上层社会高雅的精致文化，由此伴生了茶的诗词、书画、歌舞等各种艺术形式，具有很高的欣赏价值。而民间的饮茶习俗，呈现出大众化和通俗化的特点，并由此产生各种有关茶的民间故事、传说、谚语，表现出强烈的社会性。

第三节 茶道宗旨

一、“惜茶”之心

大益茶道的宗旨是“惜茶爱人”。

“惜茶爱人”之所以成为茶道宗旨，在于它是茶道核心精神的集中体现，代表了茶行业所应该遵循的内在规律，从而成为种茶、做茶、泡茶、品茶的根本要领。它是两个方面的有机结合：一是要有“惜茶”之心，二是要有“爱人”之意。“惜茶”是基础和方式；“爱人”则是目标和方向；这两方面，一是二，二是一。

关于“惜茶”的内涵，可以作如下解读。

首先，“惜茶”要求研修者做一个真正的专业化茶者。古人有“格物致知”之说，即“欲诚其意者，先致其知；致知在格物。物格而后知至，知至而后意诚”（《大学》），是指要以科学求真之精神，探索事物发展之规律。对于一个茶者来说，“格物致知”的“物”，就是“茶”。茶道是人文的艺术，也是实践的科学。获得茶道真知的最好方式，就是认真地做茶、懂茶、爱茶、品茶，潜心研究茶的各种技艺、规范和品饮方法。

做茶，就要做出有品质、有品味、有品牌的好茶，让饮茶者喝得放心，品得开心；懂茶，要懂得茶树的形态、特征和茶的品质、功效，还应对茶的审美、文化有深刻的了解，比如茶美在哪里，妙在何处，对人类的身心有何种益处等；爱茶，就应该学习茶的美好品德，以茶为师，以茶为友；品茶，要有一种分享的精神，通过色、香、味俱佳的茶汤，品出生活的真滋味。

其次，“惜茶”一词也包含了爱惜一切茶叶、茶树、茶器、茶具等的意思。世人当知，片片茶叶均来自茶树之上，在生命最灿烂的时刻，无私地奉献了自己，忍受采、蒸、炒、酵之难，揉、捻、烘、焙之苦，毅然将生命的精华，化作了千家万户的壶壶茶汤和缕缕茶香。无论是何种茶类，红茶、绿茶或者黄茶、青茶、普洱茶等，都渗透了诸多茶人的努力和心血，是中华茶叶家族中的成员，值得我们欣赏、爱惜和赞美。文学家苏轼堪称“惜茶”之典范。他曾为茶叶立传，用拟人的手法写了一篇《叶嘉传》，讴歌茶叶的可贵品质，塑造了一个胸怀大志、威武不屈、敢于直谏、忠心报国的“叶嘉”形象，通篇虽没有一个“茶”字，但细读之下，拳拳“惜茶”之心却无处不在。

茶器、茶具是传播茶道、传承文化的重要方式和载体。一杯、一具、一碗、一盂、一叶、一水，无不是茶人心血的凝结，尢不是茶道精神的体现。不管是邢州青瓷还是越州白瓷，不管是官窑、哥窑、汝窑、定窑、钧窑还是承载近代人文精神的、浑厚大气的紫砂壶，都是人类制作的艺术品，值得爱惜、珍藏。佳茗配上雅器，二者相得益彰，熠熠生辉。

最后，“惜茶”还蕴含了俭朴、朴素之意。茶道即是人道，茶者应该抱朴守拙，勤俭为人。世间无不可用之人，也无不可用之茶。各种类型的人才，都应该得到充分运用；各种级别的茶叶，都应该充分利用，有效发挥，必须杜绝暴殄天物的行为。比如茶叶制作的“拼配”技术，就善于调和不同级别、不同茶山、不同季节的茶叶品质，达到标准的口感和滋味。五音不同而声能调，五味不同而茶能合。茶道的精神，是与奢华、浪费格格不入的。

故茶者应心怀感恩之心、惜物之情，珍重、爱护一切茶器、茶具和茶树，这里不妨用一联作为概括：

一芽一叶当思来处不易，一杯一盏常念物力维艰。

二、“爱人”之意

“惜茶爱人”的第二层内涵，就是“爱人”之意。

爱，是人类基本而又高尚的情感。爱是教育的基础，是文化的内涵，也是茶道的核心。茶道当以仁为本，其价值就是培育一颗仁爱之心。茶道的内涵，是通过一杯茶去传达对世人、对生活、对社会的爱。

人间之爱有很多种，有亲人之爱，有友情之爱，还有恋人之爱。爱，是和谐社会的一道润滑剂，是黑暗中的一盏明灯，是沙漠里的一泓甘泉，是严寒季节里的一杯热茶。有了爱，人间才有了真情，有了温暖；缺了爱，人间即是沙漠，是地狱。爱人，首先应从身边的亲友做起，如孝顺父母、尊敬师长、关爱妻子、呵护子女等，这是做人的基本要求和道德底线。如果连自己最亲近的人都不爱，又何谈对他人的爱呢？正如诗人所说，茶叶再好，再值得珍惜，用于孝敬父母也是应该的："香于九畹芳兰气，圆如三秋皓月轮。爱惜不尝唯恐尽，除将供养白头亲"（王禹偁）。

如果爱人超越了亲友的范围，能够关爱与自己没有关联的人，包括各种弱势群体和需要帮助的人，甚至是自己的对手或者敌人，这种情感就升华了，就成为了大爱。仁者兼爱，推己及人，所谓"老吾老以及人之老，幼吾幼以及人之幼"。老子在《道德经》中说："吾有三宝，持而保之：一曰慈，二曰俭，三曰不敢为天下先。"仁慈之心排在"三宝"的首位，可见其重要性。

上善若水，至善如茶；一颗爱心，胜过黄金。对于茶者来说，什么是爱？

第一，爱是成全。茶者通过为人做茶、劝人品茶、助人乐茶、为人奉茶来成全茶道的人间之爱，让爱茶的人喝上好茶，让喝茶的人爱上茶，让茶的品茗内涵得到升华，让仁爱之心陶冶世人的情操、净化人的心灵。第二，爱是担当。茶者勇担责任，敢挑大梁，茶道事业虽然艰巨，却要敢于开拓创新，无所畏惧。第三，爱是包容。以茶道之心，包容世间之人，一方面欣赏其优点，另一方面又帮助其克服缺点。在相互的信任和理解中，才会发现生活原来如此美好。当然，包容绝非纵容，宽恕也非无度。第四，爱是奉献。人生的真正价值在于奉献，奉献是社会存在和发展的基本保障，是用关爱之心铸成的一道彩虹。对于茶者，最大的奉献莫过于微笑地为人奉上一杯好茶。通过一杯茶，可以让品茗的内涵在茶事过程中得到升华，从而逐步提升自我的修养水平和认识能力，实现人格的发展和进步，净化心灵世界；还可以表现生活的美好，传达人间的真情和友善。

成全、担当、包容、奉献，这便是茶道之爱的主要内涵。

第四节
美学纲领

茶事活动是由多种艺术形式共同构成的审美过程，包括绘画、音乐、诗歌、雕塑、空间设计等。茶事审美带给人们以精神愉悦，涉及人的味觉之美、视觉之美、听觉之美、触觉之美等。那么，在茶事活动中如何发现、体验其中的茶性之美？可以从四个方面，即茶之洁、茶之静、茶之正、茶之雅来考量。

“洁、静、正、雅”是中国茶道的美学纲领，也是茶事审美的基本原则，展现的是茶道的人文之美。概言之，“洁”者，纯净无瑕、清爽无染，是茶道审美的基本前提；“静”者，清澄无为、静极生慧，是茶道审美的必由之路；“正”者，不偏不倚、正直朴实，为茶道审美的必然要求；“雅”者，言行举止大方得体，是茶道审美的直接体现。

一、“洁”之美

“洁”，是中国茶道审美的基本前提。首先，“洁”字有干净、洁净、纯洁的含义。茶生于灵山妙峰，承甘露之芳泽，蕴天地之精气，自然成为品性高洁的代表。品茶要在干净、整洁的环境中进行，用洁净的双手、洁净的茶具，泡出洁净的茶汤。茶不洁，则不美；茶不净，则不清。饮茶的过程可以引申为一种心灵的洗涤：用纯净的茶水洗心，带来心灵的纯洁和纯净。宋徽宗赵佶在《大观茶论》中所说的“茶之为物……冲澹闲洁，韵高致静”，韦应物所说的“性洁不可污，为饮涤烦尘”，皆是描绘茶性本洁。现代作家林语堂在《茶与交友》

中认为："茶是凡间纯洁的象征，在采制烹煮的手续中，都须十分清洁。"

其次，"洁"也有敬重、诚挚的含义。历史上，王公贵族在举行重大庆典或祭祀活动时，都必须斋戒、沐浴，以示敬重。类似的做法在儒、释、道中均有体现。茶道是一项干干净净的事业，必须以敬重、认真、诚恳的态度去实践。凡事"心诚则灵"，如果过于随意、散漫，心不敬、不诚，则必然难以在修习中悟道，达不到预先设想的身心受益之效果。

再者，"洁"与"清"字有异曲同工之妙。饮茶者清，事茶者洁。清即清洁，有时也指整齐，是文人雅士所推崇的修养要素。苏轼在《浣溪纱》中说："人间有味是清欢。"日本茶道四谛中，就有"清"。在被称为"露地"[1]的茶庭里，茶人们要随时泼洒清水；在迎接贵客之前，茶人们要用抹布擦净茶庭里的树叶和石头；茶室里不用说是一尘不染的，连烧水用的炭都被提前一天洗去了浮尘；茶人就是这样通过去除身外的污浊达到内心的清净。日本茶道经典《南方录》中说："茶道的目的就是要在茅舍茶室中实现清净无垢的净土，创造出一个理想的社会。""清"是形式和内容的统一，又是佛理的体现，用独特的文化式样表现出"物我合一"的禅境。日本茶道中的"清"，更多的是指一种品茶的意境，这一点与中国茶道的"洁"是一致的。

二、"静"之美

"静"是中国茶道审美的必由之路。中国茶道是修身养性、追寻自我之道。如何从小小的茶壶中体悟宇宙的奥秘？如何从淡淡的茶汤中品味人生？答案就是一个字——静。喝茶确实乃消闲静心之举。心不静则乱，气不和则浮。从烧水、洗杯到烫壶、冲茶、斟茶，一道道程序缓缓而行；一招一式，有条不紊，需要研修者平心静气，气定神闲。天地有大美而不言，茶道之中也有大美。动、静结合，静中蕴美，构成了茶道审美的主要内容。

茶饮具有清新、雅逸、幽静的天然特性，能静心、静神，有助于陶冶情

[1] "露地"本是佛教用语，佛教将充满烦恼苦难的三界（欲界、色界、无色界）称为"火灾"，而"露地"则代表三界之外的清净无染的境界。在日本茶道中，"露地"特指茶庭，具有佛教净土的象征意义。

操、去除杂念、修炼身心，这与提倡“清静、恬淡”的东方哲学思想很合拍，也符合佛道“内省修行”的思想。静的作用是多方面的。

其一，静能养心。喧嚣尘世，可谓纷纷攘攘，众人为名利奔波，忙忙碌碌。如今快节奏的生活导致人心日益浮躁；人处其中，为工作、为事业、为家庭，需要扛住压力，做出成绩，就很容易陷入浮躁和焦灼的状况，出现种种“亚健康”的情形。如果人们能够在繁忙、紧张之余，静下心来品尝一杯清凉的茶，那就是一种惬意的享受，一种难得的心灵放松。无论安静、平静或寂静，都是一种心态平和的体现。静能养心，能让人从烦躁、焦灼的状况中得到解脱。

其二，静能生慧。古语云：“非宁静无以致远。”苏轼说：“静故了群动，空故纳万境。”感悟到一个“静”字，就可以洞察万物，思如风云，了然于心，智慧豁达。善于静观，就能在静中观察世间诸种现象的根源；善于静思，就能透过纷繁的人生现象，把握生活的本质；善于静悟，就能了解人生的真谛，领悟真正的哲理。

其三，静能悟道。“道可道，非常道”，从某种意义上说，“道”不是学出来的，而是悟出来的。古往今来，无论是羽士、高僧，还是儒生，都把“静”作为茶道修习的必经之路。因为静则明，静则虚，静可虚怀若谷，静可洞察明鉴，体道入微。老子在《道德经》中说：“夫物芸芸，各复归其根。归根曰静，静曰复命。”庄子在《庄子·天道》也说：“圣人之心静乎，天地之鉴也，万物之镜。”因此，静是人们明心见性、洞察自然、反观自我、体悟大道的无上妙法。

“欲达茶道通玄境，除却静字无妙法。”中国茶道，正是通过茶事创造一种宁静的氛围和空灵的心境，涤除玄览，静寂虚漠，茶香熏道，顺其自然。用茶的清香浸润我们的心田，心灵就会在虚静中显得空明，人的精神就会在虚静中升华；我们也能在虚静中与大自然融和、交汇，达到“天人合一”的境界。

三、“正”之美

“正”是茶道审美的必然要求。《礼记·大学》列举了一个人从内在的德智修养到外在的事业拓展的过程，即“格物”“致知”“诚意”“正心”“修身”“齐家”“治国”“平天下”八个纲要。其中，承上启下的就是“正心”。可见，心之“正”非常重要，是“修身、齐家、治国、平天下”的基础。《孟子·公孙丑上》说：“吾善养吾浩然之气”，这种“浩然之气”就是人间正气。一个人有了浩气长存的精神力量，面对外界的一切诱惑和威胁，都能处变不惊，镇定自若，达到“不动心”的境界。这就是孟子曾经说过的“富贵不能淫，贫贱不能移，威武不能屈”的高尚情操。不正则歪；歪门邪道，自然不美。

“正”在这里可以解读为三层意义。

第一层意义是指正确。佛家修行格外强调正信、正念，正信是指笃信正法之心。《维摩经·方便品》云：“受诸异道，不毁正信；虽明世典，常乐佛法。”可以借鉴的是，修悟任何一个事物，体会任何一种精神，都必须有一个正确的、不邪不妄的见解和信念作为指引。出于这种考虑，懂得知错能改、有错必纠就很重要了，这是达到正确的必要条件。《左传》有云：“过而能改，善莫大焉。”

第二层意义是指正直。《吕氏春秋·君守》注：“正，直也。”做人要有正直之心，不做有损国家、民族之事，不做违背良知之事，茶人更应如此。佛家有云：“直心是道场。”直心即是诚实心，正直无弯曲，此心乃是万行之本。《论语》中也提倡“以直报怨”。所以，修道必须以虔诚、纯正、真诚的心来修学，不能自欺欺人，心怀不轨。

第三层意义是指正中。至正为中，至中为正，正中也可以解读为不偏不倚，符合“中庸”之道。朱熹在《四书集注》中对“中庸”的解释比较明白易懂，他说：“中者，不偏不倚，无过不及之名；庸，平常也”。不偏于一边的叫做中，永远不变的叫做庸；中是天下的正道，庸是天下的定理；做任何事情都要合乎常理，恰到好处。“中庸”是儒家的精神标准和行为规范，也是一种美学理念。美在最恰当的地方，如“黄金分割”，如宋玉在《登徒子好色赋》中形容东家之子的美：“增之一分则太长，减之一分则太短；著粉则太白，施朱则太赤”。

结合茶道来说，我们在做茶和泡茶时都需要讲究火候分寸，一招一式都强调过犹不及，“欲速则不达”；而品一杯茶，更需找到最佳的饮用点，这恰也指向“正”的精神。“正”既是总结前人的传统精神，又是自我提炼的重要一字，是我们传播中国茶道的一个重要亮点。

四、“雅”之美

“雅”是茶道审美的外在体现。茶道作为一种品饮艺术，属于美学的范畴；美是中国茶道的重要特点。茶生于青山秀谷之中，本身就是高洁素雅、清新超俗的象征。潜心修习茶道者，受其滋养和熏陶，自然兰心蕙质、琴心剑胆；常与棋、琴、书、画为友，久之必定离俗去庸，生活清雅，举止轻舒。雅有三种：心雅者，心有雅意，思想纯净；口雅者，口出雅言，谈吐谦和；行雅者，行为高雅，举止得体。

“雅”之美是对茶道形式的充分形容和表达，是有品位、有修养、有文化的代称。我们说，茶是雅物，泡茶是雅事，茶者是雅士，饮茶是雅趣，茶道是雅修。雅与俗判然有别，前者指文明、美好、高尚，后者则指粗鄙、庸俗、贪嗜。人类文明的进步，就是一个趋雅避俗的过程。“雅”是精神境界的一种享受。司马迁在《史记》中有这样一段：“扬雄以为靡丽之赋，劝百而讽一，犹骋郑卫之声，曲终而奏雅，不已亏乎？”“曲终奏雅”成了一个成语，意思是乐曲到终结处奏出了典雅、纯正的乐音，比喻文章或艺术表演在结尾处特别精彩，也比喻结局很好。宋徽宗有“雅尚”一语，旨在以茶饮倡导一种雅尚风气。中国人，特别是强调修为的中国知识分子，无不崇尚一个“雅”字。求雅，才能克服自身的不足，增长自己的学识与修养。泡茶一事，虽说是可俗亦可雅——俗则“柴米油盐酱醋茶”，雅则“琴棋书画诗酒茶”，但是由俗入雅、俗中求雅才是根本方向。而茶道一事，无论是从内容还是形式上都担得起一个“雅”字。茶道之雅，名副其实，恰如其妙。

总之，中国茶道是一门关于美的学问和艺术，是发现美、追求美、崇尚美、表现美的学科。其美学纲领“洁、静、正、雅”，体现了茶道由外入内、从行为美到心灵美的塑造过程。

第五节
修心法则

学习茶道不仅要培养个人的审美能力，而且要从茶道所展示的精神内涵中，提高人文素养，塑造完美人格。千百年来形成的中国茶道，是中华智慧的集合体，而“守、真、益、和”是历代茶人总结并普遍奉行的茶道智慧。学习茶道就是要以这四个法则为指导，开启人生智慧，体悟生命真谛。

“守”者，坚持本分，抱朴守拙，是中国茶道的独特之处；“真”者，心善意纯，真实自然，是中国茶道的智慧本原；“益”者，利己利人，众利之汇，是中国茶道的理论核心；“和”者，和谐有序，中正中道，是中国茶道的根本要义。

一、“守”之道

以“守”为纲，是中国茶道核心精神的独特创新。有人认为“守”意味着保守、退让，是消极、逃避的意思，不利于社会的进步和发展，这实际上是一种误解。“守”字有丰富的含义，有很深的哲理意蕴，却经常被人们忽视。“守”在古代是一种官职名称，《说文》中注解：“守，官守也”。“守”有守定的意思；面对种种诱惑而内心不乱，这是一种内在定力与修养的体现。“守”还有持守、操守的意思，表示对某种理念、信仰、品德的持之以恒。老子在《道德经》中为后世把握宇宙本原归纳出三大方法，即“知其雄，守其雌，为天下溪”“知其白，守其黑，为天下式”“知其荣，守其辱，为天下谷”。可见知守、善守、能守者为上，因为“守”有“谦让”“忍辱”“持守”“包容”等品德内容，故能有所成就。“守”字对于茶道研修具有很好的借鉴意义。

其一，“守”字是中国商道格外重视的一个要诀，也是茶道不可缺少的元素。守是坚守，一旦看准，决不轻言放弃。守也是信守，信守自己的承诺和责任，才能取信于人。持守本分，才能抵挡各种诱惑。经商行事，中国人能独步天下的无非一个“守”字、一个“勤”字。守字当先，充分说明了中华民族由商入道、由茶入道的过程，以及对于理想人格和崇高品质的坚定不移和向往、追求。

其二，是要懂得择善而守。择善而守是中国茶人的切身体会和深刻感悟。首先守的必须是善，如果守的是恶（不善），则必将南辕北辙，适得其反。其次，守是一种执著追求，所谓为利而守守一时，为爱而守守一世。茶事乃善事、真事、美事，故值得相守，值得为之付出努力。世事沧桑变化，人生起伏波折，只有心中怀有对茶的热爱，择其真、善、美而守之，才能在变化、起伏中把握住自己的内心，抵抗住各种外在的诱惑和干扰，坚守住心中那一片神圣的领地。

其三，“守”字是中国人对于美好事物、至真大道不懈追求的写照。中国人在很多问题上都强调“守”字：国家靠守，所以“守土有责”；感情靠守，所以“相守白头”；大道靠守，所以“笃守正道”。刘邦在《大风歌》中感叹：“安得猛士兮守四方！”“守”是知易行难的至真君子的完美体现，透过一个“守”字，我们看到的是中国人悠悠文明的灿烂美德，和在求索大道上的不离不弃。茶道亦要言“守”，守住一壶水开，守住一杯汤香，守候一份事业，守望一种精神。中国茶道倡言一个“守”字，正是充分总结了中国传统文化之精神的一个关键字。

二、“真”之道

“真”字是“守、真、益、和”中承上启下的一个字，既明示了守的是什么，又开启了诠释茶道的精神大门。“真”是真理之真、真知之真，也是真、善、美之真，是不事雕琢、质直平淡、返朴归真的自然状态。“真”存在于真挚的话语、真心的帮助、真情的行为、真实的物品、真正的人品之中。《庄子·渔父》中说：“真者，精诚之至也，不精不诚，不能动人”，“真悲无声而哀，真怒未发而威，真亲未笑而和。真在内者，神动于外，是所以贵真也”。饮茶的真谛，在于以茶之真感悟人性之真，以茶之自然领悟人性的自然，以茶之纯朴感悟人性之纯朴。

中国茶道崇尚求真务实的精神，在真心、真性、真情中追求真理的存在。茶道中的求真务实，就是要以科学严谨的态度和求实的精神去制茶、做茶，做到实事求是；严格遵循茶、茶道和茶文化发展、变化的客观规律。茶叶的制作过程，从杀青、揉捻、拼配到发酵、成型、包装等，都要严格按照科学的方法和流程执行，以确保产品的品质。

在茶事活动时所讲究的“真”，包括：所泡之茶应是真正的好茶，有茶的真香、真味；所处环境最好是真山、真水；所挂的字画最好是名家、名人的真迹；所用的器具最好是真竹、真木、真陶、真瓷，等等。文震亨《长物志》中说：“简便异常，天趣悉备，可谓尽茶之真味矣。”同时，茶道之“真”还包含了对人要真心，敬客要真情，说话要真诚。总之，茶事活动的每一个环节都要认真、求真。

真、善、美本来就是统一的，有内在的联系。最美之美是为善，最善之善是为真，而至真的境界，也就接近道的境界了。

三、“益”之道

“益”是中国茶道深远意境的体现，是中国茶道的重要理念之一。“茶为国饮，身心大益。”一个“益”字，可以引发我们关于茶道的全部思考和根本追求。

其一，“益”者，群利之汇也，含有利益、增进、好处之意。茶对于人类不仅有益，而且有大益。饮茶有益于身体健康，有益于心理健康，能够带给我们精神愉悦，让我们结交好友，让我们感悟生活。茶有五益，即饮、养、品、艺、道。饮是指茶能够满足人的基本生理需求，补充水分；养是指对人而言，通过饮茶可以达到健身养心、愉悦心神的效果；品是指茶可以荡寐清思，让人远离尘世烦恼，体验空灵寂静的感觉；艺是形式与精神内涵的完美结合，其中包含着美学观点和人的情感寄托，可以分为实用茶艺和表演茶艺；道则是茶的最高境界和终极追求。在这一点上，茶与烟、酒都存在着较大区别：吸烟有害健康且成瘾难戒，医学已充分证明，毋庸置疑；酒则有利、有害，应该区别对待——适当饮酒是有益健康的，也可以活跃宴席气氛，但如果酗酒就会损伤肝脏和肠胃，不利于健康。

其二,“益”代表了一种分享精神。孔子说：“益者三友，损者三友。友直，友谅，友多闻，益矣。”(《论语·季氏》)《晏子春秋·杂篇》有言：“圣贤之君，皆有益友。”“益”不仅指向一种精神，更指向一种行为。中国传统文化讲求“自度度人”，我们将其引申为“益己益人”。自己受益，也让更多人受益；无法“益己”，何谈“益人”？但如果只是一味“益己”，则不免有私占、独享之嫌疑，就成为自私，是“小益”。“大益”之大就在于，能益己之后广益众人。所以我们说，人人受益、家家受益，才是真正的大益。

其三，茶道之“益”字，不仅是对茶叶自身功能的朴素形容，更是对于茶道精神的提炼和延展。一个“益”字，不仅仅带来个人修为的增长，更为人人平等受益提供了一个现实的解决方案。身为茶人，必须笃行益事，要不断在“益”字上精进，在“益”字上多做思考，多作探索。比如我们倡导大家多做“公益”，就是对广施善行、济乐众生等行为的直接推动。所以，茶人应该及时且优雅地行善，多做公益活动，因为奉献爱心的人，是最美的。

四、“和”之道

“和”是中国茶道的根本思想及核心。“和”是儒、释、道三家所共通、共有、共用的哲学概念。“和”的说法源于《周易》中的“保合太和”，即世间万物皆有阴、阳两要素构成，阴、阳协调，保合太和之元气，以普利万物，才是人间正道。陆羽在《茶经》中就借鉴了五行相生相克、达成和谐与平衡的理论。

中国茶道所提倡的“和”，是在借鉴儒、释、道三家思想的基础上形成的，是“以儒治世，以佛治心，以道治身”思想的具体体现。“和”，本身就有“平和”“谦和”“中和”“清和”等多种含义，涉及人外在与内在的和谐及人与人之间的和谐。说到底，中国茶道就是通过茶事活动，引导人们在美的享受中提升品格、修养，以实现和谐、安乐之道。

（一）中国茶道注重亲和自然、回归自然的道家思想

道家从“和”这一哲学概念中，引申出“天人合一”的理念。人与自然界

的万物同是阴、阳二气相合而成，本为一体，所以在为人处事上强调“知和曰常”，提倡尊重规律，顺其自然。道法自然，平常心是道；大道至简，不修乃修。取火候汤，烧水煎茶，无非是道；顺乎自然，无心而为，于自然的饮茶活动中默契天真、冥合大道。法无定法，饮茶的程序、礼法、规则，贵在朴素、简单、自然无为。

（二）中国茶道契合以领悟观心的禅宗思想

应该说，茶的清纯、淡泊与超凡脱俗、淡泊尘世的佛教学说有着某种天然的“亲缘”关系，所谓“茶禅一味”，即指茶道精神与禅学相通。从哲学观点看，禅宗强调自身领悟，“不立文字，教外别传，直指人心，见性成佛”，即所谓“明心见性”；主张有即无、无即有，重视在日常生活中修行，教人心胸豁达。而茶能使人心静，不乱，不烦，有乐趣，但又有节制。饮茶可以提神醒脑，驱除睡魔，有利于清心修行，与禅宗变通佛教清规相适应。

（三）中国茶道崇尚儒家的中和思想

儒家把“中庸”“仁”“礼”思想引入中国茶道，要求我们不偏不倚地看待世界，这正是茶的本性。“和”是中，“和”是度，“和”是宜，“和”是一切恰到好处。在情与理上，“和”表现为理性的节制，而非情感的放纵；行为举止，要表现得适度。饮茶可以更多地审己、自省，清醒地看待自己，认识他人。在饮茶中，还可以沟通思想，营造和谐气氛，增进彼此的友情。

“和而不同”中的“和”，是以承认事物的差异性、多样性为前提的；而“同”则不然，它旨在排斥异己，消灭差别，整齐划一。“和”是不同事物或对立因素之间的并存与交融；相成相济，互动互补，是万物生生不已的不二法门。在精神层面，“和而不同”的理念，从积极的意义上看，昭示了兼容并蓄、海纳百川的包容精神和博大胸怀，这正是中国茶道精神内涵的根本所在，也是我们追求茶人自强、茶事复兴、茶者尊严、茶道昌荣的一个根本法则。

（四）中国茶道的“和”在现代社会具有特殊的意义

当前，人类社会正处在一个大变革的时期，机遇和危机都是前所未见的；物质财富的高度发达和过度膨胀，带来了地球资源的过度开发和人与自然之间的深刻矛盾。一方面，经济发展对生态环境的要求不断增加；另一方面，生态环境日益恶化，人类社会发展面临着人口膨胀、资源短缺、粮食不足、能源紧张、环境污染等困境。这是人与环境的矛盾发展到今天的集中表现。于是，追求经济增长、人的全面发展和社会进步这三者协调共进的“可持续发展”，日渐成为世人的共识。“可持续发展”的理论核心，就是“和谐”，是谋求经济、社会和自然环境的协调发展；求得各方面的和谐发展，做到当前与未来的发展相结合，当代人与后代人的利益相结合，发展经济与合理利用资源、保护环境相结合，使我们的子孙后代能持续发展、安居乐业。

因此，近年来我国确立了建设社会主义和谐社会的战略、方针，就是为了巩固改革、发展的成果，推动经济持续发展，维护社会稳定，完善社会组织，调整社会关系，最大限度地激发社会各阶层、各群体、各组织的创造力，化解各类矛盾和问题，实现我国经济、社会的协调发展，构建社会主义和谐社会。这些，与茶道所倡导的“和谐”“俭省”“质朴”等精神是相近的。茶道的“和”，既包含了人内心世界的和谐、美好，也包含了人与人、人与自然、人与社会之间的和谐、美好。所以，茶者应该为建设和谐社会贡献一份力量。

正因为“和”的内涵如此丰富、深刻，所以历代茶人都将“和”作为一种襟怀、一种修行境界，在茶事实践活动中不断地去修习，去体悟，从而超越自我，完善人格。

综上，中国茶道中的“守、真、益、和”四道，组成了一个相互联系又有机统一的思想体系，蕴涵了茶道修行中的精要和心法，值得我们结合自己的工作和生活去学习、体会。

第六节 文化渊源

中国悠久的制茶历史和饮茶传统造就了灿烂的茶文化。茶的自然属性与中国传统文化的精华渗透、融合，形成了一套系统而又完整的茶道体系。茶道中融合了儒、释、道三家思想的深刻哲理，承载了民族优秀文化的思想内涵，成为中国传统文化的重要组成部分和独具特色的文化模式之一。千百年来，在儒、释、道这三条江河的相互融通和互影响下，最终融汇成茶文化的浩瀚海洋。

由此可见，代表中国传统文化精华的儒、释、道美学思想对茶文化的形成、发展以及茶道精神的确立、茶人人生境界的提升，都有着不可磨灭的影响。

一、茶道与儒家文化

儒家文化是指以儒家思想为指导的文化流派。儒家学说为春秋时期的孔子所创，倡导现世事功、修身存养、道德理性，核心思想为“仁、义、礼、智、信”等，尤以“中庸”为本。这里将儒家思想与茶的结合及茶事中所隐含的儒家思想进行阐述。

（一）儒家的“中和”思想对茶道有着直接的影响

中庸之道是儒家的处世信条，儒家认为中庸是处理一切事情的原则和标准，并从中庸之道中引出“和”的思想。在儒家眼里，“和”是中，“和”是度，“和”是宜，“和”是当，“和”是一切恰到好处，无过亦无不及。儒家的“和”，更注重人际关系的和睦、和谐及和美。饮茶令人头脑清醒，心境平和，茶道精

神与儒家所提倡的中庸之道相契合；茶也成为儒家用来改造社会、教化社会的一剂良方。

“中和”在茶事的过程中表现明显：在泡茶时，表现为“酸甜苦涩调太和，掌握迟速量适中”的中庸之美；在待客时，表现为“奉茶为礼尊长者，备茶浓意表浓情”的明伦之礼；在饮茶过程中，表现为“饮罢佳茗方知深，赞叹此乃草中英”的谦和之仪。唐朝裴汶在《茶述》中指出，茶叶“其性精清，其味浩浩，其用涤烦，其功致和。参良品而不混，越从饮而独高”。裴汶是与卢仝齐名的茶叶专家，他所说的“其功致和”无疑是以儒家的“中和”，作为茶道精神的。

（二）茶在养廉、雅志等方面的作用不言而喻

茶道中寄托着儒家企求廉俭、高雅、淡洁的君子人格。茶道产生之初便受儒家思想的影响，因此也蕴涵着儒家积极入世的乐观主义精神。东晋政治家桓温、陆纳等以茶养廉，对抗当时的奢靡之风，产生了积极的影响。陆羽在《茶经》中开宗明义地说：“茶之为饮，最宜精行俭德之人。”苏轼所撰写的《叶嘉传》，看似写人，实则写茶，将人的正直、廉洁品格与茶的清高、风雅品质相提并论。明代更继承了这种以茶养廉的传统，如称竹茶炉为“苦节君像”，实是社会对“俭德”的呼唤。饮茶已不仅仅是解渴、提神、保健、治病，它还进入了社会的精神领域，具有一定的社会功能，将茶文化上升到又一高度。

“以茶代酒”“以茶养廉”，一直成为明智人士的廉政优良传统。自中华人民共和国成立以来，政府便以茶话会、茶宴取代了酒会、酒宴，倡行廉政建设，并推广至社交的各个层面。共商国策、招待外宾、庆贺佳节、学术讨论、签约奠基、表彰先进……诸如此类，减少了巨额开支，更净化了社会风气。以茶养廉、反对奢侈，乃俭德之风。此风传到国外，受到广泛欢迎，被誉为“茶杯和茶壶精神”。这足以说明，即使人类进入电子时代、信息时代、全球时代，中国茶文化仍是人类最可宝贵的文化遗产，是人类共同的精神财富。

（三）儒家的礼仪规范对茶道有着直接影响

孔子强调“礼之用，和为贵”，把礼作为古代调整人际关系的行为规范。礼的观念深入社会活动的一切领域，在茶道中也有所体现。以茶重礼，礼中有茶，是中国传统文化的体现。中国茶文化中“礼”的精神，主要表现在客来敬

茶、以礼待人、和诚处世、互敬互重、互助互勉等。通过饮茶、敬茶，形成了茶礼、茶艺、茶会、茶宴、茶俗以及茶文学等多种茶的表现形式，而实质的则是以茶示礼、以茶联谊、以茶传情。这种习俗和礼节在人们生活中积淀、凝练和阐发，成为中华民族独特的处世观念和行为规范。

二、茶道与道家思想

一般说来，道家所主张的“道”，是指天地万物的本质及其自然循环的规律。道是天地万物的本原；道自然而无为；道无形而实在；道是普遍性的客观存在。道家学说为中国茶道注入了“天人合一”的思想，并把崇尚自然、崇尚朴素、崇尚本真的美学理念以及贵人、重生、保生尽年的理念贯彻于其中，赋予了茶道以灵魂，为中华茶文化乃至中华文化作出了较大贡献。

（一）道家“天人合一”的哲学思想对于茶道的影响

老子的《道德经》是中国古代哲学的精髓，也是中国茶道哲学思想的源泉。《道德经》第四十二章指出：“道生一，一生二，二生三，三生万物。万物负阴而抱阳，冲气以为和。”老子的“道”是先于天地而生的宇宙之源，衍生万物。人与自然是互相联系的整体，万物都是阴、阳二气相和而生，发展变化后达到

和谐、稳定的状态。战国末年的《易传》，明确提出“天人合一”的哲学命题。到唐代陆羽《茶经》创立茶道时，吸收了道家思想的精华，“天人合一”的理念成为影响中国茶道的哲学原则。

“天人合一”的要义在于，强调人与自然的精神联系和心灵感悟。受道家“天人合一”思想的影响，中国茶道将自然主义与人文精神有机结合起来。历代茶人都强调人与自然的统一，比如“茶”字，本身就是“人在草木中”。又如茶人们习惯于把有托盘的盖杯称为“三才杯”，即以杯托为“地”、杯盖为“天”、杯子为“人”。茶是吸取了天地灵气的自然之物，人乃宇宙的精灵，人与茶之间的交流，代表着人与天地灵物的交流。茶的品格中蕴涵着道家淡泊、宁静、返璞归真的神韵，可作为追求天人合一思想的载体，于是道家之道与饮茶之道和谐地融合在了一起。

（二）茶道在养生的作用方面闪烁着道家思想的睿智

道家修炼主张内省，崇尚自然，清心寡欲。在道家贵生、养生、乐生思想的影响下，中国茶道特别注重“茶之功”，即茶的保健、养生、怡情养性的功能。《道德经》说：“人法地，地法天，天法道，道法自然。”人的生命活动符合自然规律，才能长寿，这是道家养生的根本观点。明代茶学家朱权（1378 ~ 1448 年）在《茶谱》中明确指出，茶是契合自然之物，“天地生物，各遂其理”；同时，茶是养生的媒介，饮茶主要是为了“探虚玄而参造化，清心神而出尘表”。这两条，都是道家茶文化的主要思想。道家无为而又无所不为的理念，自身与天地、宇宙合为一气的目标，在饮茶中可以得到充分感受。

（三）在精神追求上，二者有相通之处

道家追求一种超现实的人格独立和绝对的精神自由，以达到“天地与我并生，万物与我为一”。(《庄子·齐物论》) 的境界，追求“天地之大美”。茶道也有着相同的追求。就茶人精神而言，真正的茶人胸怀宽广，虚怀若谷，不拘泥于细节，与自然契合。在芬芳的香气中，细细品味茶汤的滋味，不知不觉，茶与我俱忘。道家修炼的“心斋”“坐忘”，是要从小我的局限升华到大我的超越。大音希声，大象无形，大道无我；所以，中国茶道之要旨，在无形处显示出真精神，也是受道家影响的结果。

三、茶道与佛教文化

佛教是世界三大宗教之一，由公元前 6 ~前 5 世纪古印度迦毗罗卫国（今尼泊尔境内）王子乔达摩·悉达多所创。佛是“觉者”的意思，自觉、觉他，觉行圆满。佛教劝人向善，断除各种烦恼、业障，最后证悟无上菩提。佛教传入中国已约有 2 000 年，在与中国传统文化相结合后，又形成自身特色。

佛教与茶的结缘，是一个必然的过程。饮茶不违背教规，故饮茶之俗进入寺院也是很自然的。僧人饮茶的最早记载，见于东晋怀信和尚的《释门自竞录》，“跣足清谈，袒胸谐谑；居不愁寒暑，唤童唤仆，要水要茶。”说明当时的和尚可以如文人、道士一般，谐谑，随意要茶，助清谈之兴。《晋书·艺术传》亦载，敦煌人单道开在邺城昭德寺修行，于室内打坐，不论寒、暑，昼夜不眠，“日服镇守药数丸，大如悟子，药有松密、姜桂、茯茶之气，时夏饮茶苏，一二升而已”。说明当时寺院打坐已开始用茶，主要作为“提神剂”使用，只为不眠。

（一）佛教对种茶、制茶的影响

佛教的一个突出贡献，是寺庙种茶和培植名茶。在古代，寺庙是研究制茶技术、生产茶叶、宣传茶道文化的中心，最有条件研制、提高茶叶的品质。庙里的僧人除了必修的功课之外，还要从事生产劳动，负责种茶、制茶的工作。

古代的多数名茶，都与佛门有关。如著名的西湖龙井，陆羽《茶经》说："杭州钱塘天竺、灵隐二寺产茶"。乾隆皇帝下江南时，在狮峰胡公庙品饮龙井茶，封庙前18棵茶树为御茶。又如宜兴的阳羡茶，在汉朝就有人种植；唐肃宗年间（757～762年），一位和尚将此茶送给常州刺史（宜兴古属常州）李栖筠。茶会品饮时，陆羽出席，称"阳羡紫笋茶""芳香冠世产"，李刺史则心有灵犀一点通，建茶会督制阳羡茶进贡朝廷，自此阳羡茶身价百倍。显然，阳羡茶的最早培植者是僧人。松萝茶也是一位佛教徒创制的。明朝冯可一《茶录》记载："徽郡向无茶，近出松萝茶最为时尚。是茶始于一比丘大方，大方居虎丘最久，得采制法。其后于松萝结庵，来造山茶于庵焙制，远迩争市，价倏翔涌，人因称松萝茶。"安溪铁观音"重如铁，美如观音"，其名取自佛经。普陀佛茶产于佛教四大名山之一的、浙江舟山群岛的普陀山，僧侣种茶用于献佛、待客，直接以"菩萨"名之。君山银针产于湖南岳阳君山，《巴陵县志》记载："君山贡茶自清始，每岁贡十八斤。谷雨前，知县遣山僧采制一旗一枪，白毛茸然，俗称白毛尖。"此茶亦由僧人种植。黄山毛峰是毛峰茶中的极品，《黄山志》载："云雾茶，山僧就石隙、微土间养之，微香冷韵，远胜匡庐"。云雾茶就是今之黄山毛峰。当然，不只是产于中国的茶，就连日本的茶也是由佛门僧人从中国带回茶种后，在日本种植、繁衍的。

毫不夸张地说，在中国茶的发现、培植、传播和名茶研制的过程中，佛门僧人居功至伟。

（二）佛教禅宗对于茶道的影响

禅宗是佛教的一支。所谓"禅"，是"止观"的意思；通过坐禅求得心静为"止"，对心进行反省和观察称为"观"。据史料考证，明确提出"茶禅一味"的，是唐朝的善会禅师；从理念上加以阐发的，是两宋时期的圆悟克勤大师。圆悟克勤还挥毫写下"茶禅一味"四个大字，赠送给日本的留学生，影响非常广远。茶是大自然给予人类的恩惠，禅是对生命完整意蕴的领悟，茶与禅的相融，最终凝铸成流传千古、泽被中外的“茶禅一味”。所谓“茶禅一味”，是指茶意即禅意，舍禅意则无茶意；不知禅味，亦不知茶味；若能保持平常之心，烧水煮茶，品茶饮茶，则禅境自然显现。禅师们常讲，随缘消旧业，任运着衣裳，困时睡觉，醒时喝茶，饥时吃饭，该行则行。禅、茶的结合，是“该行则行”的结果。

“茶禅一味”是中国茶文化中一个重要的特质。(1)“苦”。“苦”是“苦、集、灭、道”的“四谛”之首。佛教认为，有漏皆苦，人生有很多烦恼和痛苦。茶性也苦，故可帮助修习佛法的人在品茗时，品味人生，参破“苦”谛。(2)“静”。“静”是达到澄怀观道的必由之路，也是“戒、定、慧”的基础。静坐、静虑中，茶能提神益思，成为禅者最好的朋友。(3)“凡”。道的本质确实是从微不足道的、日常琐碎的平凡生活中，去感悟宇宙的奥秘和人生的哲理。禅也要求人们通过静虑，从平凡的小事中去契悟大道，所谓“平常心即道”。日本茶道大师千利休曾说过：“须知道茶之本不过是烧水、点茶。”(4)“放”。人的苦恼，归根结底是因为“放不下”。懂得放下，有时不失为一种智慧，所以人们常说，拿得起，放得下，才算真潇洒。虚云老和尚说：“修行须放下一切方能入道，否则徒劳无益。”本书的基础茶式中也有“放下”一式。[1]

禅宗推崇直觉观照、沉思默想的参禅方式和顿悟的领悟方式，主张“不立文字，教外别传，直指人心，见性成佛”，即通过修行来净化自己的思想。禅宗强调对本性、真心的自悟，茶与禅在“悟”上有共通之处，茶道与禅宗的结合点也体现在“悟”上。禅林法语“吃茶去”与“德山棒”“临济喝”一样，都是“直指人心，见性成佛”的悟道方式。

禅宗主张圆融，能与传统文化相协调，从而能在茶文化发展中互相配合。“南人好饮茶，北人初不多饮。开元（713 ~ 741 年）中，泰山灵岩寺有降魔师，大兴禅教。学禅务于不寐，又不夕食，皆许其饮茶。人自怀挟，到处煮饮。从此转相仿效，遂成风俗”，这是唐人封演所著《封氏见闻记》的叙述。僧人选择茶作为生活必备的饮料，并将之上升为一种品行、道德的修炼部分，大抵因为

[1] “中国茶道与佛教”，载 http://ynytx.blog.163.com/blog/static/43942302201062910546440/。

饮茶有三德：僧人为不睡觉需喝茶，此其一；喝茶有助于消化，此其二；茶有抑制性欲之说法，此其三。或也因这三种原因，禅茶成为社会现象。

中晚唐时，新吴大雄山（今江西奉新百丈山）的禅师怀海和尚整顿、建立了新的禅宗戒律，鼓励僧徒坐禅饮茶。他专门制定了一部《百丈清规》，又称《禅门规式》，其中对佛门的茶事活动作了详细的规定，有应酬茶、佛事茶、议事茶等，各有一定的规范和制度。比如佛事茶，当赶上圣节、佛降诞日、佛成道日、达摩祭日等时，均要烧香、行礼、供茶。《百丈清规》是我国佛门茶事文书，以法典的形式规范了佛门茶事、茶礼及其制度。日本高僧在中国寺庙中将佛门茶事学回去后，作为佛门清规的组成部分严格地继承了下来，终至于发扬光大，形成了日本茶道。可以说，日本茶道是在中国禅宗的影响下形成的。

拓展阅读

一、“吃茶去”

“茶禅一味”的典故源自赵州和尚那句著名的偈语——“吃茶去”。赵州和尚即唐代名僧从谂（778～897年），因常住赵州（今属河北省赵县）观音院（今柏林寺），故又称“赵州古佛”。由于其传扬佛教不遗余力，时谓“赵州门风”。他于禅学和茶学都有很高的造诣，有着“吃茶去”“庭前柏树子”等几桩有名的禅门公案。《广群芳谱·茶谱》引《指月录》记载：有两位僧人从远方来到赵州，向赵州禅师请教如何是禅。赵州禅师问其中的一个：“你以前来过吗？”那个人回答：“没有来过。”赵州禅师说：“吃茶去！”赵州禅师转向另一个僧人，问：“你来过吗？”这个僧人说：“我曾经来过。”赵州禅师说：“吃茶去！”这时，引领那两个僧人到赵州禅师身边来的监院就好奇地问：“禅师，怎么来过的你让他吃茶去，未曾来过的你也让他吃茶去呢？”赵州禅师称呼了监院的名字，监院答应了一声，赵州禅师说：“吃茶去！”“吃茶去”这三字禅有着直指人心的力量。

二、因茶悟道

虚云禅师俗姓萧，名古严，字德清。十九岁在福州鼓山涌泉寺出家，二十岁皈依妙莲老和尚受具足戒。由于家人追得很紧，大师便带了简便的衣物躲到深山的岩洞里；不畏虎豹，饥食野果，渴饮泉水，日日在山洞中念经苦修。

一转眼，大师出家已经二十多年了。因为一生下来就没见过母亲，他决定拜山以报父母恩，发愿三步一拜朝五台山。拜山途中，历经不少艰辛，过黄河时遇大风雪，几乎被冻死。由于孝心感天，被名为文吉的人救活。最后历经三年，达成拜山报恩的心愿。

拜五台山后，大师开始身行万里，访名山古寺，参访高僧，研习经教。后来更经西藏入印度，经不丹到锡兰，到处弘法，普济世人。56岁时在江苏高旻寺连打十二个禅七，至第八个禅七的第三晚，护七师父例冲开水，将水溅在禅师手上；茶杯堕地，一声破碎，顿断疑根，庆快平生，如大梦初醒般开悟，即说一偈曰：“杯子扑落地，响声明沥沥；虚空粉碎也，狂心当下息”，又偈曰：“烫着手，打碎杯，家破人亡语难开；春到花香处处秀，山河大地是如来”。

【复习题】

一、名词解释

1. 茶道　2. 回甘体验　3. 茶事审美　4. 生命体悟
5. 惜茶爱人　6. 洁　7. 静　8. 正　9. 雅　10. 守
11. 真　12. 益　13. 和

二、简答题

1. 简述茶道宗旨的具体内容。
2. 谈谈你对茶道复兴的认识和理解。
3. 请简述儒家文化与茶道的关系。

三、论述题

1. 试论茶道的美学纲领（洁、静、正、雅）。
2. 试论茶道的修心法则（守、真、益、和）。
3. 试论传统文化（儒、释、道）与茶道的关系。

四、思考题

你认为应该如何进一步发挥茶道在倡导廉洁自律的社会风气方面的作用?

7

Chapter

第七章 茶道研修

第一节
基础茶式

中国书法的体系里，“永”字八法是用笔的基本法则。作为茶道的研修方法，基础茶式也有八式；通过一系列的修持仪轨，达到静心安神、怡情养性、参悟茶道之目的。基础茶式包括“洗尘”“坦呈”“苏醒”“法度”“养成”“身受”“分享”“放下”八个内在关联且一气呵成的动作规范。

基础茶式体现了由外入内、由形入神的渐进过程，通过外在的动作规范和内在的道德完善达到内、外兼修的修持效果。基础茶式古朴精湛、典雅大方，为中国茶道核心精神“洁静正雅”“守真益和”之体现。它既是体验茶道的内在步骤，也是茶道表演的外在仪式，更是茶者[1]自我研修的法门。基础茶式之源，是中国茶道的宗门正义和深厚的文化底蕴；基础茶式之形，讲究开合有度，圆润朴实，美观大方；基础茶式之意，是研修之人终能以此修身养性，解悟茶道。

基础茶式，可理解为中国茶道之“戒、定、慧”。[2]“戒、定、慧”是佛家术语，修行佛法，一般要从“戒、定、慧”三学入手。修习茶道，可作类似参考。八式规定之程式不可随意更改。泡一壶茶，要遵循一定的步骤、方法，心态必须虔诚归一，是为茶道之“戒”。用基础茶式的规定步骤来进行茶道修习，首在不受干扰，心有所住，形有所定；身、心都必须进入到一个相对镇定自若、松弛无碍的境地，是为茶道之“定”。修习茶道，除了遵守茶人守则、行

❶本节所说的“茶者”，是从广义的角度来使用的，包括职业茶人和业余爱好者等。

❷“戒、定、慧”，佛教术语，指戒、定、慧三学，出自《楞严经》卷六：“摄心为戒，因戒生定，因定发慧，是则名为三无漏学”。

为仪礼并进入到茶道的精神世界外，更须借基础茶式的反复演炼来增长智慧，得证茶道；以杯中乾坤来体悟世界和人生的真谛，是为茶道之“慧”。

一、洗尘

(一)精要

“洗尘”是第一式。洗尘，实际上就是洗心，指茶道演习开始时，身、心进入到一个清爽、干净的境界的过程。洗尘不仅强调身体行为上要为冲泡一壶茶做好一切准备，仪式器具上要为茶道演习营造良好氛围，更直指内心，强调洗去凡尘，入定茶门。洗尘之前，人是世间尘，心被凡尘困；洗尘之后，人为空中云，心得自由境。洗尘是通过一种仪式，开启一种专注、庄重的精神状态，为进入茶道世界做准备。在动作形态上，要实现行为上的仪式感与内容上的意义感相统一。

(二)动作要领

第一步：礼拜宗师（茶者匀速入场，向陆羽宗师像行合十躬身礼）；

第二步：茶者入座（向宾客欠身行礼后入座）；

第三步：茶者净手（用洁净的毛巾以轻柔的动作清洁双手）；

第四步：茶者入静（眼帘低垂，静座调息5～7秒）。

二、坦呈

(一)精要

“坦呈”指研修者将茶席铺开，在茶席上陈列泡茶茶具的一系列动作。坦呈包含两层意思：一是茶席和茶具的呈现、展示；二是待客之坦白、诚恳。茶具的陈列，主次分明，有条不紊；整齐和谐，井然有序；布局合理，优美自然。以这样严谨、认真的态度泡茶，表示茶者在内心深处对茶道、茶事和宾客的尊

重与坦诚。所以坦呈不仅指展布茶席的动作，更指内心的真挚、坦然、诚恳的心理状态。

正如孔子在《论语·述而》中所说：“君子坦荡荡，小人常戚戚”。茶道是君子之道，一招一式、一开一合、一起一落，都讲究大大方方、光明磊落，所以习此道者，最忌隐晦，最倡坦诚。“坦”字左边的“土”字，意指广阔的大地；右边上面的“日”字，表示太阳；右边“日”字下面的一横，表示地平线。“坦”字的寓意是：一轮红日从地平线上冉冉升起，仿佛让人看到万丈霞光和无限希望。这样的壮丽景象，方可称之为“坦”。所以，坦呈的过程，既是茶者与各式茶具接触和沟通的过程，又是茶者与宾客进行交流、进行初步介绍的过程。茶者须意识到坦诚是生命中最重要的力量之一，是获取成功、快乐的核心要素之一。

(二) 动作要领

第一步：轻展茶席（将茶席舒展打开）；

第二步：整列茶具（按顺序将各种茶具摆放至适当的位置）；

第三步：活煮甘泉（用活火将水煮至初沸）。

三、苏醒

(一) 精要

“苏醒”是指在冲泡过程中，以温杯、醒具之动作来启迪心灵世界。苏醒可以使茶具的温度得以提升，使茶叶在茶具里能更好地展现出其色、香、味、型的特点，为泡出一壶好茶创造最佳环境。这一过程，要注意体会由器具之苏醒带来的心之苏醒。苏醒之前，茶具是凉的、冷的；苏醒之后，茶具是热的、温的，仿佛心灵世界也得到了温暖。我们以“醍醐灌顶”一词来表明心灵之苏醒、启迪和感悟，随一杯茶去苏醒一心，随一杯茶去自见真性，就是茶道的追求。

苏醒一式意义明确，意在提高器具温度，为一壶好茶做足功课，但更需注重茶者内心的情感展示，带动宾客深入茶者的内心世界，共同期待一杯好茶的诞生。

（二）动作要领

第一步：醍醐灌顶（用沸水冲淋茶壶，提高壶温）；

第二步：温杯热盏（把茶壶里的水倒入品茗杯中，清洗品茗杯，动作舒缓）。

四、法度

（一）精要

“法度”，是指茶者对茶叶的“量”的取舍和“度”的权衡过程。在水温和冲泡时间一样的情况下，投茶量的多少决定了一杯茶的浓淡、苦甘。泡茶过程中，什么样的水温，什么样的壶体，什么时间出汤，无不讲究量与度。因法量度，取舍自知，一杯好茶出矣。像普洱茶，两人用小壶，一般以 5 ~ 7 克茶叶、150ml 的水为宜，茶与水的比例在 1∶50 ~ 1∶30。如果采用功夫泡法，投茶量可适当增加，通过控制冲泡节奏，来调节茶汤的浓淡。就茶性而言，投茶量的多少也有变化，例如熟茶、陈茶可适当增加，生茶、新茶可适当减少。投茶量的辩证关系需不断总结，切忌一成不变。

泡一壶好茶，茶量之取舍是一个重要步骤。同样，做好一个人，懂得取舍之道也是极为重要的。“取”是一种态度，“舍”是一门哲学，“舍得”则是一种境界。“取”“舍”看似相互对立，却也是一物的两面。所以修、悟茶道者，最忌不舍，最忌贪多。人的一生也会面临各种取舍。人初生时，只知获取，比如取得食物，以求成长；取得知识，以求内涵。长大后则要有取有舍，或取利禄而舍悠闲，或取权位而舍青春。至于老来，则愈要懂得舍，仿佛登山履危、行舟遇险时，先得将不必要的行李抛弃；仍然嫌重时，次要的东西也得舍去；再有险境，则除了自身之外，一物也留不得。人生如何取舍？简言之，少年时舍其不能有，壮年时舍其不当有，老年时舍其不必有。佛说，舍得就是“舍迷

入悟、舍小获大、舍妄归真、舍虚由实”。如果我们能把自己心中的偏执、挂碍、烦恼、悲伤和迷妄都舍去，就能得到轻松和快乐，达到人生新的境界。茶道的魅力，正在于吸引人们在看似随意的行茶、泡茶中参悟人生之理。

（二）动作要领

第一步：取舍有度（从茶罐中取出茶叶）；

第二步：妙赏嘉叶（让宾客观赏茶叶）；

第三步：佳茗入宫（将茶叶拨入茶壶）。

五、养成

（一）精要

“养成”是基础茶式中水和茶第一次接触的过程，也是茶汤调制过程中最为关键的一个环节。养成是一种酝酿、一种孕育、一种转化和提升。叶由地生，茶由水养，一片树叶成为真正的茶必须以水养成，否则它永远是一片缺乏灵性的树叶。一杯好茶的养成是要下功夫的，不同的茶叶、不同的水温和养成时间的长短是不一样的。

水温的掌握，对茶性的展现有重要的作用。高温有利于发散香味，有利于茶味的快速浸出，但也容易冲出苦涩味，容易烫伤一部分幼嫩茶。水温的高低，一定要因茶而异。用料稍粗的茶叶，如卷结的乌龙茶、肥壮的红茶和陈年的普洱茶等，适宜用100℃的沸水冲泡；用料较嫩的芽茶，如西湖龙井等绿茶、君山银针等黄芽茶，水温70℃～80℃即可，白茶，水温80℃～90℃即可；较新的宫廷普洱、高档青饼，宜适当降温冲泡，避免将细嫩茶烫熟，成为“菜茶”。（普洱茶宜100℃沸水冲泡，幼嫩绿茶水温在70℃～80℃即可。）

冲泡时间的掌握，是为了让茶叶的香气、滋味充分、准确地展现。茶叶的制作工艺和原料的不同，决定了冲泡的方式、方法和时间的不同。陈茶、粗茶冲泡时间长，新茶、细嫩茶冲泡时间短；手工揉捻茶冲泡时间长，机械揉捻茶冲泡时间短；紧压茶冲泡时间长，散茶冲泡时间短。具体掌握时，要根据茶叶的特性决定。对一些苦涩味偏重的新茶，冲泡时要控制好投茶量，缩短冲泡时间，以改善滋味。

所以说，养成的时间长短与投茶量、水温、茶的类别以及饮者的口味要求有密切的关系，不下功夫就无法养成某种品质，成就某种事业。养成一式，不仅是茶叶本身内含物质的自然释放，更是茶者由茶入道、养心成道的过程。

（二）动作要领

第一步：温润舒展（用热水温润茶叶，使茶性舒展）；

第二步：玉液移壶（把茶壶中的初泡茶汤倒入公道杯中）；

第三步：凤凰行礼（采用一定的水线和起落的手法向茶壶注水、至满）；

第四步：重洗仙颜（用公道杯中的茶汤浇淋壶体，达到内外加温的目的）；

第五步：自有公道（把泡好的茶汤倒入公道杯）。

六、身受

（一）精要

“身受”一式是指茶汤调制完毕后，茶者先于宾客自行品尝一杯的过程。这个过程看似简单，但却有特定的寓意：茶道实践，讲究先己后人，利己益人，己所不欲，勿施于人。简单来说，一杯茶泡得好不好，自己要先尝，只有甘醇可口、香气弥漫的好茶，才能与众人分享；如果茶味不好，自己都喝不下，则断不可与众人分享。所以茶道中，如果茶没有泡好，宁可重新来过，绝不可将不成功的茶奉于宾客。我们泡出一杯茶汤，它的口感如何，味道怎样，是甘甜还是苦涩，是舌有余甘还是苦味不化，是茶气充足还是滋味平淡，都要靠茶者的亲身体会才能得知。茶者是实践者，好、恶需先自断，再邀宾客分享，所谓

“人溺己溺，人饥己饥”。实践出真知，有了切身的体会才最有发言权。

（二）动作要领

第一步：试品新汤（从公道杯向一个品茗杯中倒入茶汤，自己品尝）；

第二步：持杯示人（若茶汤调制成功，则与众人分享；若不成功，则重新来过）。

七、分享

（一）精要

“分享”一式，主要是指茶者向宾客奉茶，诚挚邀请宾客共同享受一杯好茶的过程。前一式“身受”，是茶者与茶之间的交流；到了“分享”一式，则是茶者与宾客之间的互动、交流。宾客可以真正参与到茶道表演中，享受茶道的成果——茶汤。茶者感恩，所以分享；茶者有爱，所以分享。分享，是心与心的交换；分享，更是情与情的传递。托尔斯泰说过，神奇的爱，会使数学法则失去平衡。两个人分担一个痛苦，只有半个痛苦；两个人分享一个幸福，却可以拥有两个幸福。茶道之基在于众，茶者益己益人；研修的最终目的就是懂得如何去服务社会大众，懂得与大众分享茶的恒久之快乐和纯净之美好。

（二）动作要领

第一步：分盛甘露（向所有品茗杯中倒入茶汤）；

第二步：礼敬众宾（茶者向宾客行礼、敬茶）；

第三步：共品佳茗（茶者、宾客共同品饮）。

八、放下

（一）精要

基础茶式的最后一式，名为“放下”。所谓“放下”，是指茶道演习结束后，茶者一一归置茶具并清理茶席的动作过程。“放下”在此含有三种意思。一是结束。所有的事物都是有开始就有结束，泡茶的程序至此已经基本完成；过去的已经过去，该拿起的时候就拿起，该放下的时候就放下。二是收拾。每个环节都做到认真专注、井然有序、有条不紊，这是茶道的精神体现；茶式结束之后要懂得归置器物，所有的器具要一一清洗、归位，善始善终。第三种意思，即新的开始，放下过去的事情，准备下次开始。只有放下，才能拿起：放下旧物，才能拿起新物；放下故知，才能拥抱新知；放下茶杯，才能得悟茶道。

对于人生来说，“放下”具有特别的启发意义。懂得放下，是一种智慧，一种清醒，更是一种成熟，所谓“一切放下，一切自在；当下放下，当下自在”。如多余的脂肪会压迫人的心脏，多余的财富会拖累人的心灵，多余的追逐、多余的幻想，只会增加一个人生命的负担。基础茶式演习以此式结束，是要告诉我们，人生苦短，必须学会懂得拿起，又懂得放下，才能享受真正的人生快乐。这是茶道给予茶者最直接的启示。

（二）动作要领

第一步：尽杯谢茶（共同饮尽杯中茶，相互祝福）；

第二步：归置茶器（将茶具、茶席收拾归位，见图 7-1，图 7-2）；

第三步：礼谢嘉宾（以茶礼感谢嘉宾，示意到此结束）。

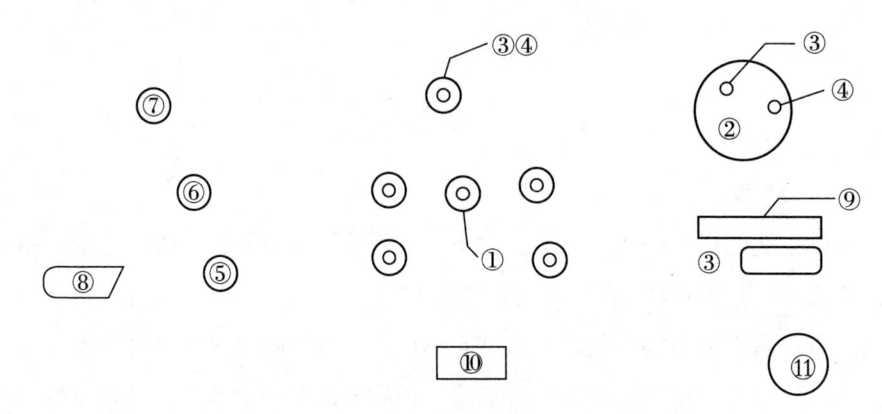

图 7-1　基础茶式茶台布局图（紫砂壶）

①紫砂壶（附壶承）；②茶洗（内置杯托、品杯）；③杯托；④品杯；⑤公道杯；⑥滤网；⑦茶叶罐；⑧茶荷；⑨茶则、茶匙；⑩茶巾；⑪煮水器（置于观众视线外的位置）

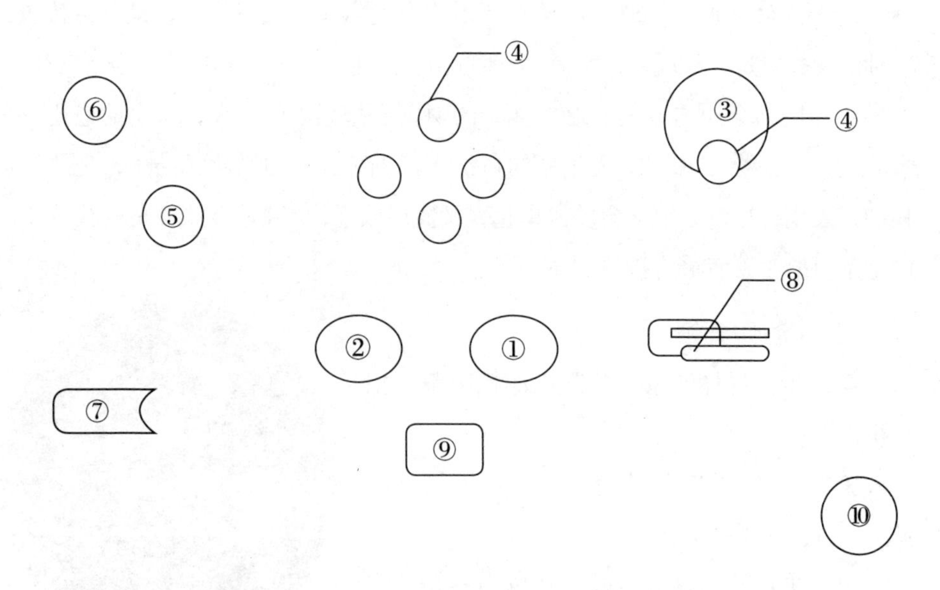

图 7-2　基础茶式茶台布局图（盖碗）

①盖碗；②公道杯；③茶洗（内置品杯）；④品杯；⑤滤网；⑥茶叶罐；⑦茶荷；⑧杯垫、茶匙、茶则；⑨茶巾；⑩煮水器（置于观众视线外的位置）

第二节
茶道礼仪

礼仪是在人际交往过程中，以约定俗成的程序和方式来表现的、律己、敬人的过程，涉及到穿着、交往、沟通、情商等内容。从个人修养的角度看，礼仪是一个人内在修养和素质的外在表现；从交际的角度看，礼仪是人际交往中适用的一种艺术、一种交际方式或方法；从传播的角度看，礼仪是在人际交往中相互沟通的技巧。

中国是文明古国、礼仪之邦，素有客来敬茶的习俗。茶是礼仪的使者，可融洽人际关系；在各种茶艺表演中，均有礼仪的规范。仪容、仪表、仪态、礼节，是构成习茶礼仪的基本要素；在整个茶事活动中，礼仪应始终贯穿，并要有具体的落实。

一、茶道之仪

（一）仪容

仪容，通常指人的外观、外貌。其中的重点，则是指人的容貌。在人际交往中，每个人的仪容都会引起交往对象的特别关注，并将影响到对方对自己的整体评价。在个人的仪表问题之中，仪容是重中之重。

每个人的容貌非自己可以选择。有的人虽相貌平平，但因为有较高的文化修养和得体的行为举止，以神、情、技动人，显得非常自信，灵气逼人。茶道表演更看重的是气质，所以表演者应适当修饰仪表。如果是天生丽质，则整洁、大方即可。一般的女性，可以淡妆表示对客人的尊重，以恬静、素雅为基调，切忌浓妆艳抹，有失分寸；来自内心世界的美，才是最高的境界。如果是男性，在泡茶之前，要将面部修饰干净，不留胡须，以整洁的姿态面对客人。

（二）仪表

仪表是人的综合外表，它包括人的形体、容貌、服饰、修饰（化妆、装饰品）、发型、卫生习惯等内容。仪表与个人的生活情调、文化素质、修养程度、道德品质等内在修养有着密切联系。

（1）服饰。服饰能反映人的地位、文化水平、文化品位、审美意识、修养程度和生活态度等。服饰主要是通过色彩、形状、款式、线条、图案的修饰，以改变或影响人仪表，使之趋向完美。实现服装美，讲究对称、对比、参差、和谐、节奏、比例、多样、统一、平衡等。服饰要与周围的环境，与着装人的身份、身材、气质相协调，这是服饰的四种基本要求。

茶道服饰除了具有普通服饰的基本要求外，应主要以民族特色为基础。这是由于中国茶道具有传统性、民族性，属于东方文化，与西方文化有一定的区别，要体现出一种风雅的文化内涵和历史渊源，所以像运动衣、西装、衬衫、牛仔服、T 恤衫、夹克衫、休闲服以及比较休闲、随意的服饰不宜穿。

茶的本性是恬淡平和的，因此泡茶时的着装以整洁、大方为好，不宜太鲜艳；鞋袜与服饰要配合协调，厚重的袜子应配低跟鞋——鞋跟低，符合茶道端庄、典雅和稳重的感觉。无论是男性还是女性，都应仪表整洁，与肤色、装扮、发型、配饰、形体、茶席、环境相匹配，体现出内在的文化素养和茶文化的内涵。

（2）装饰品与化妆。在茶道表演活动中，选用相宜的饰品可以美化佩戴者的仪表。饰品的选用往往反映出一个人的审美观、文化品位、修养程度等，因此，饰品应根据年龄、性格、性别、相貌、肤色、发式、服装、职业、体型及环境等的不同合理选用，与茶道的类型、所体现的风格相符合。

在一些重大的演出活动中，适当的化妆有助于改善仪表；特别是在进行舞台型茶道表演活动时，人们的注意力集中于表演者，合适的化妆是茶道表演美的手段。化妆的目的是突出容貌的优点，掩饰容貌的缺陷。茶道表演的妆容宜淡雅，使五官比例匀称、协调；在化妆时一般以自然为原则，使其恰到好处。

需要特别注意的是，手上不能残存化妆品的气味，以免影响茶叶的香气。

（3）发型。发型原则上要适合自己的脸型，适合自己的气质，给人一种舒适、整洁、大方的感觉；不论长短，都要进行梳理。若是短发，要求在低头时，头发不要落下；挡住视线；若是长发，泡茶时应将头发束起，否则会影响操作。由于茶道具有厚重的传统文化因素，表现在研修者的发型取向上，大多应具有传统、民俗和自然的特点，如中国人绝大多数是黑发、少卷曲，女长发、男短发。若染成黄发、金发，或烫发，或女士剪成短发、男士留成长发，则缺少传统意蕴。要想达到优雅的仪表，可以通过风雅类茶道的研修，逐步培养出良好的、茶道中人的风雅仪表。

（4）手型。在茶道表演过程中，表演者的手往往是关注的焦点，因为在泡茶过程中，客人的目光始终停留在你的手上，观看泡茶的全过程。所以研习茶道者，如果是女性，首先要有一双纤细、柔嫩的手，平时注意适时的保养，随时保持清洁；如果是男性，则要求干净。

手上不要佩戴饰物。如果佩戴太“出色”的首饰，会有喧宾夺主的感觉，显得不够优雅，而且体积太大的戒指、手链也容易敲击到茶具，发出不协调的声音，甚至会打破茶具。如果是女性，手腕可佩戴玉镯，增添古典韵味。

在研习茶道前，需要洗净双手，以免污染茶叶和茶具；指甲须修剪整齐，保持干净，不留长指甲，切忌涂抹指甲油或美甲。

（三）仪态

仪态指人的姿势和风度。姿势包括站立、行走、就座、手势和面部表情等；风度是内在气质的外部表现。

（1）站姿。茶道表演中的仪态美，是由优美的形体姿态来体现的，而优美的姿态又是以正确的站姿为基础的。站立是人们日常生活、交往、工作中最基本的举止，正确、优美的站姿会给人以精力充沛、气质高雅、庄重大方、礼貌、亲切的印象。

茶道表演中的站姿要求身体挺直，身体重心自然垂直于两脚之间，从头至脚有一条直线的感觉，不向左、右方向偏移；头上抬，下颌微收，眼平视，双肩放松，呼吸自然。女性，双手虎口交叉，右手贴在左手上，置于小腹前，约一拳之隔，双脚半丁字步站立（双脚脚跟相靠，脚尖呈45°～60°）；男性，双脚呈外八字微分开，身体挺直，头上抬，上颌微收，眼平视，双肩放松，双手虎口交握，左手贴在右手上，置于小腹部。上述动作应随和、自然，避免生硬呆滞而给人以机械的感觉。

（2）走姿。稳健优美的走姿可以使一个人气度不凡，产生一种动态美。茶道表演中的标准走姿是以站立姿态为基础，以大关节带动小关节，排除多余的肌肉紧张，以轻柔、大方和优雅为目的，要求自然，不能左右摇晃，腰部不能扭动。如是女性，行走时脚步须成一直线，上身不可摇摆扭动，以保持平衡。同时，双肩放松，下颌微收，两眼平视，并将双手虎口交叉，右手搭在左手上，提放于身前，以免行走时摆幅过大。若是男性，双臂可随两腿的移动作小幅自由摆动。转弯时，向右转则右脚先行，反之亦然。出脚不对时可原地多走一步，待调整好后再直角转弯。如果到达客人面前为侧身状态，需转身，正面与客人相对，跨前两步稍倾身进行各种茶道动作。当要回身走时，应面对客人先退后两步，再侧身转弯，以示对客人尊敬。

（3）落座姿态。茶道表演中，入座讲究轻、缓、紧，即入座时要轻稳。走到座位前，自然转身后退，轻稳地坐下；落座声音要轻，动作要协调、柔和；腰部、腿部肌肉需有紧张感；女性穿裙装落座时，应将裙向前收拢一下再坐下。起立时，右脚抽后收半步，而后站起。

（4）坐姿。坐是茶道表演中常用的举止，在茶道中坐姿一般分为四种：开膝坐和盘腿坐（男士）、并式坐和跪坐。

正确的坐姿给人以端庄、优美的印象。对坐姿的基本要求是端庄、稳重、娴雅自如，注意四肢协调、配合，即头、胸、髋三轴与四肢的开、合、曲、直对比得当。姿态优美需要身体、四肢的自然协调、配合。茶道对坐姿形态上的处理以对称美为宜，它具有稳定、端庄的美学特性。

坐在椅子或凳子上，必须端坐中央，最好坐到椅子的三分之一处，使身体重心居中，否则会因坐在边沿使椅（凳）子翻倒而失态。坐下后，双腿并拢，两脚自然平落地面，小腿与地面基本垂直，大腿与身体基本垂直；上身挺直，双肩放松；头上抬，下颌微敛，舌抵下颚，鼻尖对肚脐。女性，双腿膝盖至脚踝并拢，双手搭放在双腿中间（或轻搭于茶台之上），左手放在右手上；男性，两膝间可以分开一拳的距离，双手可分搭于左右两腿侧上方（或轻搭于茶台两侧）。全身放松，思想安定、集中，姿态自然、美观，切忌两腿分开或跷二郎腿、不停抖动、双手搓动或交叉放于胸前、弯腰弓背、低头等。作为客人，也应采取上述坐姿。若坐在沙发上，由于沙发离地较低，端坐使人不适，则女性可正坐，两腿并拢偏向一侧斜伸（坐一段时间累了可换另一侧），双手仍搭在两腿中间；男性可将双手搭在扶手上，两腿可架成二郎腿但不能抖动，且双脚下垂，不能将一腿横搁在另一腿上。

（5）跪姿。在进行茶道表演的国际交流时，日本和韩国习惯采用席地而坐的方式，另外如无我茶会也会如此。对于中国人，特别是南方人来说极不习惯，因此修行茶道时特别要进行针对性训练，以免动作失误，有伤大雅。

①跪坐：日本人称之为“正坐”，即双膝跪于座垫上，双脚背相搭着地，臀部坐在双脚上；腰挺直，双肩放松，向下微收，舌抵上颚；双手搭放于前，女性左手在下，男性反之。

②盘腿坐：男性除正坐外，可以盘腿坐；将双腿向内屈伸相盘，双手分搭于两膝，其他姿势同跪坐。

③单腿跪蹲：左膝与着地的脚呈直角相屈，右膝盖着地，脚尖点地，其余姿势同跪坐。客人坐的桌椅较矮或跪坐、盘腿坐时，主人奉茶用此姿势。也可视桌椅的高度，采用单腿半蹲式，即左脚向前跨一步，膝微屈，右膝屈于左脚小腿肚上。

（6）表情 。茶道表演时应保持恬淡、自然、典雅、庄重的表情。眼睛、眉毛、嘴巴和面部表情肌肉的变化，能体现出一个人的内心，对人的语言起着解释、澄清、纠正和强化的作用；要求眼睑与眉毛要保持自然的舒展。

（7）眼神。眼神是脸部表情的核心，能表达最细微的心理变化。尤其在表演型茶道中，更要求表演者神光内敛，眼观鼻，鼻观心，或目视虚空、目光笼罩全场，忌表情紧张、左顾右盼、眼神不定。

（8）风度。风度是指举止行为，即接人待物时，一个人的德、才、学、识等各方面内在修养的外在表现。在茶道活动中，各种动作均要求有优雅的举止；

评判一位表演者的风度，主要看其动作的协调性。在“姿态”中所述的各种姿态，实际上都是采用静气功和太极拳的准备姿势，目的是使人吐纳自如，真气运行，经络贯通，气血内调，势动于外，心、眼、手、身相随，意、气相合；泡茶才能进入“修身养性”的境地。

一个人的个性很容易从泡茶的过程中表露出来，可以借着姿态、动作的修正，潜移默化一个人的心情。研习茶道时要注意两件事：一是将各项动作组合的韵律感表现出来；二是将泡茶的动作融进与观者的交流中。茶道中的每一个动作都要圆活、柔和、连贯，而动作之间又要有起伏、虚实、节奏，使观者深深体会到其中的韵味。想要养成自己优雅的举止姿态，可以参加各种形体训练、打太极拳、跳民族舞、做健美操、练静气功等。

二、茶道之礼

“礼”是中华民族的传统美德，也是茶道的重要内涵。茶道的美学纲领“洁、静、正、雅”中，无一处不透出礼的精神；基础茶式“洗尘、坦呈、苏醒、法度、养成、身受、分享、放下”，无一式不要求礼敬为先。无“礼”不成茶道。以茶会友时，要懂得以各种茶礼与他人结缘，通过奉茶、敬茶表达心意和情感。我们所倡导的行茶之礼有如下几项：

（一）结缘茶礼（结缘 / 幸会）

见面是缘，喝了就是朋友，无茶不成礼。结缘茶礼，右手持杯，左手靠于右手前，拇指自然舒展，双手向前上方举至与肩同高；饮茶后，缓缓放下。

（二）祝福茶礼（祝福 / 感恩）

较为庄重的场合，表达祝福和感恩，向对方献茶。斟茶后，双手合十表达祝福；感恩后，双手持茶盘，递满杯。

（三）敬拜茶礼（拜师 / 拜长辈）

茶者拜师，向陆羽宗师像敬茶：正对宗师像，双手持茶盘，向前上方举过眉心，然后缓缓放于宗师像前的案几上。茶者拜长辈，向长辈敬茶：正对长辈，双手持茶盘，向前上方举过眉心，躬身，待长辈接茶后，恭敬站立或退至一旁。

如长辈坐于椅上，晚辈可采取躬身敬茶，亦可采取单膝跪敬的方式，根据敬拜礼仪习惯和要求而行。

（四）其他礼仪规范

在表演茶艺、会见宾客等不同的场合，也有相应形式的奉茶礼，以手势、言语表情、身体语言等不同的方式表达礼敬。

（1）敬茶的一举一动，都要讲究卫生、礼貌，如手拿茶杯时只能拿柄，无柄茶杯握其中底部，切忌手触杯口。放置杯（壶）盖时必须将盖沿朝上，切忌将杯盖或壶盖口沿朝下放在桌子上。送茶时，切不可单手用五指抓住壶沿或杯沿递与客人，要用双手奉上。要是比较讲究的茶具，往往配有一个茶托或茶盘。

（2）奉茶时，用双手捧住茶托或茶盘，举至胸前，面带笑容，送到客人面前，轻轻说声“请用茶”。这时客人向前移动一下身子，双手接茶，说声“谢谢”。若用茶壶泡茶，而又得同时奉给几位客人，那与茶壶搭配的茶杯宜小不宜大，否则无法一次完成。

（3）主人陪伴客人品茶时，要不时注意客人杯壶中的茶水存量。一般用茶杯泡茶，如已喝去一半，就要添加开水到水杯三分之二处；随喝随添，使茶汤浓度不致变化过大。如用茶壶泡茶，则应适时添满壶中水，也可适当佐以茶食，调节口味。

（4）做客饮茶，要慢啜细饮，边谈边饮，不能手舞足蹈，狂喝暴饮。待客要有尊敬、友好、大方、平等的气氛，更不能看人上茶。

第三节 茶会组织

一、茶会的历史与文化※

自古以来，在高朋满座、嘉宾列席的宴会上，主人和宾客之间进行情感的交流时，饮料起着重要的沟通作用，既可以延长宴会时间，又可以增添欢聚的气氛。长期以来，一直是酒承担着这个角色，当茶文化发展到一定程度后，发现了以茶代酒宴请宾客的宴会，即茶宴，后世多称茶会。按照《现代汉语词典》的解释，茶会就是用茶和茶点招待宾客的社交性集会；茶宴则是指用茶叶和各种原料配合制成的茶菜举行的宴会。

在我国历史上，茶会有多种叫法，如茶宴、茶社、汤社等。茶会追求清俭朴实、淡雅逸越，以清俭淡雅为主旨，展示希冀和平与安定的心愿。

（一）早期茶会

我国茶会的形成可追溯至三国时期。据《三国志·吴志·韦曜传》："孙皓每飨宴坐席，无不率以七胜为限。虽不尽入口，皆浇灌取尽，曜饮酒不过二升，皓初礼异，密赐茶荈以代酒。"这开创了中国"以茶代酒"的先例，此后，也渐渐地形成集体饮茶的茶宴和茶会。

另据《晋中兴书》载："陆纳为吴兴太守时，卫将军谢安常欲诣纳。纳兄子俶，

※"2011茶会有感：民国以前的茶会历史"，载http://blog.sina.com.cn/s/blog_557ee0540100ozfz.html。

怪纳无所备，不敢问之，乃私蓄十数人馔。安既至，所设唯茶果而已。俶遂陈盛馔，珍馐必具。乃安去，纳杖俶四十，云：‘汝既不能光益叔父，奈何秽吾素业。’”陆纳一向喜欢以茶宴招待客人，并以此作为“素业”；他的侄儿陆俶则因将“茶宴”擅自改为“酒宴”，而挨了 40 大板。

《晋书》中也有类似记载：“桓温为扬州牧，性俭，每宴饮，唯下七尊柈茶果而已。”桓温为东晋名臣，“宴饮”只备七盘茶果，这在当时崇尚豪华、奢靡的社会风气下，是很难得的事情。桓温设茶宴的目的非常明确，即提倡节俭为本，因为若设酒宴，就不止七盘茶果了。

（二）唐代茶会

正式的茶会，出现在唐朝天宝年间。由于文人雅士很喜欢茶会这种朴素真挚的交流方式，茶宴、茶会成为一种时尚。大历十大才子之一的钱起，喜办茶会活动，并有不少诗句流传后世，最著名的一首为《与赵莒茶宴》。诗曰：“竹下忘言对紫茶，全胜羽客醉流霞。尘心洗尽兴难尽，一树蝉声片影斜。”还有一首《过长孙宅与郎上人茶会》，也是记录在朋友家聚会品茶的情境。贞元年间，进士吕温和柳宗元、刘禹锡等大诗人一起喝茶，写下《三月三日茶宴序》：“三月三日上巳禊饮之日，诸子议以茶代酒，拨花砌，爱庭荫，清风遂人，日色留兴，以青霭攀花枝，莺近席而不惊，花拂衣而不散，酌香沫，浮素杯，凝琥珀之色，不令人醉，微觉清思，虽玉霞仙浆，无复加也”。由此可见，唐代文人茶会十分盛行，文人雅士们一边品茗，玩杯弄盏，一边吟诗作赋，清雅怡情。

中唐时，湖州顾渚的紫笋和常州的阳羡茶同为贡品，特别是紫笋，被陆羽评为仅次于蒙顶的天下第二名茶。每年早春采茶季节，湖、常二州太守在顾渚联合举办茶宴，邀集名流、专家品茗评茶。有一年，白居易因病未能躬逢盛会，作诗《夜闻贾常州崔湖州茶山境会亭欢宴》感叹：“遥闻境会茶山夜，珠翠歌钟俱绕身。盘下中分两州界，灯前合作一家春。青娥递舞应争妙，紫笋齐尝各斗新。自叹花时北窗下，蒲黄酒对病眠人”。两州太守举办茶宴，一则邀请各路品茶高手品评新茶，以提高贡茶品质。茶原产滇、黔，名茶却多在江南，与地方官的努力密不可分。再者，受邀之人多为文坛雅士，茶宴又可成为文人、名流品茶、献诗的文化活动。如此盛况，难怪白居易因病卧北窗而自叹。吕温《三月三日茶宴序》便有云："三月三日，上巳禊饮之日也，诸子议茶酌而代焉，乃拨花砌，爱庭荫，清风逐人，日色留兴，卧借青霭，坐攀花枝，闻莺近席羽未飞，红蕊拂衣而不散，乃命酌香沫，浮素杯，殷凝琥珀之色，不令人醉，微觉清思，虽玉器仙浆，无复加也。"其对茶宴幽境，论茶真味的描绘，堪称古代诗文中之精品。

这种茶宴，我国历代递延不绝。如据《清异录》载，五代词人和凝嗜好饮茶，在朝时"牵同列递日以茶相饮，味劣者有罚，号为'汤社'"。

（三）宋代茶会

到了宋代，茶会更为普遍。这一时期茶会的形式，主要有贵族茶会、民间茶会、文人茶会和禅茶茶会等。

宋代名画《文会图》相传为宋徽宗所作，以绘画的形式直观、形象地展现了宋代文人雅士品茗的场面。画面取址一庭园，旁临曲池，石脚显露。树下设一大案，案上摆设有果盘、酒樽、杯盏等。八九位文士围而案坐，或端坐谈论，或持盏私语，儒衣纶巾，意态闲雅。竹边树下有两位文士面向寒暄。垂柳后设一石几，几上横瑶琴一张，香炉一尊，琴谱数页；琴囊已解，似琴声奏罢，不绝于耳。大案前设小桌、茶床，小桌上放置酒樽、菜肴等物，一童子正在桌边忙碌，装点食盘。茶床上陈列茶盏、盏托、茶瓯等物，一童子手提汤瓶，意在点茶；另一童子手持长柄茶杓，正将点好的茶汤从茶瓯中分盛茶盏。床旁设有茶炉、茶箱等物，炉上放置茶瓶，炉火正炽，显然煎水正急。图中右上有徽宗亲笔题诗："儒林华国古今同，吟咏飞毫醒醉中。多士作新知入彀，画图犹喜见文雄。"图左中为"天下一人"签押。图左上方另有蔡京题诗："明时不与有唐同，八表人归大道中。可笑当年十八士，经纶谁是出群雄。"

从画面中看，茶会的组织形式和设计、安排都已经非常成熟了，从备茶、烧水、备具、茶点准备等，均十分完备。另外，民间爱茶人也经常举办各种茶会，这种民间茶会可以从"斗茶"活动中略窥一二。

宋代茶会盛行斗茶。斗茶又叫"茗战"，是茶事中的"竞技项目"。比赛评定标准主要看煎茶、点茶和击拂之后的效果：一比茶汤表面的色泽和均匀程度，一般以纯白为上，即如白米粥冷凝成块后的形态和色泽，故而又称之为"冷粥面”；青白、灰白、黄白则等而下之。二是看茶盏内的汤花（汤面泛起的泡沫）与盏内壁相接处有无水痕，水痕少者为胜；或者汤花泛起后，水痕出现的早晚，早者负，晚者胜。比赛规则一般是三局二胜，水痕先出现便是输了“一水”。苏东坡有诗云：“沙溪北苑强分别，水脚一线谁争先。”另有附加标准，比较茶汤的色、香、味。为了便于辨色，茶盏以黑为佳，普遍使用的是黑色兔毫建盏。

由此判断，斗茶有些类似近代的职业联赛，是茶行业中最为重要的比赛。范仲淹的《和章岷从事斗茶歌》，便对斗茶的过程作了细致传神的刻画：“胜若登仙不可攀，输同降将无穷耻”，“斗茶味兮轻醍醐，斗茶香兮薄兰芷。其间品第胡能欺，十目视而十手指”。

（四）元、明、清茶会

明代茶会以文征明的《惠山茶会图》为代表。该图描绘了明朝正德十三年清明时节，文征明与好友蔡羽、汤珍、王守、王宠等人游览无锡惠山，在惠山泉边聚会、饮茶、赋诗的情景，是一次文人的露天茶会。

清代的茶宴盛行，则与清宫的重视有关。乾隆皇帝一生嗜茶，首倡在重华宫举行茶宴，据记载曾有60多次。据《清朝野史大观》“茶宴”条记载，每年元旦后三天举行茶宴，由乾隆钦点能赋诗的文武大臣参加。康熙、乾隆两朝，曾举行过4次规模巨大的“千叟宴”，多达两三千人，把全国各地65岁以上的老人代表都请来，席上赋诗。茶宴一开始要饮茶，先由御膳茶房向皇帝进献红奶茶一碗，然后分赐殿内及东西檐下王公大臣，连茶碗也赏给他们；其余赴宴者则不赏茶。

（五）现代茶会

茶会符合中华民族俭朴的美德，具有待客、交谊之功，又能明志清神，修德养性。久而久之，由茶宴、茶会、茶话演化而来，形成了现代茶话会，它的释义可以说是“用茶与茶点招待宾客的社交性聚会”。以茶养廉、反对奢侈，乃俭德之风。茶话会以其简朴无华，风行全国；此风传到国外，受到广泛欢迎，被誉为“茶杯和茶壶精神”。这足以说明，中国茶文化是人类宝贵的文化遗产和共同的精神财富。

我国台湾地区“无我茶会”是一种大众饮茶形式，由台湾茶文化专家蔡荣章先生等人创立，自1990年5月在台湾首次举办以来，广受赞誉。“无我茶会”的宗旨是“无尊卑之分”“无报偿之心”“无好恶之心”“无地域、流派之分”。它是一种爱茶人皆可报名的茶会形式，不论参加者的地位、身份，不讲所用茶具的贵贱，不问所泡茶叶的优劣，人人泡茶，人人喝茶。

“无我茶会”讲究自然、和谐。茶会举办前要发一个公告，告知时间和座位的安排，告知新参加者应注意的事项。对每位参加者来说，没有主次、贵贱之分。泡茶时的位置靠抽签决定，拿着抽到的号去寻找自己的位置。自己泡的茶分给左边的人，而自己喝的茶是右边送来的。人与人之间，不论是熟悉还是陌生，不论性别是男还是女，不论年龄是长还是幼，不论地位是高还是低，不问姓名，不问年龄，不问尊卑，一切只为泡茶，一切只为敬茶，没有利禄之心，没有报偿之心。每个人带的都是自己最爱的茶具，最好的茶叶。当然，无我茶会中使用的茶具比起茶艺馆中或家庭泡茶的要简单得多，一般是一只壶带四只杯子，泡茶的水要装在保温瓶中，另外准备一块茶巾和一个奉茶盘。茶叶可另装一小罐，也可放入壶中，只要够一壶冲泡的量即可。

二、现代茶会的形式

各种茶会活动是茶道研习和茶道精进的途径之一，也是扩大视野、锻炼能力、增进情感的重要方式。茶道研修者，既要参加茶会，以茶会友，又要懂得如何举办茶会。我们鼓励大学生多参加和举办各种形式的茶会活动，这样既可以学习较为丰富的文化知识，又可以增进人与人之间的感情交流，锻炼大学生的组织能力、口头表达能力和沟通、协调能力，对于以后在社会上发展有明显的益处。

现代茶会的基本形式包括以下四种。

（一）品茗茶会

品茗是一件既质朴又高雅的事。人生如茶。同一款茶，不同的人，品出来的味道亦不尽相同。品茗茶会是3人以上共同品尝茶水并进行研讨的茶会，参加者可自由讨论，切磋共进，因此品茗茶会的主题是明确而唯一的。

品茗茶会，是在一杯香茗吸引下的、一种饶有兴趣的聚会；一方面细心地品尝茶的味道，另一方面茶人之间就茶的品质、口感、香气等互相交换意见、发表各种见解。参加茶会不但能在身心上得到某种满足和慰藉，而且还能结交朋友、增进友谊，开拓新思路，增长新知识，听到新思想，提高新境界。

（二）商务茶会

在商务礼仪中，以宴请的方式来款待宾客，是商务人员在对外交往中的一项经常性的活动。它不是一般的吃喝宴请，而是人际交往的一种重要形式，所谈论的多为商务话题，比如双方的战略合作、资源共享等。这种类型的茶会，适合企业的商务聚会，可选在安静的茶楼里举办，也可以在办公条件下举办。

（三）主题茶会

主题茶会是指相关机构就某个专门的主题进行研讨所开展的茶会，分为学术主题茶会和庆典主题茶会。

学术主题茶会专指学术机构研究者组织的茶会，研讨的主题并不局限于茶道或茶文化，它可以是传统文化方面的内容，也可以是社会科学方面的内容，比如管理、哲学、艺术等。

庆典主题茶会指有固定主题的典礼大会，如某机构或社会团体的成立庆典、某大学成立周年或纪念日庆典等。2010 年勐海茶厂为庆祝其成立 70 周年，在全国举办了 70 场感恩茶会，获得了良好的社会反响。庆典茶会要求活动内容精心策划，安排、组织严谨，气氛相对较庄重。

（四）露天茶会

专指茶道爱好者共同参加的、郊外露天的休闲茶聚。爱茶之人远离都市喧嚣，相约游于名山大川，与青山绿水为伴；或在飞瀑、流泉边谈笑，或于田间、陇亩外小坐，在大自然的清新空气中共品佳茗，不失为一种很好的休闲方式。

三、茶会的组织

根据茶会的种类，确定主题、规模、参加对象、时间、地点、茶会性质、形式及经费预算等。

（1）茶会主题：要向邀请的对象说明召开本次茶会的目的、主题内容及基本程序，让每位来宾做到心中有数，事先准备。

（2）茶会规模：确定会议人数，一般小型茶会在10人以内，中型茶会为10～50人，大型茶会在50人以上。

（3）参加对象：确定以哪些人为主体，邀请哪些方面的人员参加，如合作伙伴、社会贤达、相关专家等。考虑到部分邀请人员可能因其他事不能前来，人数不易掌握，可先发预备通知并附回执，根据回执情况，若人数不足，可以电话通知一些就近人员参加。

（4）茶会时间：根据主题内容和程序预定茶会日期及具体时间，半日、一日或连续数日。

（5）茶会地点：根据以上确定结果，具体落实茶会地点，包括报到地点、用餐地点、茶会地点，如连续数日，还要安排住宿地点。茶会地点可以选择室内、庭院、公园、游船、山野、郊外等地，以安静、祥和、优雅、舒适为佳。

（6）茶会性质：是单纯的茶会，还是结合用餐的茶宴，抑或是配属的茶会，即全部学术活动中或研讨会中的一项活动。

（7）茶会形式：可分为流水式、固定座席式、游园式、分组式和表演式，也可以选择几种相结合的形式。

（8）费用预算：这是保证茶会进行的重要一项；应有预算，主办单位才能考虑到有无能力。另外，也要通知每位来宾是否收费及收费多少，这也是来宾参加与否所考虑的问题。

以上各方面做到心中有数后，组委会要分工落实各项任务。可由组织联络组负责通知、收回执、邀请领导及有关人员、落实会议议程中的各个项目；由会务组负责落实各个地点、布置会场、分发资料；由生活组负责报到接待、茶水供应和食宿安排；由茶艺组负责茶艺表演和相关艺术表演。

第四节 公益实践

一、慈善是一项美好的事业

人类，不论时空、地域和民族的差别，乃至文化上的差异，都不能掩盖本性上的一致性和面临的基本生存问题的共通性。慈善，或曰慈心善行，是人类共同的、普遍的道德价值。

自古以来，中、西均有慈善的传统。各自虽在表述上不尽相同，然而义理相近，如儒家讲仁爱，佛家讲慈悲，基督教讲博爱。中国的儒家、佛家文化和欧美的基督教文化都蕴含着恒常性的理想和普遍的道德原则：每个人在追求自己幸福的同时，必须尊重他人，爱护他人；人类共同体里的任何个体都不应对其他成员的命运漠不关心。

（一）中国慈善文化的渊源

（1）仁爱思想。“仁”是孔、孟儒家思想的核心内容。以儒家的观念来看，“仁”就是爱人。孔子所提出的“仁”，是一个道德感情和伦理规范相结合的范畴。为实现“仁”，人们须扬善抑恶，加强人格和道德的修养。他认为，“仁者爱人”应从“孝悌”“德恕”开始，实现道德践履。孝悌是为仁之本，从孝顺父母的人伦道德中引申出爱民、守礼的善念和品质。忠恕之道是个人为仁、成圣之法，它从内心反省来处理人际关系，协调社会，强调与人为善，做到利人利他。如《论语·雍也》中孔子所说：“仁者，己欲立而立人，己欲达而达人。己所不欲，勿施于人。”这表明“仁”是一种责任，一种义务，更是一种推己及人的利他风尚和助人为善的精神。

孟子透过“爱人”的表层现象进行深层次的探讨，在一定程度上发展了儒家慈善观。我们知道，孟学的内在精神是求善，他主张人性本善，并提出人性固有的四个善端：恻隐、羞恶、辞让、是非。这四种善端，是引导人们扬善抑恶，布善祛恶的力量之源。其中，“恻隐之心，仁之端也”，正是人们从事各种社会慈善活动的动机所在。孟子的“仁”也就由恻隐之心的道德感情直接发展成道德行为，并且把仁与礼各自建立在“恻隐之心”和“辞让之心”的道德基础上，使之成为一种趋善的道德价值。

（2）义、利观。义、利观也是儒家文化中蕴涵的慈善思想的一个方面。在《论语·里仁》中，孔子认为：“君子喻于义，小人喻于利”。只有君子才能超越眼前的利益而成为道德的典范，甚至将道德与利益的关系进一步提升到对人的终极关怀的高度。正是受儒家义、利观的熏陶，古代众多儒者大都重义轻利，不言名利，孜孜致力于开展救困扶危的慈善事业。在古代，商人虽为四民之末，然其中亦有不少人自幼习儒，不以利害义，在经商致富之后，乐输善资。由此，散财种德、市义以归亦成为中国古代商人的立身宏业之本。

明、清时期，随着商品经济的发展和商人影响力的不断扩大，商人自觉地加入到社会慈善活动中，扮演着极为重要的角色。如这一时期著名的徽商、晋商以及宁绍、洞庭等商帮，都大大地推动了民间慈善事业的发展。

（二）西方慈善文化的主要渊源

在中世纪的欧洲，基督徒们以对上帝的信仰为精神支撑和价值根基，效法基督耶稣，自觉地培育和形成博爱、谦卑和忏悔等道德情感，并推动了现代西方的慈善事业和福利事业。

（1）博爱。“爱人如己”是基督耶稣启示的两条基本诫命之一，认为人们应该不分亲疏、厚薄地泛爱和互爱，人与人之间不应有仇恨，甚至仇敌也应得到帮助和受到宽恕，人人相爱应如兄弟姐妹。换言之，爱上帝，也爱你周围的人。此外，耶稣还特别强调对弱者的爱，他既不嫌弃罪人、妓女、税吏等被社会遗弃的人，也不敌视冒犯自己的人。

在整个中世纪，大多数基督徒关爱弱者、病人、穷人以及下等人，表现出极大的同情心和爱心。他们将收入的1/10捐给慈善事业，用来帮助寡妇、孤儿、残疾人、病人，为穷人提供葬礼费用，有时还出资赎买奴隶。长期以来，基督教会始终遵守一条规定，就是以教会入款的1/3或1/4分给穷人。此外，每逢重大节日，基督徒还必须特别募捐以救济穷人。就这样，基督徒用他们的博爱精神推动了西方慈善事业的发展。

（2）谦卑。作为道德情感的谦卑之心，是指主体以一种谦虚、不自高自大的心态去践行自己的道德信念；行为自如，心胸坦荡，既不从自己的善行中获得心理满足，也不必企望为他人所知，而是要始终自知其善行微不足道，尚需不断努力，持之以恒。基督教反对假冒为善的虚伪和诡诈，提倡个体要以一种谦卑之心去行善积德。反之，若一个人在道德实践中持有骄傲心态，则失去了道德价值之本真。在中世纪，基督教会的所有神职人员，上至教皇、主教和修道院院民，下至普通修士，都秉持谦卑之心行善，为穷人洗脚，为穷人做饭，为穷人牺牲自尊。

（三）慈善已成为现代社会的一部分

卡耐基有一句非常著名的话："在巨富中死去，是一种耻辱。"基于基督教思想的传统，今天西方发达国家的慈善不仅是一种事业，更是一种文化，成为西方人生活的常态。比尔·盖茨捐赠全部身家，只是其中的典型之一。发达国家慈善事业的广泛发展，是建立在人们对"慈善"二字的深刻认识上的。

例如，英国人认为慈善的含义在于，只求奉献，不求回报；慈善的目的是，使接受资助的人从此改变他们的生活和命运；慈善事业不应该是富人良心发现时偶尔的施舍和恩赐，而应该是每个人从内心深处发出的、对他人的同情与关爱；慈善事业的最终目的不在于给予了多少，而在于有没有一颗同情和善良的心。

美国人除法律信仰之外，还有更重的道德信仰。95%的美国人信仰上帝，而上帝是要求人们行善的。美国政府历来也把慈善施救看做是自己无可推卸的义务和责任。根据《福布斯》杂志的美国慈善榜统计，近10年内，美国的富豪对各类慈善组织的捐赠总额超过了2 000亿美元。最富有的美国人中20%所捐赠的钱，占了全部善款的2/3。资料显示，近年来，美国慈善机构受赠的遗产额平均年递增15%，仅2000年即达到120亿美元。美国现有的328万名百万富翁中，已有 60 多万人拟将绝大部分财产捐赠给慈善机构和基金会。

耐人寻味的是，虽然富人的物质实力足以使之在慈善投入上做出表率，但这并不是富人的专利，平民并非仅仅充当慈善的受众，实际上，他们更是慈善活动的主体和基础力量。因为慈善不仅限于出钱，还包括出力，即做义工。资料显示，年纪在 14 岁以上的美国人中，就有占半数的人参加过各种义工活动。在美国，各种义工团体大约有 5 000 多个，有全国性的、地方性的以及民间志愿者组织的，它们的经费来源多为教会、慈善机构和个人捐款，极少数来自政府。

二、公益活动介绍

所谓公益，就是做对公众有益的事。公益活动是指一定的组织或个人向社会捐赠财物、时间、精力和知识等的活动。微薄之力，铸就高楼大厦；涓涓细流，汇成浩浩江河。公益是一门奉献爱心和关爱他人的学问，需要社会各界的共同参与。人人参与，人人奉献，人人受益，这就是公益的本质。

在美国的教育体系中，通过把参与社会公益活动与课程相联系，已经形成一套独特的教育实践体系。很多中学规定了学生必须具备一定的社会服务能力或参与社会服务的经历，如在马里兰州，高中生一般要完成不少于 75 小时的社会服务才能取得毕业证书。美国社会上有无数的社区和服务组织可以承接各种具有不同志愿服务的学生，并专门有许多学生社会服务的监管机构，如美国服务学习信息中心、美国国家服务学习协会等，可以给予他们专业的指导和评价。另外，还有许多机构，如各种基金会、社区中心、图书馆、博物馆等，也都可以接受和指导学生的实践服务活动。在美国，学生的志愿者活动是纳入法律和社会保障机制的，如报考一所好大学或申请奖学金，不但学习成绩要好，还要经常参加社会活动，做义工。不参加义工活动的美国中学生不但不能毕业，而且难以进入著名高等学府。美国各企业也要求员工成为一名合格的义工。美国的“全国与社区服务法案”明确规定，对于做满 1 400 小时的青年义工，美国政府将每年奖励其 4 725 美元的奖学金。

强调公益实践，是我们茶道理念的独特创新之一，直接体现了中国茶道的人文精神。“惜茶爱人”是茶道的宗旨，而慈善正是“爱人”的直接体现。中国茶道，是人文之道，是真、善、美之道。如何体现？就在于关爱他人、奉献自我的茶者精神和济世情怀。茶道是爱与美的事业，在真诚奉献爱心的时候，人是最美丽的。

公益活动本身就是一种教育。对于大学生而言，参与公益活动可以培养服务他人、回报社会的社会责任感，锻炼社会实践能力，培育高尚的人格追求。因此，我们倡导大学生茶者积极行善助人，做一些力所能及的事情，帮助更多的人，让社会更加美好。

（一）主要类型

公益活动的内容包括社区服务、环境保护、知识传播、公共福利、帮助他人、社会援助、社会治安、紧急援助、青年服务、慈善、社团活动、专业服务、文化艺术活动、国际合作等。

从大学生的角度，上述公益活动可作如下归类。

（1）教育助学。我们提倡大学生通过学校联系或自己联系开展支教活动。这类活动通常是在寒、暑假期间，既可以丰富大学生的假期生活体验，又可以锻炼自身的社会实践能力；同时，还可参加公益基金组织的活动，如“大学生爱心茶室”等，建议组成一个团队或者小组开展。

（2）捐赠书籍、物品等。如果条件允许，自己可以捐赠一些书籍或衣物给弱势群体；也可以组织人员开展募捐活动，如联系 IT 企业将旧电脑捐赠给一些贫困地区的学校使用。

（3）担任义工。志愿者（又称义工）是指在不图物质报酬的情况下，基于道义、信念、良知、同情心和责任，为改进社会而提供服务，贡献个人的时间及精力的人与人群。大学生可以在不影响学业的情况下，参加义工组织，成为服务他人的义工。义工的活动是多方面的，如去敬老院、福利院探问孤寡老人、残疾儿童，陪伴他们聊天、做游戏；去街头收拾垃圾、打扫卫生；参加大型社会活动（如奥运会），成为工作人员（义工）等。

（4）参加环保等公益活动与演出。环境保护，人人有责。大学生应该多参加环境保护活动，还可以参加一些公益演出、图片展，公益主题的 Flash 制作，公益主题摄影比赛等。

（5）社区服务。我们鼓励大学生茶者走向社区，为人们提供服务，比如开展养生知识讲座、普法讲座等。如果可能，应该学习手语，这样可以帮助聋哑人，让所有人都能感受到茶道文化的滋润。

（6）献血活动。在自愿和身体健康的前提下，大学生可以以献血的方式，表达自己对他人的关爱与支持。

（二）活动步骤

（1）要对公益活动有一个明确的认识，并且了解其中可能会遇到的一些问题和挫折，调整好自己的心态。一些有特殊要求的行业，必须进行相关的业务培训。

（2）认真研讨，为活动确定一个方向。制定好公益活动的计划与安保措施，并分工到人，有步骤地实施。

（3）开展准备工作。如获得学校方面的支持，联系相关单位（如公益基金组织），对活动经费进行筹备、预算等。

（4）具体活动实施。在计划的安排下，有条不紊地实施到位，确保分工明确，责任到人。

（5）及时总结。开展公益活动，本身就是一次良好的学习和锻炼机会。大学生每参加一次，都应及时总结相关经验教训，以不断完善和提高。

最后，我们鼓励大学生茶者积极参与爱心事业，奉献自己的力量。服务他人，实现自我，用奉献和爱的力量，让世界不再孤单，让茶温暖他人，让茶道的精神感化他人。

（三）大学生公益实践——大益爱心茶室

大益爱心茶室是大益爱心基金会在总结国内和国际公益实践经验过程中，设立的一个创新型的公益项目。大益爱心茶室是由云南大益爱心基金会捐资建设、由高校负责经营和管理的大学生爱心公益活动平台，是为大学生（特别是大益奖学金受益者）实现投身公益、服务他人、回报社会的愿景，提供德育教育、技能培训的帮扶场所。通过服务学校师生，锻炼大学生的社会实践能力，培养大学生奉献爱心、帮助他人的公益意识。

大益爱心茶室项目从 2010 年开始实施，是云南大益爱心基金会深化公益资助事业的重大举措，项目运作之初即得到校方及广大师生的广泛认同和热烈欢迎。在多方协同努力下，于 2011 年 8 月在昆明顺利完成 12 所大学 (不含省外 1 所) 建设试点工作。在总结前期项目实施经验基础上，基金会将不断完善、改进，适时将该项目推向更多的高校。

茶室定位包含三个内容。

（1）爱心传递平台。

①茶室的收益在扣除运营成本后，全部用于爱心事业。通过茶室运作，整合校内外爱心公益资源，对校内需要资助的学生群体进行帮扶。

②为了使受助学生能用自己获得的帮助感染和帮助别人，基金会与高校签约规定，只有在爱心茶室进行公益实践并作为志愿者协助运营团队参与茶室公益活动满一定时限，才有资格申请“大益奖学金”（由大益爱心基金设立）。

③通过大量有益的互帮互助活动，吸引更多的人加入到爱心互助队伍中来，并薪火相传，将关心他人、奉献爱心的公益意识传承下去。

（2）公益实践平台。

①树立大学生的感恩意识和爱心观念，为大学生组织、开展各类爱心互助活动，如为贫困地区募捐等提供长期、稳定的活动基地。

②通过提高学生组织、参与校内公益活动的能力，培养大学生奉献爱心、帮助他人的公益意识。

（3）学习、成长平台。

运营爱心茶室，需要制定和完善各项管理制度，组建高效、务实的经营团队，广泛利用各种社会资源，这对于大学生来说是难得的锻炼和成长机会。爱心茶室的开设，为大学生提供了一条学经营、学管理和接触社会的良好渠道，通过服务学校师生，提升学生的创业实践能力。

总之，大益爱心茶室是一个值得大学生积极参与和支持的、多方受益的公益平台。

第五节 大益职业茶道师体系

一、职业茶道师的定义

在现代社会，职业化运作是一个企业竞争力的来源。因为职业化的推行，可以使一件普通的事情得以提升，成为一项社会认可度很高的事业。只有职业化，才能吸引更多的人才参与，从而形成一门独特的技术或艺术；也只有职业化，才能形成一套完整的体系、规范和标准。篮球、足球运动能够在全世界得到支持，相关的职业联赛如此风行，其中一个很重要的原因就在于一整套职业化运作的体系和方法，使得这项事业成为可以持续发展的事业。

那么，什么是职业化？职业化是指专业而且全心全意从事某一个行业，在知识、技能、观念、思维、态度、心理上符合该行业的规范和标准。职业化通常都是训练有素、组织得当、管理合理的体现，具体包括：职业化素养、职业化行为规范和职业化技能三个部分。

（1）职业化首先是专业化。日本管理学大师大前研一对“专业”的定义为：“他们不单具备较高的专业知识和技能以及伦理观念，而且无一例外地以顾客为第一位，具有永不厌倦的好奇心和进取心，严格遵守纪律。以上条件全部具备的人才，我才把他们称为专业。”

（2）职业化意味着规范化和标准化。如果没有规范化的运作，整个市场处于无统一标准、无任何规范的状态，必然难以有很大的发展和成就。只有建立了行业标准，提升整个产业的管理水平和经营水平，才能有更多更好的发展和进步。一个行业是否成熟，就在于是否有规范化和标准化的管理体系。

（3）职业化意味着优质化。职业化与非职业化的区别在于，职业化是以职业的精神来从事一个行业，并接受了专门的训练和锻炼。从事者都是全心全意热爱该行业的人。

职业茶道师，就是以茶的生产和销售、茶道和茶文化的弘扬和传播作为职业的人。作为一种职业，职业茶道师必须全心全意投入茶行业，不断学习茶学专业知识，提高职业素养，丰富文化内涵。从种茶、做茶到卖茶、泡茶，从茶艺演示到茶道推广，职业化要求每个环节都应该做到训练有素、有条不紊、组织得当。就茶店管理而言，服务到位、专业扎实、语言得体、态度热情都是不可缺少的茶道师的职业素质。所以优质的服务和管理水平是职业化的目标和结果，这一点对茶行业的整体发展和建设有重要意义。

日本茶道之所以能够在日本盛行数百年，与日本特有的社会生活形态有一定关系，而更重要的一点，与日本出现以弘扬和传播茶道为职业的茶人有很大关系。我们倡导在中国建立职业茶道师体系，应该借鉴日本茶道的一些发展模式和方法。

在日本，茶道是一种通过品茶艺术来接待宾客、增进友谊的特殊礼节，被视为一种修身养性、提高文化素养和进行社交的手段。第二次世界大战后，日本经济高速发展，同时高度重视文化教育，日本茶道也得到了进一步的普及。不仅贵族小姐喜欢茶道，一般家庭主妇也设法请家庭教师或去私塾学习茶道，而且大学里的家政系也开设了茶道课。出嫁前的姑娘都把茶道作为必修课，为的是培养优雅的举止和宽广的胸怀。

千利休创立日本茶道之初，是师徒传承的教学方式；后来改为家元模式。[1]家元模式有力地推动了茶道的发展，并流传至今。日本茶道有各种派别，其中最大的是千利休嫡传的“三千家”，即里千家、表千家、武者小路千家。除了“三千家”外，尚有很多职业流派如“薮内派”，由薮内绍智创立，与千利休同

---

[1] 按照武心波先生在《当代日本社会与文化》中的定义，家元即“家之根本”，是指那些在传统技艺领域里负责传承正统技艺、管理一个流派事务、发放有关该流派技艺许可证的家庭或家族。

出武野绍鸥门下。此外还有“有乐派”“宗和派”“三齐派”“远州派”“久田派”“江户千家派”等，派别众多，纵横交错。正因为如此，才造就了日本茶道的繁荣。

相比之下，中国的茶道未能有所成就，原因是多方面的。除了经济基础、传统观念、文化因素之外，其中之一就在于缺少终身从事茶道的职业化人才。茶道行业没有职业化，所以很多优秀的茶艺师，都把茶道作为一项临时工作，是“青春饭”，而不是一项长期投入甚至终生努力的事业；所以年纪稍大或者有合适机会，就改做其他行业，造成茶行业的人才流失；也有很多茶艺师仅仅停留在茶叶销售的层面，缺少进一步学习和发展的推动力。如果推行职业化，开展一系列的职业化培训、认证、升级和管理，每年举办茶道师职业联赛和表演，激励茶人不断提升自己，则可以使茶艺得以延续和发展，使茶道精神得以弘扬，使职业茶道师成为一份可以终身从事的事业，一份受人尊敬的事业。

大益茶道院（ACCTM，Academy of Certified Chinese Tea Master）正是这样一家职业茶道师认证及研修机构，致力于职业茶道的研修、评级、交流和推广。大益茶道院以弘扬中华茶道、茶文化为已任，尊崇茶圣陆羽为宗师，上承中华数千年茶文化之精髓，下开职业茶道师资格认证之先河，形成了一整套和谐、统一的茶道思想体系。

二、大益职业茶道师的素养

大益职业茶道师的素养，主要体现在以下几个方面。

（一）茶者自尊

自尊即自我尊重，指既不向人卑躬屈膝，也不允许别人歧视、侮辱。苏霍姆林斯基说过：“人类有许多高尚的品格，但有一种高尚的品格是人性的顶峰，这就是个人的自尊心。”自尊是一种良好的心理状态，是一种自信、自强和自立的体现。茶者首先应该要有自尊。如果自己都看不起自己，如何让别人看得起自己？职业茶道师不仅自食其力，而且从事的是益己益人的善事，是有利于社会的事情。其次，我们也要懂得去尊重他人，尊重他人才能赢得他人的尊重，所谓“敬人者，人恒敬之”。只要不气馁、不灰心、不放弃，相信自己、信任他人，尊重自己、敬重他人，就可以通过不懈的努力，找到自己的人生价值，赢得别人的尊敬，感受自尊的快乐。

《荀子·子道》中记载了孔子与三个门生子路、子贡、颜渊的故事。孔子向他们问了同一个问题，即“智者若何，仁者若何”，即问他们什么是“智者”，什么是“仁者”，三个门生也给出了不同的答案，即“仁者自爱”“仁者爱人”和“仁者使人爱己”。孔子对这三个答案都给予了肯定，从而表明儒家关于“仁”的含义，包含“自爱”“爱人”和“使人爱己”的内容。“自爱”“使人爱己”不是自私、狭隘地爱自己，而是对自我人格的认可，是一种自信、自尊、自强。有这种胸怀的人必然旷达自若，能以爱己之心爱人。因此，自爱与爱人，自利与利人可以实现有机的统一，这正是茶者自尊的重要体现。

（二）心善意纯

心善是指纯真温厚，怀利人之心；意纯，是指心意纯净，育赤子之情。法国作家雨果说：“善良的心就是太阳。”卢梭也说过：“善良的行为使人的灵魂变得高尚。”因为心善（趋善、向善、心中有善、以身行善），而从“利己”走向“利人”；因为意纯，而从“小我”到“大我”。这是一种转变，一种提升。茶道的三个层次——习悟茶之美妙，升华品茗内涵，服务社会大众，也正体现了这种转变和提升。“人之初，性本善”，如果人人心善，个个意纯，则社会必然少了许多纷争与纠葛，多了一些谦让与和谐。茶者如果真正做到心善意纯，就可以让自己的心灵摆脱身体、欲望、自我的多重枷锁，超越物质与现实的有限，感受真正的轻松与快乐，到达至真、至善和至美的美好世界。

（三）不妄议人

妄，是随意和轻率的意思。《说文解字》中注：“妄者，乱也。”妄议，是不负责任地轻率地评价他人。这样的做法，我们是不提倡的。不妄议人，就在很大程度上减少了不必要的争议和纠葛，可以把更多的精力放在茶道事业上。当然，不妄议人，不是说我们看到一切不好的现象都不能批评和发表意见，而是强调茶者应该谨言慎语，说的话应该有根有据，而不是无稽之谈或者无的放矢，所谓言简而意深，词约而理尽。言者需做到三个准则，即言之有理、言之有物、言之有据。

（四）不毁茶器

在茶道宗旨“惜茶爱人”中，“惜茶”一词已经包含爱惜茶叶、茶器、茶具的意思。茶叶从种植到采摘，再到加工制作，每个环节都凝聚了许多人的心血；茶器、茶具是茶汤的容器，也是传播茶道、传承文化的重要方式和载体。茶者应该怀有感恩之心，珍惜每一片茶叶，爱护每一件茶器、茶具。

（五）举止轻舒

修习茶道，要求茶者的行为举止轻松舒适，优雅大度。在《论语·述而》中，孔子云：“君子坦荡荡，小人常戚戚。”为人处世当中，心中无私少欲、光明磊落、自然坦荡轻舒；心中怀有私利，恶意中伤，必然戚戚而行。

（六）余时学文

在《论语·学而》中，孔子还提倡：“弟子入则孝，出则悌，谨而信，泛爱众，而亲仁；行有余力，则以学文。”“腹有诗书气自华”，如前所述，我们要善于从喧嚣尘世中抽身退出，建立静谧的读书生活，通过读书改变自己的习气。勤读书，读好书，不任意发牢骚，令自己的思想常处清明之地，同时广修人和，责己宽人，在长期的读书生活中，培养文质彬彬的君子风范。

勤读书的好处很多，最重要的有三点，一曰明理，二曰启智，三曰修身，也就是明晓事理、启迪智慧、陶冶情操。明晓事理，是明白做人的起码道理；启迪智慧，是开启人生的智慧之门，洞察世事，了然于心，为人处世，无不豁达；陶冶情操，是在读书中获得崇高情感的升华与人生境界的提升。刘勰在《文心雕龙》中曾描述读书的美妙境界，“寂然凝虑，思接千载，悄焉动容，视通万里；吟咏之间，吐纳珠玉之声；眉睫之前，卷舒风云之色”，实为人生一大享受。

在此基础上，需要读好书。我们提倡茶者研习中华民族的传统经典，包括儒、释、道方面的典籍，如“四书”“五经”以及《心经》《六祖坛经》《道德经》《庄子》等，当然也希望茶者学习西方的一些典籍如《圣经》等。这些书籍均是有着深厚思想和文化内涵的佳作，久作研习，必有裨益。

三、大益职业茶道师的使命

职业茶道师，是以弘扬和传播中国茶道为己任，且终身从事与茶相关的事业。与茶相关的事业包括四个方面：为人做茶、劝人饮茶、助人乐茶、引人悟茶。

（一）为人做茶

做茶之人，首先应该熟悉各种制茶、做茶的工艺和流程，确保茶的品牌与质量。做茶应该有一种科学精神，按照既定的科学流程和规则，严格履行每道工艺要求，这样才能作出精美的产品。茶者应该自觉培养精益求精和始终如一的敬业精神。

其次，茶人也需要进行技术上的大胆创新。就普洱茶来说，“渥堆”技术的发明无疑是一个重大进步。历史上，普洱茶的后期发酵（或称后熟作用、陈化作用）是在长期储运过程中，逐步完成其多酚类化合物的酶性和非酶性氧化，从而形成普洱茶特有的色、香、味的品质风格。但是这种发酵方式有其局限性，不能适应现代社会的发展需要，所以到了20世纪70年代，出现了渥堆技术。渥堆的原理是通过湿热作用，促进多酚类化合物非酶性自动氧化，转化茶叶内含物质，减除苦涩味，使滋味变醇，消除青臭气，发出特殊香气，这一技术对于普洱茶的批量生产有着重要影响。如果没有工艺上的创新，就没有现在的成果。

（二）劝人饮茶

茶有五益，饮、养、品、艺、道，所以劝人饮茶是一件有价值、有意义的事情，也是一种善举。现代社会，虽然人们对茶的认识有了很大的改观，但仍存在不少误区和不足之处。比如茶的益处有哪些？茶的功效是什么？茶文化对于现代社会的价值何在？很多人了解得并不是很多，这就需要茶人通过各种方式建立渠道，以讲座、宣传、网站乃至微博等方式，让人们切身感受茶的益处，这就是劝人饮茶，这就是分享的精神。

（三）助人乐茶

品茶是让人身心愉悦的事情。在现代社会紧张的工作节奏中，让人获得心灵的放松显得特别重要。职业茶道师要做的，是让人们从繁重的世俗生活中暂时脱离出来，用心灵去品味那一杯清清淡淡而又意蕴无穷的茶。我们提倡快乐品茗，乐不仅是乐茶的本身，而且是让人喜欢这种生活方式，感受茶的独特魅力。

（四）引人悟茶

引，是引导的意思，引导人们领悟茶道。从回甘体验，到茶事审美，再到生命体悟，这是一个逐步前进的过程。职业茶道师的任务就是用茶水的清香引导人们由茶事之美去体悟生命的真谛。茶道的基本方法即基础茶式，包括“洗尘”“坦呈”“苏醒”“法度”“养成”“身受”“分享”“放下”八式，坚持研修必有引人悟茶的功效。此外，各种茶会组织与公益实践，也能丰富茶人的生活，提升茶人的精神境界。茶是一个媒介、一种途径、一种方式，可以让人静心澄虑，排除杂念，从而体悟天人合一的自然境界。

四、大益职业茶道师的资格认证和管理体系

茶道作为一项事业，需要在社会上确立一套自己的规则和规范、一套完整的运行体系。琴、棋、书、画的兴起，固然是社会文明与进步的体现，与国家对文化事业的重视也分不开，但更重要的因素是各种职业大赛和评级体系的建立。基本的运行模式是主办机构制定一套规则、一套标准、一套体系，这套规范体系是所有参与者必须遵循的，只有通过努力学习和研修，才能不断升级，进入规范体系中的高层次。因此，这套规范体系就像一个筛子，层层筛选人才；又像一个水泵，不断激励、推动和提升参赛者的水平和能力。围棋是中国的国术，也曾因种种因素一度衰落，成为日本人的天下，而中国围棋职业化以后成果显著，围甲联赛已成为中国围棋界最重要的基础性赛事，职业棋手的实力、水平、收入和社会地位也因此大大提升。

所以，在职业茶道师的发展前景上，围棋的成功模式值得借鉴。首先，作为一门艺术，茶与棋虽非孪生，却是一家，琴、棋、书、画、诗、曲、茶七艺相通；其次，茶道与围棋在近代的经历极为相似，都曾有过辉煌的历程，也皆因国运不佳而人才凋零、门庭冷落；再次，茶道与围棋在比赛规则方面可以相互借鉴和支持，制定一套比赛规则是完全可能的。所以茶道要振兴，茶人的地位要提高，茶道事业要得到社会的认可，就应借鉴围棋振兴的道路，让饮茶也成为一种真

正意义上的国饮（对应围棋之“国术”）。当前茶人最需要做的事情，就是建立自己的运行体系。

（一）建立职业茶道师资格认证体系

职业茶道师资格认证，是指由专门的茶道培训机构对符合茶道师职业标准的人授予资格证书，形成茶道行业的职业化标准，以此提升茶道行业的整体水平和社会影响力。

茶道培训主要涉及基础知识、审美能力、智慧领悟三个方面。基础知识主要涉及茶、茶道和茶文化等方面的专业知识，包括基本的茶科学常识和茶文化概念等；审美能力主要涉及茶道美学方面的知识和技能，包括琴、棋、书、画等各种艺术能力等；智慧领悟则是从圣贤名家之经典学习入手，逐步领会传统文化的精要之处。这种茶道培训对于茶行业从业人员素质的提高是有积极意义的。

（二）建立茶道师阶位管理秩序

茶道师阶位管理秩序是以晋级的方式建立一套层级管理模式，从而激励茶道师不断研习、进步。按照茶道师的功绩、修为、贡献分为七级，从初阶、二阶到三阶、四阶，再到高师、上师，晋升到最高级别就是茶道大师。茶道大师不仅是泡茶、品茶的高手，也是爱茶、敬茶的茶痴，因具备一种良善的德行和高尚的人格而终成一代大师，这种德行与人格可以概括为“胸宽如海，识见精深”。

阶位管理的作用，一方面可以形成激励进步的机制，激励茶道师不断研修、不断学习、不断向更高层次前进；另一方面，高阶位的茶道师可以辅导低阶位的茶道师，相互学习，同修自悟，从而为茶人提供终身研习和传播茶道文化与精神的平台。

逐步建立和推广职业茶道师资格认证体系和阶位管理秩序，在很多方面都是一种完全意义上的创新，但也面临不少困难和挑战。这项工作虽由大益茶道院发起，但能否完成有赖于茶者及社会各界的共同努力与支持。这项工作一旦实现，对于中国的茶人、茶行业与茶道事业的影响无疑是直接和深远的。

拓展阅读

一、径山茶宴※

径山万寿禅寺位于浙江省杭州市余杭区径山镇，始建于中唐，兴盛于宋、元，是佛教禅宗临济宗著名寺院；南宋时为皇家功德院，雄居江南禅院“五山十刹”之首，号称“东南第一禅院”。

在宋代，不少皇帝修建禅寺。遇朝廷钦赐袈裟、锡杖的庆典或祈祷会时，往往会举行盛大的茶宴以款待宾客，参加者均为寺院高僧和社会名流。浙江余杭径山寺的“径山茶宴”，以其兼具山林野趣和禅林高韵而闻名于世。举办茶宴时，众佛门弟子围坐“茶堂”，按茶宴之顺序和佛门教仪，依次点茶、献茶、闻香、观色、尝味、叙谊。先由住持亲自冲点香茗“佛茶”，以示敬意，称为“点茶”；然后由寺僧们依次将香茗奉献给来宾，名为“献茶”；赴宴者接过茶后，先打开茶碗盖闻香，再举碗观赏茶汤色泽，然后才启口，在“啧啧”的赞叹声中品味。茶过三巡后，即开始品评茶香、茶色，并盛赞主人道德品行，最后才是论佛诵经，谈事叙谊。

径山寺禅茶文化可追溯至唐代。僧人举行茶宴，礼佛参禅，并制定了独特礼仪。作为中国禅门清规和茶会礼仪结合的典范，径山茶宴包括了张茶榜、击茶鼓、恭请入堂、上香礼佛、煎汤点茶、行盏分茶、说偈吃茶、谢茶退堂等十多道程序；宾主或师徒之间用“参话头”的形式问答、交谈，机锋偈语，慧光灵现，是我国禅茶文化的经典样式。

到了宋朝，其影响覆盖江南，被誉为“东南第一禅林”，并成为中、日禅茶交流的中心。“茶圣”陆羽也曾隐居于径山脚下，写作著名的《茶经》。南宋开庆元年(1259年)，日本高僧南浦昭明来径山寺求佛法；前后5年，学成回国，将径山寺茶宴仪式带回到日本，并在此基础上，开创和形成了“以

※“径山茶馆”，载 http://baike.baidu.com/view/3674819.htm。

茶论道”的日本茶道，流传至今。

二、嗜茶帝王

“至若茶之为物，擅瓯闽之秀气，钟山川之灵禀，祛襟涤滞，致清导和，则非庸人孺子可得而知矣，中澹闲洁，韵高致静。则非遑遽之时可得而好尚矣。”有宋一代，国人以茶宴客；推崇茶道，誉其为“盛世之清尚”。以北苑为先导的宋代贡茶——龙团凤饼，采择之精、制作之工、品第之胜、烹点之妙，在中国茶史上登峰造极。宋徽宗赵佶酷爱饮茶，精于茶事，曾于大观年间著有一部《茶论》，对北宋时期蒸青团茶的产地、采制、烹试、品质、斗茶风尚等有详细记述，并在文中炫耀“茶之品无有贵于龙凤”，后人称之为《大观茶论》。以皇帝身份撰写茶叶专著，在中国历史上仅有赵佶一人。

清代乾隆皇帝同样一生嗜茶；在世88年，为中国历代皇帝中之寿魁，其长寿也与饮茶不无关系。在茶事中，乾隆以帝王之尊，穷奢极欲，倍求精工；首倡在重华宫举行的茶宴，豪华隆重，极为讲究，并规定凡举行宴会，必须茶在酒前，对于国人而言意义极重。民间也流传着许多乾隆与茶的故事，涉及饮茶、取水、茶名、茶诗等诸多方面。相传，乾隆六次南巡，曾四度来到西湖茶区。在龙井狮子峰胡公庙前饮龙井茶时，赞赏茶叶香清、味醇，遂封庙前十八棵茶树为“御茶”，年年岁岁采制进贡宫中，“御茶”至今遗址尚存。乾隆在85岁让位于嘉庆时，一老臣惋叹：“国不可一日无君”，乾隆笑道：“君不可一日无茶”。

【复习题】

一、名词解释

1. 洗尘　2. 坦呈　3. 苏醒　4. 法度　5. 养成　6. 身受　7. 分享　8. 放下
9. 斗茶　10. 茶会　11. 品茗茶会　12. 公益

二、简答题

1. 基础茶式包括哪八式?
2. 你如何认识基础茶式中的“放下”?
3. 茶道的行茶之礼主要包括哪些内容?
4. 现代茶会的主要形式有哪些?
5. 中国慈善文化的渊源如何?
6. 大学生力所能及的公益活动有哪些?

三、论述题

基础茶式包括哪些内容?请试述其中每式所包含的内在含义。

四、讨论题

组织一次品茗会，在品茗的同时，交流一下大家练习基础茶式的心得与体会。

8 Chapter

第八章 茶道艺术

第一节
茶与诗词

中国数千年的历史文化中所留传下来的大量优秀茶诗，是中国诗歌体系中不可或缺的内容，也是中国茶文化的重要组成部分。这些茶诗既体现了诗歌的艺术和审美，又反映了茶道的精神和内涵；既提升了茶的品味，又丰富了诗歌的内容，具有独特的文化价值。因此，欣赏茶诗，是发扬光大茶文化和诗歌艺术、陶冶情操、修身养性的重要方式。

茶诗就是关于茶的诗歌，是指以茶事、茶理、茶情、茶道等茶文化为主要内容的古典诗歌。茶诗，既要符合诗歌艺术的审美规律，又要体现茶的独特性格。广义上，它还包括所谓的茶词、茶联等。对联是被陈寅恪称为“最具中国文学特色”的一种体裁，茶联即以茶为主题的对联。品茶吟联，赏联啜茗，茶韵联趣妙趣横生，是一种独特的精神和文化享受。

茶诗是茶的诗化和诗的茶化，具有语言优美、意境高远、体裁多样、题材广泛、内容丰富等特点，极具文化价值、交流价值与欣赏价值，它可与国画、音乐等艺术形式结合，也与茶席设计的元素密切相关，是茶席设计的重要题材之一。

一、诗茶之缘

（一）茶诗融合，相得益彰

茶品性高洁，清雅纯真，自然成为诗人心中的理想人格。茶生于灵山妙峰，承甘露之芳泽，蕴天地之精气，具有清新、自然、朴素、纯真的品质，这些品质与文人脱逸、超然的情趣相符合，淡泊、清灵的心态相一致，故文人雅士多钟情于茶。因茶而诗，茶之灵性、茶之魅力、茶之精髓在诗歌中得到最充分的抒发和释放。

（1）新。古人喝的多是绿茶，以新为贵，包括制作新、品种新、工艺新、创意新等。白居易《萧员外寄新蜀茶》云“蜀茶寄到但惊新”；刘禹锡《为武中丞谢新茶表》与《再谢新茶表》称茶“以新为贵”；苏轼《望江南》里云“休对故人思故国，且将新火试新茶，诗酒趁年华”。其《东坡志林》也称“茶欲新”。

（2）清。清是中国古代美学中一个重要范畴，是茶的精神象征之一。“人间有味是清欢”，唐宋文人在咏茶时，都重视其“清”的特点。颜真卿等《五言月下啜茶联句》云“泛花邀坐客，代饮引清言”；皎然《饮茶歌请崔石使君》云“此物清高世莫知”；卢仝《走笔谢孟谏议寄新茶》云“五碗肌骨清”；陆游《夜饮即事》云“愿携茶具作清欢”，“更作茶瓯清绝梦”。

（3）灵。茶在新、清之外，还有一个禀赋是灵。茶乃天地间的灵性植物，生于明山秀水之间，与青山为伴，以明月、清风、云雾为侣，得天地之精华而造福于人。韦应物《喜园中茶生》称“此物信灵味”；《东溪试茶录》亦曰“庶知茶于草木为灵最矣”；齐己《咏茶十二韵》赞扬茶是“百草让为灵，功先百草成”；郑遨《茶诗》则云“嫩芽香且灵，吾谓草中英”。

（4）雅。在茶诗中出现的诸如“春茗”“绿茗”“新茸”“瑞草魁”“芳茗”“玉蕊”“灵茶”“灵芽”“雪水茶”“金芽”“白蕊”“香芽”“甘露”“涤烦子”“堕月毫”“苍玉”“凤爪”“龙凤团”“鹰爪”“雀舌”“兔毫霜”“乳花”“灵草”等，是最常见的茶的指称，这是对茶的诗意表达。“玉碗”“碧衫”“松雪”“空花”“晴窗”等用语明丽新鲜，使茶叶清新嫩绿的形态表露无遗，衬托出诗人闲适雅静的生活，而这些意象也恰如其分地歌咏了茶的雅韵和神韵。

（二）茶益诗思，诗播茶香

“酒壮英雄胆，茶引文人思”。《茶经》云，饮茶能“荡昏寐”，使大脑清醒、兴奋，这有助于诗思的蓬勃和灵感的生发。耶律楚材《西域从王君玉乞茶因其韵七首》称茶能令“笔阵陈兵诗思勇”；周履清《茶德颂》称茶能使“诗肠濯涤，妙思猛起”。

茶与诗的结缘，一个深层的缘由是“诗清都为饮茶多”。徐玑此句，道出了古今多少诗人的共同感受。宋代王十朋说：“搜我枯肠欠诗卷，饮君清德赖诗情。”因为茶能促诗情。白居易说：“起尝一瓯茗，行读一卷书。”薛能《留题》云：“茶兴复诗心，一瓯还一吟。”一瓯一吟，已成为文人士大夫高雅情趣的写照。元代贤相耶律楚材是一位饱学之士，他在《西域从王君玉乞茶因其韵》中写道：“积年不啜建溪茶，心窍黄尘塞五车。碧玉瓯中思雪浪，黄金碾畔忆雷芽”。意指长期不饮茶，就感到心窍阻塞，文思久困，格外渴求佳茗。饮茶后，可以“两腋清风生坐榻，幽欢远胜泛流霞”。更有当代文人唐弢，醉情于西湖山水和龙井茶香，喟然叹曰：“如此湖山归得去，诗人不作作茶农”。茶，竟然令诗人们倾倒如此。[1]

（三）诗茶同境，意蕴悠远

诗和茶可谓中华传统文化流光溢彩的两大瑰宝。茶与诗同土而栽，同根而生。诗中有境，茶中也有境。诗境与茶境，都不离人之心境与意境，从而构成“诗茶同境”。其实，诗和茶的韵味、意境是可以相互生发的。茶有韵味，诗也有意境。茶诗中的道，在于空灵淡雅，在于守真益和。所以，茶诗代表了人生的一种体验、一种境界。古人的“茶境”，与诗歌的意境基本相通。品茶的环境大多讲求山林野趣、回归自然。逍遥林下，品茗赏艺，足以让人心旷神怡。现代人如能在云雾山中品茗，可谓境美心醉，不亦乐乎。

二、茶诗的特点

（一）年代久远

茶诗分为五个阶段：一是先秦、汉魏茶诗。茶诗最迟在西晋已出现，至南北朝时，已有四篇涉及茶的诗歌，如左思的《娇女诗》、张载的《登成都白菟楼》等；二是盛唐时期的茶诗，当时饮茶风气盛行，出现了大量的咏；茶诗歌；三是宋朝茶诗，有不少诗人和词人留下了脍炙人口的名篇；四是元明清时

---

[1] “诗清都为饮茶多”，载 http://life.hdzc.net/info/4/19/info_7208.html。

期的茶诗；五是现当代茶诗，特别是新中国成立以后，出现了一批茶诗诗人。

（二）数量众多

历代著名诗人、文学家大多写过茶诗词，比如李白、杜甫、白居易、元稹、柳宗元、欧阳修、苏东坡等。就流传下来的茶诗词计算，唐代约有500首，宋代约有1 000首，金、元、明、清和近代也有500首，总共有2 000首以上。其中，陆游的茶诗情结是历代诗人中最突出的一位。其一生涉及茶事的诗作多达300余首，茶诗之多为历代诗人之冠。

（三）体裁多样

体裁有古诗、律诗、试帖诗、绝句、宫词、联句、竹枝词、偈颂、俳句、新体诗歌以及宝塔诗、回文诗、顶真诗等趣味诗。

（四） 题材广泛

题材涉及名茶、茶人、煎茶、饮茶、名泉、茶具、采茶、造茶、茶园、祭祀、庆贺、哀悼等，尤多以赞扬茶的破睡、疗疾、饮用、解渴、清脑、涤烦、消食、醒酒、联谊、衣食之功等居多。

（五）寓意深刻

茶诗词中的一些名句逐渐形成特有的典故或成语，颇具思想性，给人以启迪。

三、茶诗的艺术之美

（一）感受质朴纯洁、真挚动人的情感之美

诗歌是真实情感的自然流露，茶诗作为诗歌的特殊形式也是如此。茶是朴素、纯洁、真诚、友好的代表。茶与诗的结合，使得茶的这种特性渗透到诗歌艺术中，从而使茶诗中的情感质朴纯洁、真挚动人。茶诗中的情感可以归纳为两个方面：惜茶之情与爱人之情。

表现对茶的热爱这一主题的诗歌很多，如皎然所写：“九日山僧院，东篱菊也黄。俗人多泛酒，谁解助茶香。”用甘美香醇的菊花茶代替菊花酒，诗人对茶的颂扬与热爱溢于言表。当代诗人吴坤雄先生《那山，那茶，那歌》写有“举

杯邀月月亦醉，广袖轻舒香九洲”，“一日三饮心已醉，直把茶乡当故乡”，仿佛那浓得无法化解的茶一下子流入血管，弥漫到每一个细胞中，与生命相融。

表现对人的关爱的茶诗也有不少。左思《娇女诗》云：“止为茶荈剧，吹嘘对鼎铄。”从一个父亲的角度写出了对两个调皮可爱的女孩的深切关爱。杜耒《寒夜》云：“寒夜客来茶当酒，竹炉汤沸火初红。”寒夜之中，以茶代酒，更显真情厚谊。白居易《山泉煎茶有怀》云：“坐酌泠泠水，看煎瑟瑟尘。无由持一碗，寄予爱茶人。”正所谓天下茶人是一家，诗人煎茶之余，看到一碗好茶，忍不住想邀请好友一起分享。

（二）领略淡雅脱俗、自然平和的意境之美

茶诗追求返璞归真、健康自然，注重饮茶时的精神享受。杜甫《重过何氏五首》其一云：“落日平台上，春风啜茗时。石阑斜点笔，枫叶坐题诗。”一片兴会胸臆语、闲适愉悦的心境，侧重的是品茗情境的自然之趣和对俭朴生活的欣赏与满足，诗境高远，淡淡的茶香包蕴了大自然的情趣。

茶是远离尘世、不染风尘的高士的象征。唐代皇甫曾《送陆鸿渐山人采茶回》云：“千峰待逋客，香茗复丛生。采摘知深处，烟霞羡独行。”正是一代风流逸士陆羽的写照。

茶禅一味，悠然品茶也可以具有禅的意境，如灵一《与元居士青山潭饮茶》云：“野泉烟火白云间，坐饮香茶爱此山。岩下维舟不忍去，青溪流水暮潺潺。”茶道中人高风绝俗，不能沾染半点富贵俗气，如刘禹锡《西山兰若试茶歌》云：“何况蒙山顾渚春，白泥赤印走风尘。欲知花乳清泠味，须是眠云跂石人。”茶诗中还洋溢着一种对自由人生的追求，如吴坤雄《那山，那茶，那歌》云：“年近古稀少尘思，石泉烹茗听野曲。竹笠水壶采风袋，千里茶山万首诗。”

（三）体会绚丽多姿、清新雅致的语言之美

文人品茗是追求精致的生活方式，往往对轻、巧、细、繁进行锤炼加工，品饮过程日益精细。茶诗的语言也很讲究绚丽多姿、清新雅致之美，将茶之美描绘得惟妙惟肖，文采斐然。

陶醉于文雅隽永的煎饮过程：

汤添勺水煎鱼眼，末下刀圭搅曲尘。

——白居易《谢李六郎中寄新蜀茶》

坐酌泠泠水，看煎瑟瑟尘。

——白居易《山泉煎茶有怀》

歌咏飘逸深远的茶烟：

茶烟轻飏落花风。

——杜牧《题禅院》

瑟瑟香尘瑟瑟泉，惊风聚雨起炉烟。

——崔道融《谢朱常侍寄贶蜀茶剡纸二首》

爱赏精美雅致的茶瓯，品饮茶之清新香色：

蜀茶寄到但惊新，渭水煎来始觉珍。满瓯似乳堪把玩，况是春深酒渴人。

——白居易《萧员外寄蜀新茶》

斯须炒成满室香，便酌沏下金沙水。骤雨松声入鼎来，白云满盏花徘徊……木兰坠露香微似，瑶草临波色不如。

——刘禹锡《西山兰若试茶歌》

（四）欣赏别出心裁、风格独特的形式之美

除了传统的古诗、律诗、绝句外，还有许多新的诗歌形式，如宝塔诗、回文诗、联句诗、竹枝词、俳句等。宝塔诗，如元稹的《一字至七字诗·茶》，堪称经典之作。

一字至七字诗《茶》：

茶

香叶，嫩芽。

慕诗客，爱僧家。

碾雕白玉，罗织红纱。

铫煎黄蕊色，碗转曲尘花。

夜后邀陪明月，晨前命对朝霞。

洗尽古今人不倦，将至醉后岂堪夸。

这是一首宝塔形送别诗，因为白居易升任赴东都洛阳，元稹与王起诸公设宴送别。宴席上诸公各以“一字至七字”作一首咏物诗，标题限用一个字。白居易当场以一首《竹》诗作答，元稹则写下了这首《茶》诗。

全诗开篇点题，接着写茶的基本特性，即味香和形美。气味芬芳，形态楚楚。第三句倒装，说茶深受“诗客”和“僧家”的爱慕，茶与诗总是相得益彰。第四句、第五句写烹茶的过程，唐代饮的是饼茶，要先用白玉雕成的碾把茶叶碾碎，再用红纱制成的茶箩把茶筛分。烹茶时茶叶要在铫（煮开水熬东西用的器具）中被煎煮成“黄蕊色”，尔后盛在碗中饽沫浮泛。第六句谈到饮茶时机，不论早晚，时时可饮。结尾指出茶的功效，不论古人或今人，饮茶都会感到精神饱满，特别是酒后喝茶有助醒酒。总之，这首宝塔茶诗表意十分完美：从茶的本性说到了人们对茶的喜爱，从茶的煎煮说到了人们的饮茶习俗，还就茶的功用说到了茶能提神醒酒。全诗构思巧妙，自成逻辑，是茶诗中难得的精品。

特殊形式的茶诗中，最有奇趣的要数回文诗。“通体回文”指一首诗从末尾一字倒读至开头一字，另成一首诗。这种回文诗的创作难度很高，但若运用得当，其艺术魅力是一般诗体所无法比拟的。

苏轼的回文诗有《记梦二首》。诗前有短序：“十二月二十五日，大雪始晴，梦人以雪水烹小茶团，使美人歌以饮。余梦中写作回文诗，觉而记其一句云：‘乱点余花吐碧衫。’意用飞燕吐花事也。乃续之为二绝句。”

其一：

酡颜玉碗捧纤纤，乱点余花吐碧衫。

歌咽水云凝静院，梦惊松雪落空岩。

其二：

空花落尽酒倾缸，日上山融雪涨江。

红焙浅瓯新火活，龙团小碾斗晴窗。

这是两首通体回文诗。倒读，形成下面两首，极为别致。

其一：

岩空落雪松惊梦，院静凝云水咽歌。

衫碧吐花余点乱，纤纤捧碗玉颜酡。

其二：

窗晴斗碾小团龙，活火新瓯浅焙红。

江涨雪融山上日，缸倾酒尽落花空。

联句也是旧时一种特殊的作诗方式，由两人或多人共作一首，相联成篇，多用于上层饮宴或朋友间的酬答。最少由两人共作，多则不限。茶诗联句更多是在茶宴或茶会上的即兴之作。如唐代颜真卿在浙江湖州刺史任上时，曾邀请友人月夜啜茶，与陆士修等人即兴作《五言月夜啜茶联句》。诗的首联“泛花邀坐客，代饮引清言”已成为流传千古的名句，它道明茶饮能助人清谈，使人畅所欲言，增加交流，促进了解，加深友谊。几个志趣相投的友人聚在一起品茗谈心，清新脱俗，淡雅逸趣，这是何等享受！

（五）体悟修身养性、启迪人生的哲理之美

茶诗之中有不少经典词语，对于修身养性、启迪人生具有积极意义。茶秉性洁净轻灵，“钟山川之灵禀”，汲天地之精气，取日月之精华。韦应物在《喜园中生茶》中云：“洁性不可污，为饮涤尘烦；此物信灵味，本自出山原。”称赞茶即使在纷乱喧嚣的世俗世界中，仍能保持其纯洁不污的品性。诗人与茶相

伴，自然沾染了茶的这种超然清幽的灵气。其实是借茶喻人，表现诗人的理想人格。

陆羽的《六羡歌》中，“不羡黄金罍，不羡白玉杯，不羡朝入省，不羡暮登台。千羡万羡西江水，曾向竟陵城下来”，便是自己人生感悟的结晶。诗人志向高远、不羡权贵的思想，也值得细细品味与学习。

四、名篇解读

卢仝，唐代诗人，自号玉川子，祖籍范阳（今河北涿县）。年轻时隐居少室山，刻苦读书，博览经史，工诗精文，不愿仕进。“甘露之变”时，因留宿宰相王涯家，与王涯同时遇害，死时仅40岁左右。卢仝爱茶成癖，这首诗是他品尝友人谏议大夫孟简所赠新茶之后的即兴作品，直抒胸臆，一气呵成。

日高丈五睡正浓，军将打门惊周公。
口云谏议送书信，白绢斜封三道印。
开缄宛见谏议面，手阅月团三百片。
闻道新年入山里，蛰虫惊动春风起。
天子须尝阳羡茶，百草不敢先开花。
仁风暗结珠琲瓃，先春抽出黄金芽。
摘鲜焙芳旋封裹，至精至好且不奢。
至尊之馀合王公，何事便到山人家。

柴门反关无俗客，纱帽笼头自煎吃。
碧云引风吹不断，白花浮光凝碗面。
一碗喉吻润，二碗破孤闷。
三碗搜枯肠，唯有文字五千卷。
四碗发轻汗，平生不平事，尽向毛孔散。
五碗肌骨清，六碗通仙灵。
七碗吃不得也，唯觉两腋习习清风生。

蓬莱山，在何处？玉川子，乘此清风欲归去。

山中群仙司下土，地位清高隔风雨。

安得知百万亿苍生命，堕在颠崖受辛苦。

便为谏议问苍生，到头还得苏息否？

第一段的头三句写送茶军将的叩门声，惊醒了诗人日高三丈时的浓睡。军将是受孟谏议派遣来送信和新茶的，他带来了一包用白绢密封并加了三道泥印的新茶。诗人读过信，亲手打开包封，并且点视了三百片圆圆的茶饼。密封、加印可见孟谏议之重视与诚挚；开缄、手阅可见作者之珍惜与喜爱。字里行间流溢出两人的真挚友谊。

第二段写茶的采摘与焙制，以烘托所赠之茶为珍品。头两句说采茶人的辛苦。第三句、第四句写天子要尝新茶，百花因之不敢先茶树而开花。接着说帝王的“仁德”之风，使茶树先萌珠芽，抢在春天之前就抽出了金色的嫩蕊。以上四句，着重渲染新茶的“珍”；以下四句说像这样精工焙制、严密封裹的珍品，本应是天子王公们享受的，现在竟到这山野人家来了。

第三段写茶的品赏。描述诗人关闭柴门，独自煎茶品尝，茶汤明亮清澈，精华浮于碗面。碧云般的热气袅袅而上，吹也吹不散。诗人刚饮一碗，便觉喉舌生润，干渴顿解；两碗下肚，胸中孤寂消失；三碗之后，精神倍增，满腹文字油然而生；四碗饮后，身上汗水漫漫冒出，平生不快乐的事情，随着毛孔散发出去了；喝了第五碗，浑身都感到轻松、舒服；第六碗喝下去，仿佛进入了仙境，人的肉体与心灵通过饮茶得到彻底净化，达到能够与仙人相通的境地。第七碗不能再喝了，这时只觉两腋生出习习清风，飘飘然飞上了青天。七碗相连，如珠走板，气韵流畅，愈进愈美。

第四段写诗人的感慨。蓬莱山是海上仙山，卢仝自拟为暂被谪落人间的仙人，现在想借七碗茶所引起的想象中的清风返回蓬莱。因为那些高高在上的群仙哪知下界亿万苍生的死活，所以想回蓬莱山，替孟谏议这位朝廷的谏官去问问下界苍生的事，问问他们究竟何时才能够得到休息的机会！岂知这至精至好的茶叶是多少茶农冒着生命危险攀悬在山崖峭壁之上采摘的，这种日子何时才能到头啊！卒章显志，在一番看似“茶通仙灵”的谐语背后，隐寓着诗人极其郑重的责问和对茶农疾苦的关注。茶农忍着早春的饥寒，男废耕，女废织，攀高山，临深崖，采摘新芽，殊为不易。

这首诗挥洒自如，从构思、语言、描绘到夸饰都恰到好处，卢仝特有的风格获得完美的表现。优美的诗句，高雅的立意，也深受历代文人的喜爱。卢仝的《七碗茶歌》对于饮茶风气的普及、茶文化的传播起到推波助澜的作用，自宋以来，几乎成了人们吟唱茶的典故。嗜茶、擅烹茶的诗人墨客，常喜与卢仝相比，如明人胡文焕的诗句：“我今安知非卢仝，只恐卢仝未相及。”品茶、赏泉、兴味酣然时，常以“七碗”“两腋清风”代称，如宋人杨万里诗句：“不待清风生两腋，清风先向舌端生。”苏轼诗句：“何须魏帝一丸药，且尽卢仝七碗茶。”苏轼另有《试院煎茶》诗句：“不用撑肠拄腹文字五千卷，但愿一瓯常及睡足日高时。”都是化用《七碗茶歌》的诗句而成。卢仝的这首《七碗茶歌》是如何受到世人的仰慕与推崇，由此可知。[1]

---

[1] “卢仝《走笔谢孟谏议寄新茶》诗歌鉴赏”，载 http://www.zxxk.com/Article/0512/9878.shtml。

第二节
茶与小说

小说是文学的一大类别，它是通过塑造人物、叙述故事、描写环境来反映生活、表达思想的一种文学体裁，以人物塑造为中心，通过完整的故事情节和具体环境的描写，广泛地多方面地反映社会生活。古今中外，作为社会生活必需品的茶，自然是小说情节中被描述的重要对象之一。

在国外的小说和戏剧中，有不少对茶的动人描写，如英国作家狄更斯的《匹克威克外传》、女作家辛克蕾的《灵魂的治疗》中，对茶都有细致的刻画。俄国小说家果戈理、托尔斯泰、屠格涅夫作品中以饮茶作为转折处的情节也十分常见。

在中国，小说与茶更是结下深厚缘分。唐代以前，小说中的茶事往往在神话志怪传奇故事里出现。东晋干宝《搜神记》中的神异故事“夏侯恺死后饮茶”、隋代以前的《神异记》中的神话故事“虞洪获大茗”、传说为东晋陶潜著的《续搜神记》中的神异故事“秦精采茗遇毛人”、南朝宋刘敬叔著的《异苑》中的鬼异故事“陈务妻好饮茶茗”，还有《广陵耆老传》中的神话故事“老姥卖茶”等，都是与茶事有关的故事。明清时代，记述茶事的多为话本小说和章回小说。在古典小说名著《三国演义》《水浒传》《金瓶梅》《西游记》《红楼梦》《聊斋志异》《三言二拍》《老残游记》等中，无一例外地都有茶事的描写。

在兰陵笑笑生的《金瓶梅》中，作者借李桂姐的一曲“朝天子”，发表了一篇“崇茶”的自白书，词曰：“这细茶的嫩芽，生长在春风下，不揪不采叶儿楂。但煮着颜色大，绝妙清奇，难描难绘。口儿里常时呷他，醉了时想他，醒了时爱他，原来一篓儿千金价。”由于作者爱茶、崇茶，因此在他的小说中就极力提倡戒酒饮茶，如《四贪词·酒》中写道：“酒损精神破丧家，语言无状闹喧哗……切须戒，饮流霞……”并进而提出“今后逢宾只待茶”，要大家“闲是闲非休要管，渴饮清泉闷煮茶”。

清代的蒲松龄大热天在村口铺上一张芦席，放上茶壶和茶碗，以茶会友，以茶换故事，终于写成《聊斋志异》。书中众多的故事情节里，多次提及茶事，其中以书痴在婚礼上“用茶代酒”一节给人的印象尤为深刻。在刘鹗的《老残游记》中，有专门写茶事的“申子平桃花山品茶”一节，其中写到申子平呷了一口茶，觉得此茶清爽异常，使人津液汩汩，又香又甜，有说不出的好受，于是问仲玙姑娘：“此茶为何这等好受？”仲玙姑娘告诉他：“这茶是本山上的野茶，水是汲的东山顶上的泉，又是用松花作柴，沙瓶煎的。三合其美，所以好了。”她一语中的，说出要品一杯好茶，必须茶、水、火“三合其美”，缺一不可。在施耐庵的《水浒传》中，则写了王婆开茶坊和喝大碗茶的情景。

中国古典小说中，描写茶事最细腻、最生动、篇幅最为广博的莫过于《红楼梦》了。其描写的钟鸣鼎食、诗礼簪缨之家的茶文化，细致精微，蕴意深远，为中国小说史上所罕见。作者曹雪芹开卷就说道：“一局输赢料不真，香销茶尽尚逡巡。”用“香销茶尽”为荣、宁二府的衰亡埋下了伏笔。全书120回，其中谈及茶事的有近300处，充分表明我国茶文化已日臻成熟，茶已融入社会的各个方面，成为人们生活中不可分割的一部分（见图8-1）。

首先，茶是人们日常生活的组成部分。按照荣国府家规，饭后要喝茶。喝茶时，先上漱口的茶，再捧吃的茶。此外，夜半三更口渴也要喝茶；来了客人，不管喝与不喝，都得奉茶，这被视为一种待客之礼。说明茶既是荣、宁二府的生活必需品，又是不可或缺的待客之物。如黛玉初到荣国府，第一次刚用完饭，就有“各个丫鬟用小茶盘捧上茶来”；老祖宗贾母快要“寿终归天”时，邢夫人端来人参汤，贾母将其推开说：“不要那个，倒一盅茶来我喝。”整个故事情节的展开过程中，不时地谈到茶。

不同的茶俗、饮茶方式体现不同家族的风格和品味。如第26回贾芸看望

图 8-1 《红楼梦》剧照

宝玉，“只见有个丫鬟端了茶来与他”，贾芸笑道：“姐姐怎么替我倒起茶来？”此为日常待客之礼。至于宴请时，茶也是不可或缺的。黛玉初到贾府，见到凤姐后，“说话时，已摆了茶果上来，熙凤亲为捧茶捧果”。即使在隆重的场合，也要献茶。如贾政接待忠顺亲王府里的人，也是“彼此见了礼，归坐献茶”；第 13 回秦可卿办丧事、太监戴权来上祭时，“贾珍忙接陪让坐，至逗蜂轩献茶”；第 17 回元妃省亲时，“茶三献，元妃降座”。

其次，《红楼梦》中关于茶的描写，表明茶产业的发展初具规模，且种类繁多。

（1）枫露茶。《红楼梦》中提到的茶都是茶中极品，种类颇多。如第 8 回写宝玉回房，茜雪端上茶来，“宝玉吃了半盏，忽又想起早晨的茶来，向茜雪道：‘早起斟了碗枫露茶，我说过那茶是三四次后出色的。’”可见宝二爷喜欢的是耐冲泡的枫露茶。

（2）六安茶与老君眉。《红楼梦》中人物深谙品茶之道，不同的人偏好不同的茶。在第 41 回中，贾母到栊翠庵饮茶，妙玉捧出一小盖钟茶来，贾母说：“我不吃六安茶。”妙玉说：“这是老君眉。”绿茶由于茶多酚含量较高，故老人不太适合多饮。六安茶即六安瓜片，叶缘弯迭，微翘，宛如瓜子，色泽宝绿润亮，香气清雅浓郁，属知名绿茶，贾母高龄，不喜欢喝，在情在理。而冰雪聪明、精通茶理的妙玉早已料到，事先为贾母准备的就是清雅的君山银针老君眉。老君眉是产于湖南君山的名茶，均采用没有开叶的肥嫩芽头制成，泡至汤中芽身金黄挺立，细似银针，满披银毫，又称“君山银针”。此茶属黄茶，茶性稍温和，年事已高的贾母尚可适应。

（3）普洱茶。在第63回中写到袭人、晴雯、麝月、秋纹、芳官、碧痕、春燕、四儿等八位姑娘为宝玉过生日，夜宴即将开始，不料林之孝家的闯进来查夜，于是宝玉便搪塞说：“今日因吃了面，怕停食，所以多顽一回。”于是林之孝家的建议给宝玉“该泡些普洱茶吃”，晴雯忙说：“泡了一茶缸子女儿茶，已经吃过两碗了。”说明女儿茶的效用与普洱茶相似。普洱茶馥郁清香，茶性温和，药效显著，久藏愈香，深得清朝贵族喜爱。

（4）龙井茶。龙井茶在清代是不可多得的贡品，因清淡雅香，黛玉独爱此品。在第82回中，宝玉放学到潇湘馆来看望黛玉，黛玉便用此珍品款待心上人，叫紫鹃“把我的龙井茶给二爷泡一碗”。

再次，《红楼梦》中对茶事的描写，展现了中国茶文化的丰富内涵与深厚底蕴。

（1）作品中关于茶会的描写。小说第8回“贾宝玉奇缘识金锁，薛宝钗巧合认通灵”中，写贾宝玉来到梨香院，因天冷，薛姨妈忙命人“倒滚滚的茶来”。宝玉至里间看望宝钗，宝钗又令莺儿“倒茶来”。二人正说着话，黛玉也来看望宝钗，薛姨妈留他们喝茶吃果子，直至饭后，薛、林二位姑娘“又酽酽地喝了几碗茶”。品茶、吃茶果，这可以算得上正宗的茶会了。值得一提的还有第5回写宝玉在秦可卿床上昏昏睡，被警幻仙子引去，宝玉一到太虚幻境，“大家入座，小丫鬟捧上茶来。宝玉自觉香清味美，迥非常品，因又问何名？警幻道：‘此茶出自放春山遣香洞，又以仙花灵叶上所带之宿露而烹，此茶名曰千红一窟。’”真可谓地道的“红楼梦中茶”了。

（2）《红楼梦》中提到的茶具，无论名称、形态还是工艺都已经非常完美。如第41回中，栊翠庵品茗时，妙玉给贾母盛茶用的是“一个海棠花式雕漆填金云龙献寿的小茶盘上，里面放一个成窑五彩小盖钟”；给宝钗盛茶用的是“一个旁边有一耳，杯上镌着‘瓟爮斝’三个隶字，后有一行小真字，是‘(晋)王恺珍玩’，又有‘宋元丰五年四月眉山苏轼见于秘府’一行小字”；给黛玉用的“那一只形似钵而小，也有三个垂珠篆字，镌着‘点犀盉’”；给宝玉盛茶用的是一只“前番自己常日吃茶的那只绿玉斗”，后来又换成“一只九曲十环二百二十节蟠虬整雕竹根的大盏”；给众人用的是“一色的官窑脱胎填白盖碗”。而被刘姥姥吃过的那只“成窑的茶杯”，就嫌“腌臜了”，搁在外头不要了。可见，茶具也是身份与地位的象征，地位不同，尽现茶具之中，贵人奢华精致，下人粗陋简朴，尊卑极为分明。书中让人印象深刻的还有宝玉探望临终前的晴雯一段。晴雯因生得艳若桃李，性似黛玉，被王夫人视为妖精撵出贾府。在临终前，宝玉私自去探望她时，晴雯说：“阿弥陀佛！你来的好，且把那茶倒半碗我喝。”宝玉问：“茶在哪里？”晴雯说：“那炉台上。”宝玉看到“虽有个黑煤乌嘴的吊子，也不像个茶壶。只得桌上去拿一个茶碗，未到手，先闻得油膻之气”。两者相比，天壤之别。

(3)《红楼梦》中人物对沏茶用水也有独到讲究。在第23回宝玉作的春、夏、秋、冬之夜的即事诗中，有三首写到品茶，其中二首写择水烹茶。如《夏夜即事》诗：“琥珀杯倾荷露滑，玻璃槛内柳风凉。”《冬夜即事》诗：“却喜侍儿知试茗，扫将新雪及时烹。”说炎夏以采集荷叶上的露珠沏茶为上，冬天以扫来的新雪为佳。在第41回中，当黛玉、宝钗、宝玉在妙玉的耳房内饮茶时，黛玉问妙玉道：“这也是旧年的雨水？”妙玉回答道：“这是五年前我在玄墓蟠香寺住着，收的梅花上的雪，统共得了那一鬼脸青的花瓮一瓮，总舍不得吃，埋在地下，今年夏天才开了。我只吃过一回，这是第二回来了，你怎么尝不出来？隔年蠲的雨水那有这么轻清，如何吃得！”古人烹茶好用雪水和雨水，香高味醇，自然可贵。用埋在地下5年之久的梅花上的雪水，其水清凉甘洌自是无可比拟了。这种扫集冬雪深藏地下、在夏天烧水泡茶的做法，至今还为我国不少爱茶人采用。

(4)《红楼梦》中谈到的茶俗也很多。有反映以茶为祭的，如第78回中，宝玉祭花神赋《芙蓉女儿诔》：“维太平不易之元，蓉桂竞芳之月，无可奈何之日，怡红院浊玉，谨以群花之蕊，冰鲛之縠，沁芳之泉，枫露之茗，四者虽微，聊以达诚申信。”又如在第89回中，宝玉因见了往日晴雯补的那件“雀金裘”，顿时见物思人，夜静更深之际，在晴雯旧日居室焚香致祷：“怡红主人焚付晴姐知之：酌茗清香，庶几来飨。”也有体现古时以茶为聘的茶俗，如第25回中，凤姐笑着对黛玉道：“你既吃了我家的茶，怎么还不给我们家作媳妇儿？”再如第3回中，林如海教女待饭后过一时再饮茶；第64回中，宝玉暑天将茶壶放在新汲的井水中饮凉茶等，都是饮茶的经验之谈。

此外，《红楼梦》中还写到了茶的沏泡、品饮技艺，以及茶诗、茶赋与茶联等。正所谓“一部《红楼梦》，满纸茶叶香”，《红楼梦》展现的茶文化是极其丰富、意蕴深远的。[1]

而在现代小说中，关于茶事的描写也屡见不鲜。鲁迅的短篇小说《药》中的许多情节都发生在华老栓开的茶馆里；沙汀的短篇小说《在其香居茶馆里》，整篇故事都发生在茶馆里；李劼人的长篇小说《死水微澜》中有关茶事的描写，是将其作为古典中国的一个缩影；此外，在郁达夫、巴金等众多现代名家的小说作品中，都可找到诸多茶事的踪迹。

现代第一部茶事长篇小说是陈学昭的《春茶》，作品着力描写了浙江西湖龙井茶区从合作社到公社化的历程，同时也写出了茶乡、茶情、茶趣、茶味。20世纪80年代以来，发表了一批茶事小说，诸如邓晨曦的《女儿茶》、曾宪国的《茶友》、唐栋的《茶鬼》、寇丹的《壶里乾坤》、潮青和蔡培香的《花引茶香》、宋清海的《茶殇》等。

代表当代茶事小说最高成就的，则是王旭烽的《茶人三部曲》。《茶人三部曲》分为《南方有嘉木》《不夜之侯》《筑草为城》三部，以杭州的忘忧茶庄主人杭九斋家族四代人起伏跌宕的命运变化为主线，塑造了杭天醉、杭嘉和、赵寄客、沈绿爱等人物形象，展现了在忧患深重的人生道路上坚忍负重、荡污涤垢、流血牺牲仍挣扎前行的杭州茶人的气质和风神，寄寓着中华民族求生存、求发展的坚毅精神和酷爱自由、向往光明的理想。

《茶人三部曲》是一部全面深入反映近现代茶业世家兴衰历史的小说鸿篇

---

[1] “茶香书院：红楼茶香”，载 http://ynytx.blog.163.com/blog/static/4394230220106291054644O/。

巨制，展示了中华茶文化作为中华民族精神的组成部分，在特定历史背景下的深厚力量，小说因此获得了第五届茅盾文学奖。评委会的评语是这样的：“茶的青烟、血的蒸气、心的碰撞、爱的纠缠，在作者清丽柔婉而劲力内敛的笔下交织；世纪风云、杭城史影、茶叶兴衰、茶人情致，相互映带，融于一炉，显示了作者在当前尤为难得的严谨明达的史识和大规模描写社会现象的腕力”（见图 8-2）。[1]

图 8-2 《茶人三部曲》

[1] “现代茶事小说”，载 http://www.puercn.com/chayenews/cyzs/16959.html。

第三节
茶与绘画、音乐

一、茶与绘画※

我国以茶为题材的古代绘画始于唐代。历代茶画的内容多以描绘煮茶、奉茶、品茶、采茶、以茶会友、饮茶用具等为主。茶画艺术的表现题材，大致有以下几种。

（1）茶与四季。不同季节的茶画反映出不同的品茶意境。春茶图配以春树，春阳普照之下，人与茶和谐共处。夏茶图中以孤莲一枝入画，人莲对语中，茶亦得以升华。以落叶入秋茶图，似时光荏苒，岁月飞逝，品茗悟人生，令人感叹。冬茶图中常配飞雪、白梅，“知我平生清苦癖，清爱梅花苦爱茶”，道出画中品茗观梅者的磊落胸怀。

（2）茶与文人四艺（琴、棋、书、画）。琴为高雅清供，品格古雅，声情清穆，深得文人雅士喜爱，也最宜茶境。白居易叹“琴里知闻唯渌水，茶中故旧是蒙山”，孟郊吟“夜思琴语切，昼情茶味新”，此种琴茶联咏，既可入书，又可入画。弈棋是古代文人闲居必备之事，陈陶有棋茶相咏的诗句“幽香入茶灶，静翠直棋局”，陆游有“堂空响棋子，盏小聚茶香”。另外，古代文人时常边品茗边研习书法，品评书画，墨香佐以茶香，实乃雅事也。“唤人扫壁开吴画，留客临轩试越茶”，正道出一番文人试茶赏画的雅怀。

※“茶境天边——关于茶画艺术”，载 http://www.readerstimes.com/Info/Detail.aspx?sort；“中华茶文化——茶与书画艺术”，载 http://wenku.baidu.com/view/9b5562c5bb4cf7ec4afed06d.html。

（3）茶与性情植物。自然界中的植物常被赋予人的性情与品格，以不同的植物入茶画，极大地影响着茶境的文化品位与意蕴。通常可以入茶画的植物有松、竹、梅、兰、菊、荷、蕉、秋树等，其中松代表坚毅、挺拔向上的人格；竹代表正直、虚心、劲节的人格；梅代表坚忍、耐寒的人格；秋树代表审慎独立的人格；菊代表散淡清逸的人格；荷代表洁身自律的人格等。这些植物的性格都与茶的秉性相关，与茶相辅相成，相互渗透、相互融合（见图 8-3）。

图 8-3　（南宋）刘松年　《斗茶图卷》

历代的茶画作品汇集在一起，不失为一部中国千年茶文化历史图录，具有很高的欣赏价值。如唐代的《调琴啜茗图卷》，南宋刘松年的《斗茶图卷》，元代赵孟頫的《斗茶图》，明代唐寅的《事茗图》、文征明的《惠山茶会图》《烹茶图》、丁云鹏的《玉川煮茶图》等。

唐人的《调琴啜茗图卷》，作者已不可考，有说是周昉所作。画中五个妇人丰颊曲眉，体态雍容华贵，正抚琴啜茗，悠然自得。五人神态各异，一个坐而调琴，一人侧坐向琴，一个端坐凝神倾听琴音，旁有一仆人站立，另一仆人送茶（见图 8-4）。

图 8-4 （唐）周昉 《调琴啜茗图卷》

唐代的《宫乐图》(会茗图) 描绘的是宫廷仕女坐长案娱乐茗饮的盛况。图中 12 人，或坐或站于条案四周，长案正中置一大茶海，茶海中有一长柄茶勺，一女正操勺舀汤于自己茶碗内，另有啜茗品尝者，也有弹琴、吹箫者，神态生动，描绘细腻。

南宋刘松年的《茗园赌市图》，是一幅生动的斗茶风俗画，充满生活气息。画面取材于普通市井生活，人物表情栩栩如生。画面中有五个人物，身边放着几副盛有茶具的茶担。左前一人足穿草鞋，一手持茶杯，一手提茶桶，袒胸露臂，似在夸耀自己的茶质香美；身后一人双袖卷起，一手持杯，一手提壶，正将茶水注入杯中；右旁站立两人，双目凝视，似在倾听对方介绍茶的特色，准备回击；右旁第三人则正在仔细品尝一碗茶，神态专注。从图中人物穿着看，都像走街串巷的货郎，这说明当时斗茶已深入民间。

明代唐寅写了不少有名的茶诗，也画了不少茶画。他的《事茗图》画的是一青山环抱、溪流围绕的小村，参天古松下茅屋数椽，屋中一人置茗若有所待，小桥上有一老翁倚杖缓行，后有一童子抱琴跟随，似乎应约而来。细看侧屋，则有一人正精心烹茗。画面清幽静谧而人物传神，流水有声，静中有动。

文征明的《惠山茶会图》是明代茶画的代表作。这是一幅以茶会友、饮茶赋诗的作品，画风细致清丽，文雅隽秀。画面描绘了正德十三年（1518 年）清明时节，作者同书画好友蔡羽、汤珍、王守、王宠等游览无锡惠山，饮茶赋诗的情景。半山碧松之阳有两人对谈，一少年沿山路而下，茅亭中两人围井阑而坐，支茶灶于几旁，一童子在煮茶。画前有蔡羽书“惠山茶会序”，后有蔡羽、汤珍、王宠各书记游诗。诗画相应，抒情达意。

明代丁云鹏的《玉川烹茶图》，形象再现了卢仝烹茶时悠然自得的情趣。画面截取花园的一角，两棵高大芭蕉下的假山前坐着主人卢仝——玉川子，一个老仆人提壶取水而来，另一老仆人双手端来茶盒。卢仝身边石桌上放着待用的茶具，他左手持羽扇，双目凝视熊熊炉火上的茶壶，壶中松风之声隐约可闻。由画联想卢仝《七碗茶歌》之饮茶绝唱，不禁令人浮想翩翩，顿入仙境。

清代画家钱慧安的《烹茶洗砚图》，是作者为友人文舟所作的肖像画。画中两株虬曲的松树下，有傍石而建的水榭，一中年男子倚栏而坐。榭内琴桌上置有茶具、书函，一侍童在水边涤砚，数条金鱼正游向砚前；另一侍童拿着蒲扇，对小炉扇风烹茶。画中人物线条尖细挺劲，转折硬健，其技法已臻纯熟，仪容闲雅，设色清淡，为清末海上画派的风格。

齐白石画茶风格突出，构图简约，用笔干净利索，墨色浑厚有力。如《煮茶图》《茶具图》等。

日本的绘画艺术深受中国的影响。日本以茶为题材的绘画也仿自中国，但略有创新，如《明惠上人图》就是一例。明惠上人即日本僧人高辨，他在日本栽植了第一株茶树，促进了日本茶文化的发展。《明惠上人图》正塑造了明惠坐禅松林之下的形象。

到 18 世纪，欧美各国也开始出现各种以茶为题材的绘画。据美国威廉·乌克斯《茶叶全书》等介绍，1771年，爱尔兰画家N. 霍恩就曾以其女儿为原形创作过一幅《饮茶图》，画中一身着艳服的少女，右手持一盛有茶杯的碟子，左手用银勺在调和杯中的茶汤。另如1792年，英格兰画家E. 爱德华兹曾画过一幅牛津街潘芙安茶馆包厢中饮茶的场面。画中一贵妇正从一男子手中接取一杯茶，前方桌上放有几件茶具，旁边绘一女子正在同贵妇耳语。再如《茶桌的愉快》是20世纪苏格兰画家D. 威尔基的一幅茶事画，画中二男二女围坐在一白布圆桌上饮茶，壁炉中炉火通红，一只猫懒洋洋地蜷伏在炉前，19世纪初英国家庭饮茶时那种特有的安逸舒适的气氛跃然纸上。此外，美国纽约大都会美术博物院中悬有两辐茶画：一为恺撒的《一杯茶》，另为派登的《茶叶》。比利时皇家博物院藏有《春日》《俄斯坦德之午后》《人物与茶事》和《揶揄》等多幅以茶为题材的名画。苏联列宁格勒美术院中也悬有艺术家戈基尔的《茶室》，这些都是近两个世纪来深受人们喜爱的茶事名画。

由此可见，绘画艺术与茶有密切联系，它不仅增添了世界各国的绘画题材，增强了有关绘画的生活气息，而且极大地活跃和丰富了茶文化。这种影响延伸至现代摄影艺术，许多摄影师以茶为题材，拍摄了不少优秀作品。特别是在一些名山拍摄的采茶画面，将山水峰岩、松竹花木和茶园融为一体，益发增添了茶区景色的诗情画意。

二、茶与音乐艺术※

我国民族音乐发展到今天，不管是乐曲还是乐器，其内容和形式都十分丰富。乐曲如《阳关三叠》《梅花三弄》《平沙落雁》《高山流水》《雨打芭蕉》《平湖秋月》等；乐器如古筝、古琴、洞箫、竹笛、琵琶、二胡、埙、瑟等，都能发人思古之幽情，也最能入茶。茶人饮茶时伴以音乐，无疑是一种高雅的精神享受。

茶味有甘、苦之分，乐曲亦有风、雅之别。譬如品饮西湖龙井，《平沙落雁》《幽兰操》最能相配，使人身心怡悦，如沐春风。而品饮陕西午子绿茶，

※“中国琴道与茶道”，载http://blog.sina.com.cn/s/blog_4b88e47e0100jivr.html。

宜听《广陵散》《阳关三叠》，使人遐想无限、幽思难忘。此外，钢琴、萨克斯、小提琴甚至轻音乐、流行音乐等也能入茶。品茗艺术是一门开放型艺术，随时代的发展而变化，兼收并蓄，中西汇通，而不必拘泥于古法。因此，饮茶时配以萨克斯、钢琴、小提琴等，也未尝不可。

下面以茶与古琴为例作一个说明。

古琴，也称七弦琴，又有雅琴、素琴、玉琴、瑶琴等美称。据传伏羲氏制琴，神农氏作曲，初为五弦，周文王、周武王各增设一弦，成为七弦，遂成定式。蔡邕在《琴操》里说："昔伏羲氏作琴，所以御邪癖，防心淫，以修身理性，反其天真也。"我国第一部诗歌总集《诗经》里就有琴的记载。在我国古代，古琴艺术比一般音乐艺术有着更为深厚的思想文化内涵，不仅可以修身养性，更可以思兼天下。

古琴是历代文人雅士用以修身养性甚至体悟至道的"明德之器"。正因如此，历代琴家都十分重视操琴技艺。操琴也称操缦、抚琴、弄琴、鼓琴、弹琴、御琴等，操琴技艺最主要的就是指法和手势。基础指法包括左手的"吟、揉、绰、注"和右手的"抹、挑、勾、剔"等，其他相关指法都是在此基础上组合变化而来。"手势"则指弹琴时左右手的"形势"，它和指法合称"指法合势"，并有"左手抑扬，右手徘徊。指掌反复，抑按藏摧"之说。魏晋嵇康的《琴赋》里有"扬和颜，攘皓腕，飞纤指以驰或相凌而不乱，或相离而不殊"的描写。

中国茶文化源远流长，稍稍梳理一下历代饮茶诗词，就会捕捉到茶与音乐间千丝万缕的联系。如唐代鲍君徽《东亭茶宴》、白居易《宿杜曲花下》、郑巢《秋日陪姚郎中登郡中南亭》，宋代曾丰《候月烹茶吹笛》、苏轼《行香子・茶词》、黄庭坚《鹧鸪天・汤词》、曹冠《朝中措・汤》、吴文英《望江南・茶》等，就分别提到古琴、笙歌、清唱、弦管、琵琶、笛、瑟等多种器乐和声乐。后人论茶认为"茶宜净室，宜古曲"。明人许次纾在《茶疏》中还提出了"听歌拍板、鼓琴看画、茂林修竹、清幽寺观"等20多个适于饮茶的优雅环境和事宜。

琴道讲求"琴韵"，明末古琴演奏家徐上瀛《溪山琴况》云："音从意转，意先乎音。音随乎意，将众妙归焉。故欲用其意必先练其音，练其音而后能洽其意……此皆以音之精义，而应乎意之深微也。其有得之弦外者，与山相映发，而巍巍影现；与水相涵濡，而洋洋惝恍……则音与意合，莫知其然而然矣。”这里所谓的“音从意转，意先乎音”“得之弦外者”，讲的都是琴韵。心正才能意正，意正才能声正。

茶道讲求“茶韵”。“茶韵”是我们品饮茶汤时所得到的特殊感受。如品饮铁观音的“观音韵”，品饮武夷岩茶的“岩韵”，品饮午子绿茶的“幽韵”等。茶韵离不开茶汤的色泽、香气、滋味。色泽清雅，香气纯正，滋味醇厚，品饮者自然身心愉悦。此外，茶韵不仅和个人对茶汤的特殊感受有关，更和个人修养学识有关。只有用心，才能品饮出茶汤的至味和气韵。

韵，是琴道和茶道的共同特征。所谓“琴茶同韵”，两者都是人生最好的伴侣。

拓展阅读

一、“别茶人”白居易

茶风始于南方，北地多好饮酒。一在茶之淡雅之中品味悠然，一在雪卧霜寒之时把酒言欢，故“饮”中又曾有“南茶北酒”之说。自中古以后茶风北渐，饮茶饮酒地域已无明显区分，磊落洒脱之人索性茶铛酒杓两不相离。同为情之所寄，自然不论此彼。诗人白居易便是爱茶兼嗜酒的典型。其以茶为主题的诗有8首，叙及茶事、茶趣的有50多首，居唐代诗人之冠。《唐才子传》说他“茶铛酒杓不相离”，在白氏诗中，茶酒并不争高下，如“看风小溘三升酒，寒食深炉一碗茶”(《自题新昌居止》)。又说“举头中酒后，引手索茶时”(《和杨同州寒食坑会》)。其代表作品《琵琶行》，也为茶史留下了一条重要资料：“商人重利轻别离，前月浮梁买茶去。去来江口守空船，绕船月明江水寒”。

白居易还为自己起了一个别称，号为“别茶人”，意指鉴别茶叶的人。这源于其一句流传甚广的诗句：“不寄他人先寄我，应缘我是别茶人。”白居易不仅是唐朝极负盛名的诗人，也是一个惜茶、爱茶、懂茶之人。“起尝一碗茗，行读一行书”，“夜茶一两杓，秋吟三数声”，“或饮茶一盏，或吟诗一章”，正是茶蕴诗情，裁香剪味。到了晚年，白居易更是以诗酒琴茶自娱，从而为后人留下了这首广为传颂的《琴茶》：“兀兀寄形群动内，陶陶任性一生间。自抛官后春多梦，不读书来老更闲。琴里知闻唯渌水，茶中故旧是蒙山。穷通行止常相伴，难道吾今无往还。”

二、张岱鉴茶

晚明散文大家张岱嗜茶，品饮评鉴无一不精，自谓“茶淫橘虐”，可见对茶之痴。在《陶庵梦忆》中，其对茶事、茶理、茶人有颇多记载，由其从家乡“日铸茶”改良而来的“兰雪茶”，更在茶市中风行一时。若非家国之变，以张岱在茶学中的深厚积淀，必能于中国茶道有所大成。书中还曾记载过一段他与煎茶高手闵汶水品茶鉴水的故事，极为有趣。

据说张岱慕名拜访闵汶水，遇闵老外出，便静心等待。闵老回来后，知道有人来访，只招呼一下，便借故离开，想要考验张岱的诚意。张岱决意“不畅饮汶老茶，决不去”。闵老知来者是有心人，才开始煮茶招待。他将张岱引至一室，室内“明窗净几，荆溪壶、成宣窑瓷瓯十余种，皆精绝。灯下视茶色，与瓷瓯无别而香气逼人”。张岱问闵老：“此茶何产？”闵老答道：“阆苑茶也。”张岱觉得有异，说：“莫绐（欺骗）余，是阆苑制法，而味不似？”闵老暗笑：“客知是何产？”张岱再饮一口，说：“何其似罗岕甚也。”闵老啧啧称奇。张岱又问：“水何水？”闵老答道：“惠泉。”张岱又说：“莫绐余，惠泉走千里，水劳而圭角不动，何也？”闵老知眼前来客乃是位品茶高手，遂不敢相瞒，再次啧啧称奇。稍后，闵老持一壶满斟之茶与张岱品尝。张岱说：“香扑烈，味甚浑厚，此春茶耶？向瀹者的是秋采。”闵汶水钦佩之至，大笑赞道：“余年七十，精赏鉴者，无客比。”遂与张岱结为忘年之交。

【复习题】

一、名词解释

1. 茶诗
2. 小说
3. 琴茶同韵

二、简答题

1. 茶诗有哪些特点？
2. 茶画的发展简史是什么？
3. 《红楼梦》中涉及了哪些茶？

三、论述题

1. 试析卢仝的《走笔谢孟谏议寄新茶》。

2. 试论茶诗的艺术之美。

四、拓展题

1. 背诵陆羽的《六羡歌》。

2. 背诵元稹的《一字至七字诗》。

3. 背诵卢仝的《走笔谢孟谏议寄新茶》中的品茗部分，即“一碗喉吻碗……七碗吃不得也，唯觉两腋习习清风生”。

9

Chapter

第九章

茶道传播

第一节
概述

作为文明和友谊的使者，中国茶叶与茶文化的对外传播与扩散，经历了一个由原产地沿长江流域传布到南方各省，再到韩国、日本、俄罗斯等周边地区，然后走向世界的漫长过程。迄今，世界上有 50 多个国家种茶，160 多个国家的 30 多亿人有饮茶的习惯，茶叶与咖啡、可可一起，被称为世界三大无酒精饮料。

中国茶的对外传播是从茶叶输出开始的，茶叶传往世界各国，不仅时间早，而且有多种渠道：第一，通过来华的僧侣和使臣，将茶叶带到周边国家和地区；第二，互派使节过程中，茶作为礼品在国与国之间交流；第三，贸易往来的促进作用；第四，西方殖民统治者将中国茶叶种植与加工技术的对外传播。据史料记载，我国茶叶最早向海外传播是在南北朝齐武帝永明年间，当时中国商人通过以茶易物的方式，向土耳其输出茶叶。

中国茶叶向外传播有四个方向：（1）向东传播至今天的朝鲜半岛和日本，时间最早，自唐朝开始；（2）向西由我国的新疆和西藏，传播至中亚和印度；（3）向北传播至今天的蒙古和西伯利亚，以元朝最盛，明清时期进一步传播至俄罗斯广大的欧洲地区；（4）向南传播至中南半岛，以明朝郑和下西洋为肇始，并在明清时期向非洲、欧洲、美洲传播。

一、向朝鲜半岛和日本的传播※

（一）朝鲜半岛

朝鲜半岛在4～7世纪中叶，是高句丽、百济和新罗三国鼎立时代。据传，6世纪中叶，华严宗智异禅师在朝鲜建华严寺时带入茶种，至7世纪初饮茶之风已遍及全朝鲜。后来，新罗在唐朝的帮助下，逐渐统一全国。在南北朝和隋唐时期，中国与百济、新罗的往来比较频繁，经济和文化的交流也比较密切。特别是新罗，与唐朝通使往来120次以上，是与唐通使来往最多的邻国之一。新罗人在唐朝学习佛典、佛法，研究唐代的典章，有的人还在唐朝做官。

新罗的使节大廉在唐文宗太和后期将茶籽带回国内，种于智异山下的华严寺周围，开始了朝鲜的种茶历史。朝鲜《三国本纪》卷十《新罗本纪》兴德王三年对此有专门记载："入唐回使大廉，持茶种子来，王使植地理山。茶自善德王时有之，至于此盛焉。"

（二）日本

中国的茶与茶文化，对日本的影响最为深刻和广泛。茶道是日本文化最具代表性的形态，而日本茶道的形成和发展，与中国茶文化的传播有着直接的关系。中国茶与茶文化传入日本依赖于佛教传播。唐顺宗永贞元年（805年）八月，日本留学僧最澄与都永忠等一起从明州起程归国，从浙江天台山带回了茶种。据《日本社神道秘记》记载，最澄将从中国带回的茶种植于京都日吉神社旁（现日吉茶园）。梵释寺大僧都永忠平生好茶，弘仁元年（815年）四月，嵯峨天皇行幸近江滋贺的韩琦，经过梵释寺时，都永忠亲手煮茶进献，天皇则赐之以御冠。

最澄茶园是日本茶树种植的开始，后由荣西和圆尔辨圆的反复引种，茶叶得以在日本扩大种植，并形成日本茶道这朵世界文化奇葩。

※"茶之起源"，载 http://www.tianya.cn/techforum/Content/151/527238.shtml。

二、茶叶向中亚的传播

据传在公元6世纪的时候，茶叶由回族人运销至中亚，但并没有证据表明，古老的“丝绸之路”上有茶的痕迹。中唐以后，中原地区的饮茶习惯开始向吐蕃和回纥少数民族聚集的边疆地区传播，比如“茶马古道”便是一个生动例证，推动茶叶向西南传播至西藏和印度。因此，这一时期，居住在中亚和西亚的人们应对茶叶有一定的了解。

10世纪时，蒙古商队来华，将中国茶砖从中国经西伯利亚带至中亚以远。后蒙古人远征，创建了横跨欧亚的大帝国，中国文明随之传入，茶叶开始在中亚被大量饮用，并迅速在阿拉伯半岛和印度传播开来。明清之际，新疆的“丝绸之路”成为一条名符其实的“茶之路”，由商队翻越帕米尔高原，源源不断地把中国茶叶输往中亚和西亚国家。

印度饮茶最早应传自中国西藏，并有与奶同饮的习惯。莫卧儿王朝的建立，为茶叶自西而下传播提供了条件。后印度成为英国的殖民地，饮茶方式开始传到英国，并形成了著名的英式下午茶。

三、茶叶向俄罗斯的传播※

俄罗斯是最早从中国传入茶叶的西方国家之一。

有关史料证明，俄罗斯人听闻茶的时间早在1567年。当年两位哥萨克首领彼得罗夫和亚雷舍夫曾经描述过一种不知名的中国饮品，这种饮品正是蒙古游牧民族所饮的茶，在当时的西伯利亚东南部及中亚地区已经比较普及。

清康熙帝在位的1679年，中俄两国签订关于俄国从中国长期进口茶叶的协定。雍正六年（1728年），中俄正式签订《恰克图条约》，将恰克图辟为国际商埠，茶叶是主要的贸易商品。中国茶商出长城后，经过今天蒙古的乌兰巴托，到达恰可图与俄商交易。中国茶叶在俄罗斯受到普遍欢迎，茶叶贸易日趋繁盛，并形成独特的俄罗斯饮茶文化。

※“俄罗斯饮茶文化”，载 http://baike.baidu.com/view/1055041.htm。

为了满足国内不断增长的需求，同治二年（1863年）以后，俄人相继在汉口、福州、九江等地开设茶厂。1883年后，俄国曾多次引进中国茶籽，试图栽培茶树。1893年，又聘请中国茶师刘峻周并一批技术工人，赴格鲁吉亚传授种茶、制茶技术。迄今，俄罗斯仍然是世界茶叶消费大国。

四、茶叶向英法等国的传播

茶叶向中南半岛的传播，由来已久，但大规模的交易应始于郑和下西洋。自永乐三年(1405年)至宣德八年(1433年)的28年间，郑和率众七次远航。所经南洋、西洋、东非凡30余国，加深了与各地间的贸易和文化交流，同时开通了南洋商道，促进了对东南亚贸易的发展。当郑和的船队到达木古都束（今索马里摩加迪沙）时，国王亲自欢迎，并设宴款待。郑和向国王和王妃赠送了丝织品、陶器和茶叶。

茶叶向欧洲传播，有陆路和海路两种，其中荷兰、英国、法国、瑞典、丹麦等国主要是从海路输入中国茶叶。元朝时期，意大利人马可·波罗不远千里从威尼斯来中国访问。回国后，便汇总写成《东方见闻录》一书。西欧人对他写的书半信半疑，但对带回的文物是完全相信的，比如茶叶、瓷器等。

15世纪初，葡萄牙商船来中国，茶叶始销售至西方。1610年，荷兰东印度公司的荷兰船首次从爪哇岛将中国茶运到欧洲。1662年，葡萄牙公主凯瑟琳嫁给英国国王查理一世。凯瑟琳是一位喜好饮茶的王后，在她的带动下，饮茶成为宫廷生活的一部分，饮茶之风很快风靡全国。1668年，英国东印度公司成立，并自行经营英国的茶叶贸易。最初，荷兰和英国都自印度尼西亚的爪哇岛间接进口茶叶，自1689年起，开始直接从福建、广东收购茶叶。1700年，一艘名为阿穆芙莱特的法国船只，从中国运回丝绸、瓷器和茶叶，正式拉开了中法茶叶直接贸易的序幕。此后，中国茶叶输出日益兴盛。

总之，中国茶和中国茶文化走向世界，极大地提升了人们的生活质量。在英国，茶是健康之液、灵魂之饮，被视为美容、养颜的最佳饮料，从宫廷传到民间后形成了喝早茶、午后茶的时尚习俗。在法国，茶被人们当作最温柔、最浪漫、最富有诗意的饮品。在日本，茶被视为万病之药，是原子时代的饮料。在非洲，茶也成为了日常生活的必需品。在当代，茶文化是国际交流的重要媒介，不同国家的茶人常常相聚在一起，共同探讨茶文化的历史与现状，展望茶文化的未来，在交流中相互学习，相互了解，增进友谊。适逢顺景盛世，中国茶文化也必将以更为强劲的势头、更具创意的新姿，为再铸华夏文明的辉煌作出新的贡献，为推动世界文明的发展谱写新的篇章。

第二节
日本茶道

一、日本茶道简史

日本本土原不产茶，世界茶树之源和茶叶原产地是中国。公元 8 世纪，也就是奈良时代（天平文化），茶叶传入日本。据日本《茶经详说》记载，729 年，圣武天皇在宫中召集僧侣百人念《般若经》，第二天赠茶犒劳众僧。749 年，孝谦天皇在奈良东大寺召集五千僧侣在佛前诵经，事毕以茶犒赏，当时的茶是由遣隋使、遣唐使带回来的，非常珍贵。

平安时代，日本高僧都永忠、最澄、空海先后将中国茶种带回日本播种，并传授中国的茶礼和茶俗。[桓武天皇延历二十四年（805 年），传教大师最澄从大唐将茶种带回日本，并在近江阪本（现在的滋贺县）日吉神社旁种植，这是日本最初种植茶叶的地方，后被称做日吉茶园。]

到了镰仓时代，（荣西禅师先后两次到中国求学于临济宗，同时进行茶学研究。回国时，他将大量的茶种和佛经带回日本，创立了日本临济宗，被奉为始祖，并在佛教中大力推行“供茶”礼仪，饮茶之风再次盛行。因此，荣西禅师被尊为日本茶道的“茶祖”。）1191 年，他亲自种茶，还把茶种送给京都高僧明惠上人，明惠把茶种种在梅尾山上，后来成为日本闻名遐迩的“梅尾茶”。荣西研究陆羽的《茶经》，写出了日本第一部饮茶专著《吃茶养生记》，认为“饮茶可以清心，脱俗，明目，长寿，使人高尚”。他把此书献给镰仓幕府，从此上层阶级开始爱好饮茶，随后日本举国上下饮茶风行。

南宋瑞平二年（1235年），圣一国师圆尔辨圆到浙江余杭径山寺苦修佛学，种茶、制茶，回国后在静冈县种茶并传播径山寺的抹茶法及茶宴仪式。24年后，日本东福寺南浦昭明禅师来到径山寺求学取经，学习了该寺院的茶宴仪式，将中国的茶道引进日本，并传播中国的点茶法和茶宴礼仪，使日本茶道更趋规范化。

14世纪室町时代以后，茶树的栽种普及起来。把饮茶仪式引入日本的是大应国师，后有一休和尚。品茗大师村田珠光继承和发展了他们的饮茶礼仪，创造了更为典雅的品茗形式——“草庵茶”，被称为日本茶道的创始人。后来茶道又不断得以完善，并作为一种品茗艺术流传于世。现在的日本茶道，是在16世纪后期由茶道大师千利休创立的。千利休集茶道之大成，他继承了前辈创制的苦涩茶，在环境幽雅的地方建筑茶室，讲究茶具的“名器之美”；他将日本茶道的精神概括为“和、敬、清、寂”；并主张茶室的简洁化、庭园的创意化，茶碗小巧，木竹互用，形成独具风格的“千家流”茶法。到江户时代，建立了“家元制度”，使茶道“传宗接代，不出祖流”。这期间产生了不同的派别，其中以里千家最为有名，弟子最多，另外还有表千家、宗宋、石川、织部等流派。虽然各派都有自己的规矩和做法，但各派之间互相学习，和谐共处。

以上叙述的是抹茶道的历史，抹茶道是日本茶道的主流。同时，在中国明清泡茶道的影响下，也形成了日本的煎茶道。日本僧人隐元隆琦（1592～1673年）把中国当时的煎茶法带回日本，为日本煎茶道的形成打下了基础。经日本煎茶道始祖“卖茶翁”——柴山菊泉（1675～1763年）的努力，煎茶道在日本立稳脚跟，再经田中鹤翁、小川可进两人的努力，最终确立了煎茶道的地位。

二、日本茶道的程序

日本茶道必须遵照规则程序，而茶道的精神就蕴含在这些看起来繁琐的喝茶程序之中。

进入茶道部，有身穿朴素和服、举止文雅的女茶师礼貌地迎上前来，简短地解说。开宗明义的一番话，让人领略到了正宗茶道的不凡。进入茶室前，必须经过一小段自然景观区，以便茶客在进入茶室前先静下心来，除去一切凡尘杂念，使身心完全融入自然。然后在茶室门外的一个水缸里用一长柄的水瓢盛水，洗手，接着将水徐徐送入口中漱口，目的是将体内外的凡尘洗净。再把一个干净手绢放入前胸衣襟内，取一把小折扇，插在身后的腰带上，稍静下心后，便进入茶室。

日本的茶室，面积一般以置放四叠半“榻榻米”为度，小巧雅致，结构紧凑，便于宾主倾心交谈。茶室分为床间、客、点前、炉踏等专门区域。室内设置壁龛、地炉和各式木窗；床间挂名人字画，其旁悬竹制花瓶，瓶中插花，插花品种和旁边的饰物须和季节时令相配；右侧布“水屋”供备放煮水、沏茶、品茶的器具和清洁用具。茶道用器具可分为四类：接待用器具、茶席用器具、院内用器具、洗茶用器具。其中，接待用器具和茶席用器具是同客人直接见面的器具，即鉴赏物品，而院内用器具和洗茶器用具则是消费品。

每次茶会举办时，主人必先在茶室的活动格子门外跪迎宾客，虽然进入茶室后强调不分尊卑，但头一位进茶室的必然是来宾中的一位首席宾客（称之为正客），其他人则随后入室。日本人习惯每次请客不超过 4 人，首席宾客一般为精于茶道者，作为其余诸客的发言人。

来宾入室后，宾主相互鞠躬致礼，主客面对而坐，而正客须坐于主人上手（左边）。这时主人即去“水屋”取风炉、茶釜、水注、白炭等器物，而客人可欣赏茶室内的陈设布置及字画、鲜花等装饰。茶碗是最重要的饮具，有唐津烧、萨摩烧、相马烧、仁清烧、乐烧等制品。主人取器物回茶室后，跪于榻榻米上生火煮水，并从香盒中取出少许香点燃。在风炉上煮水期间，主人要再次至水屋忙碌，这时众宾客则可自由在茶室前的花园中散步。待主人备齐所有茶道器具时，水也将要煮沸了，宾客们再重新进入茶室，茶道仪式才正式开始。

主人一般在敬茶前，要先品尝一下甜点心，大概是为避免空腹喝茶伤胃。敬茶时，主人左手掌托碗，右手五指持碗边，跪地后举起茶碗（须举案齐眉，与自己额头平），恭送至正客前。待正客饮茶后，余下宾客才能依次传饮。可每人一口轮流品饮，也可各人饮一碗。饮茶时，吸气作响，询问此茶从何而来并赞赏茶好，是为一种礼貌。饮毕将茶碗递回给主人。主人随后可从里侧门内退出煮茶，让客人自由交谈。在正宗日本茶道里，绝不允许谈论金钱、政治等世俗话题，更不能用来谈生意，多是些有关自然的话题。

日本茶事种类繁多，古代有“三时茶”之说，即按三顿饭的时间分为朝会（早茶）、书会（午茶）、夜会（晚茶）；现在则有“茶事七事”之说，即早晨的茶事、拂晓的茶事、正午的茶事、夜晚的茶事、饭后的茶事、专题茶事和临时茶事。除此之外还有开封茶坛的茶事（相当于佛寺的开光大典）、惜别的茶事、赏雪的茶事、一主一客的茶事、赏花的茶事、赏月的茶事等。每次的茶事都要有主题，比如新婚之喜、乔迁之喜、纪念诞辰，或者为得到了一件珍贵茶具而庆贺等。

三、日本茶道的精神

（一）和、敬、清、寂

“和、敬、清、寂”被称为茶道的四谛、四规、四则，是日本茶道思想中最重要的理念。茶道思想的主旨为：主体的“无”，即主体的绝对否定。而这个茶道的主旨是无形的。作为“无”的化身而出现的有形的理念便是“和、敬、清、寂”。它们是“无”派生出的四种现象。由这四种现象又分别产生日本茶道艺术成千上万种形式，如茶室建筑、点茶、道具、茶点心等。“和”强调主人对客人要和气，客人与茶事活动也要和谐。“敬”表示相互承认，相互尊重，并做到上下有别，有礼有节。“清”是要求人、茶具、环境都必须清洁、清爽、清楚，不能有丝毫的马虎。“寂”是指整个茶事活动要安静，神情要庄重，主人与客人都是怀着严肃的态度，不苟言笑地完成整个茶事活动。日本的“和、敬、清、寂”四谛始创于村田珠光，正式的确立者则是茶道大师千利休，400 多年来一直是日本茶人的行为准则。

（二）一期一会

日本茶人在举行茶会时均抱有“一期一会”的心态。这一词语出自江户幕府末期的大茶人井伊直弼所著的《茶汤一会集》。书中这样写道：“追其本源，茶事之会，为一期一会，即使同主同客可反复多次举行茶事，也不能再现此时此刻之事。每次茶事之会，实为我一生一度之会。”

由此，主人要千方百计尽深情实意，不能有半点疏忽。客人也须以此世不再相逢之情赴会，热心领受主人的每一个细小的动作，以诚相交，这便是“一期一会”。这种“一期一会”的观念，实质上就是佛教“无常”观的体现。佛教的无常观督促人们重视一分一秒，认真对待一时一事。举行茶事时，主客均怀着“一生一次”的信念，体味到人生如同茶泡沫一般在世间转瞬即逝，并由此产生共鸣。于是与会者感到彼此紧紧相连，油然而生互相依存感和生命的充实感。这是茶会之外的其他场合所无法体验到的。

（三）独坐观念

“独坐观念”一语也出自井伊弼的《茶汤一会集》。面对茶釜一只，独坐茶室，回味此日茶事，静思此时此日再不会重演，此刻茶人的心里不禁泛起一阵茫然之情，又涌起一股充实感。茶人此时的心境可称为“主体的无”。

四、中国茶道与日本茶道的区别※

日本茶道源于中国，但和中国茶道有着众多不同，主要包括以下几个方面。

（一）茶道的思想内涵不同

中国茶道以儒家思想为主干，融儒、释、道为一体，三者互相补充，从而使中国茶道广博丰富，从不同层次和不同角度都可以挖掘出有价值的内容。日本茶道则主要反映禅宗思想，具有相对浓厚的宗教仪式 色彩，并融进了日本国民的精神和思想意识。

中国茶道推崇“以茶利礼仁”“以茶表敬意”“以茶可行道”“以茶可雅志”，认为通过饮茶可以贯彻儒家的礼、义、仁、德等道德观念以及中庸和谐的精神。日本茶道则崇尚“茶禅一味”的境界，以“和、敬、清、寂”为核心理念，规劝人们要和平共处，互敬互爱，廉洁朴实，修身养性。

（二）茶道的美学理念不同

日本茶道是在传承中华茶道的精神内涵的前提下，结合自身民族性格而发展出来的。日本茶道主要源于佛教禅宗，提倡空寂之中求得心物如一的古朴、

※“中国茶文化和日本茶道的对比”，载 http://wenku.baidu.com/view/bcc41d8ad0d233d4b14e6956.html。

清寂之美。中国茶道则更崇尚自然、融和之美。这是因为中国茶道受到“道法自然”等思想的影响，而不像日本茶道那样具有严格的仪式和浓厚的宗教色彩；即便具有一系列的仪式，也主要是用于表演之时。与之对应，在美学理念上追求以自然、和谐、清新、雅致。

（三）茶道的参与主体不同

中国茶道已经深入社会各个阶层，完全生活化，从宋代起大小城镇就广泛兴起茶楼、茶馆、茶亭、茶室，上至名流显贵，下至平民百姓，三教九流都把饮茶作为友人欢会、人际交往的手段，民间不同地区更有极为丰富的“茶民俗”。日本茶道则尚未具备全民文化的内容，更多是中产阶层以上的一种生活时尚。在日本，插花、茶道是有教养、有品位的女子的必修课。

日本人崇尚茶道，有许多著名的茶道世家，茶道在民众中亦很有影响，但其社会性、民众性尚未达到广泛深入的层面。也就是说，中国的茶道更具有民众性，日本的茶道更具有典型性。

（四）茶道的表现形式不同

中国茶道注重的是品茗和欣赏，注重回甘体验，没有太多过于严格的规定性的礼仪规范。日本茶道则有严谨的礼仪规范，主客之间、客人之间都有不同的礼仪要求，茶道演示的各个过程中都有严格的礼仪规范。更有甚者，日本茶道还有人对物之行礼。比如日本茶道里的“四规”“七则”，异常拘重形式，打躬静坐，世人是很少能感受到畅快自然的。

（1）四规：指待客亲善、互相尊敬、环境幽静、陈设高雅。

（2）七则：指点茶的浓度、茶水的质地、水温的高低、火候的大小、煮茶的炭料、炉子的方位以及插花的艺术。

此外，在崇尚自然上，日本的茶室插花和茶点上的图案表现了明显的季节感，如春天以樱花、秋天以红叶、冬天以茶花为主装点茶室，并配上各个季节相应植物图案的茶点。中国茶道在表现自然的同时，也注重表现社会生活的各个方面。现代茶会的恢复，使中国茶道表现形式非常丰富，既可以表现中国传统的山水花鸟，也可以表现各种社会现象，让人们在享受茶道乐趣的同时，陶冶性情，增长知识，增进友谊。

第三节
韩国茶道

一、韩国的茶道之礼

古代朝鲜半岛与中国内地往来频繁，据史料记载，茶叶在唐朝已从中国传入当时的高丽国。朝鲜高丽时代金富轼的《三国史记·新罗本记》(第十)兴德王三年(828年)十二月条记载："茶自善德王有之，至此盛焉。"朝鲜史书《东国通鉴》始载："新罗兴德王之时，遣唐大使金氏，蒙唐文宗赐予茶籽，始种于金罗道之智异山。"善德王在位时相当于中国唐太宗贞观年间，说明在唐代初期茶叶已传入朝鲜；兴德王时相当于唐朝中期，基本与中国饮茶之风兴盛时间相接近。

韩国茶文化是韩国传统文化的一部分，曾兴盛一时。在我国的宋元时期，韩国全面学习中国茶文化，形成了以韩国"茶礼"为中心的茶文化，普遍采用中国的"点茶"法。约在元代中叶后，中华茶文化进一步为韩国所理解、接受，众多茶房、茶店、茶食、茶席更为时兴和普及。上世纪80年代，韩国茶文化再度复兴，专门成立了"韩国茶道大学院"，教授、传播茶文化。

韩国茶道的宗旨是"和、敬、俭、真"。"和"，即善良之心地；"敬"，即彼此间敬重、礼遇；"俭"，即生活俭朴、清廉；"真"，即心意、心地真诚，人与人之间以诚相待。同时，韩国茶道通过"茶礼"向人们宣传、传播茶文化，并有效地引导社会大众消费茶叶。

具体来说，韩国茶礼是指以茶行礼，而不同的时代又有不同的茶礼，如三国时代进行献茶仪式、高丽世道有进茶仪式、朝鲜时代有茶礼仪式。

韩国茶礼的种类繁多、各具特色，据不同的特色可分为不同的种类。如按照举办茶礼的主体分，有“宫中茶礼”“接宾茶礼”“闺房茶礼”“献茶礼”“宗教茶礼”和“文人茶礼”等。

（一）宫中茶礼（宫廷茶礼）

在朝鲜王室的重要典礼和活动中，接待宾客的茶礼是必不可少的。但随着朝鲜王朝的没落，宫廷茶礼仪式也中断并失传了。而经过近年来众多茶人的努力发掘和研究，终于将宫廷茶礼逐渐恢复。朝鲜时代的宫廷茶礼可分为接使茶礼、迎接茶礼、 接见茶礼、宴会茶礼、感谢茶礼、饯别茶礼等。其中，接使茶礼是最主要的茶礼之一，是接待外国使臣时国王举行的赐茶仪式，一般放在太平馆、思政殿、仁政殿、明伦堂等重要场地举行的国家公式茶礼。

（二）接宾茶礼

韩国接宾茶礼与民间习俗紧密相连，是以茶待客的礼仪。茶友之间的礼茶法称“佳会茶礼”，奉请长（如长辈等）称做“恭敬茶礼”，接宾茶礼更是贵族、士大夫、官吏、法师相互会见时重要的接待形式。

（三）闺房茶礼

闺房茶礼有别于宫廷茶礼和接宾茶礼，是韩国先人从自身的生活、行事中提炼出来的茶礼，尤具有亲切感和生命力。闺房茶礼是韩国特有的宝贵文化遗产，完全能够与日本茶道相媲美，值得韩国人骄傲。朝鲜时代的上流社会严格遵循儒教的生活律令，士大夫家族中的女性不能轻易外出。她们便常以茶会的形式邀请亲朋好友小聚，遵循一套特定的仪式和顺序进行茶会行事，发展到后来，便成为闺房茶礼。

韩国茶礼还可按所品茗茶的类型来分类，即“末茶法”“饼茶法”“钱茶法”和“叶茶法”四种。如“叶茶法”的礼法，主要有四个步骤。

（1）迎宾：宾客光临，主人必先至大门口恭迎，并以“欢迎光临”“请进”“谢谢”等语句迎宾引路，而宾客则要按年龄高低顺序随行。进入茶室后，主人当必立于东南向，向来宾再次表示欢迎后，坐东面西，客人则坐西面东。

（2）温茶具：沏茶前，先收拾、折叠好茶巾，并置于茶具左边，然后将烧开的水倒入茶壶，温壶预热；再将茶壶中的水平均注入茶杯，温杯后即弃之于退水器中。

（3）沏茶：主人打开壶盖后，右手持茶匙，左手持分茶罐，用茶匙捞出茶叶置于壶中。当根据不同的季节采用不同的投茶法。一般春、秋季用中投法，夏季用上投法，冬季用下投法。投茶量为一杯茶投一匙茶叶。将茶壶中冲泡好的茶汤，按自右至左的顺序，分 3 次缓缓注入杯中，茶汤量以斟至杯中的六七分满为宜。

（4）品茗：茶沏好后，主人以右手举杯托，左手把住手袖，恭敬地将茶捧至来宾的茶桌上，然后再回到自己的茶桌前，捧起自己的茶杯，对宾客行“注目礼”，口中说“请喝茶”；待来宾答“谢谢”后，宾主即可一起举杯品饮。在品茗的同时，可品尝各式糕饼、水果等清淡茶食用以佐茶。

值得一提的，还有韩国茶礼中的五行茶礼。五行茶礼的核心，是祭扫韩国所崇敬的中国“茶圣”——炎帝神农氏。它是韩国最高层次的茶礼。

茶叶在韩国的历史上，历来还是“功德祭”和“祈雨祭”中必备的祭品。五行茶礼的祭坛设置：在洁白的帐篷下，并排摆放八幅绘有鲜艳花卉的屏风，正中张挂着用汉文繁体字书写的“茶圣炎帝神农氏神位”的条幅；条幅下的长桌上铺着白布，长桌前置放小圆台 3 只，中间的小圆台上放置青瓷茶碗 1 只。

茶礼中的五行均来自东方哲学，涵及 12 个方面：

（1）五方：东、西、南、北、中；

（2）五季：除春、夏、秋、冬四季外，还有换季节；

（3）五行：金、木、水、火、土；

（4）五色：黄、青、赤、白、黑；

（5）五脏：脾、肝、心、肺、肾；

（6）五味：甘、酸、苦、辛、咸；

（7）五常：仁、义、礼、智、信；

（8）五旗：太极、青龙、朱雀、白虎、玄武；

（9）五行茶礼：献茶、进茶、饮茶、品茶、饮福；

（10）五行茶：黄色井户、青色青磁、赤色铁砂、白色粉青、黑色天目；
（11）五之器：灰、大灰、真火、风炉、真水；
（12）五色茶：黄茶、绿茶、红茶、白茶、黑茶。

二、韩国茶道精神※

自韩国在新罗统一时期引入中国唐朝煎茶道起，煎茶道首先在宫廷贵族、僧侣以及上层社会中传播；并用茶祭祀礼佛。到高丽王朝时期开始流行点茶道；高丽在吸收中国唐宋茶文化后开始形成了本民族特色的茶文化，即韩国茶礼。直到朝鲜李朝时期（相当于中国的明末清初），随着茶礼器具与技艺的发展，以及用散茶的泡茶道流行后，韩国茶礼的形式更趋完备。

韩国茶礼受中国儒家的礼制思想影响深刻；其核心内涵为“中正”精神，集中体现了儒家的中庸思想。其著名人物主要有：曾在大唐为官的新罗学者崔致远、高丽时期韩国茶道精神的集大成者李奎报，以及朝鲜李朝晚期的丁若镛、崔怡、金正喜和草衣大师等大茶人。

（一）新罗时代的花郎道精神

在理解韩国的茶道精神之前，首先要理解新罗时代的花郎道精神。花郎是国家选招18岁以下的年轻人才，夺魁者称为“花郎”，意指出类拔萃的俊美郎君，文武双全、才气纵横。花郎道使得高句丽、百济、新罗三国中最小的新罗国国运兴旺，并最终统一三国，意义深远。

18岁在唐朝中进士的崔致远，一直在中国为官，对当时中国社会的饮茶之风耳濡目染。其所著之文《谢新茶状》，表明了他对唐代的煮茶技艺相当熟悉。884年他回新罗时，就带了许多茶叶，并热心推广饮茶活动。他在《写郎碑序》中写道：“我国有一玄妙之道，名曰风流，其道之源乃记在《花郎世记》中，曰：‘花郎兼儒、佛、仙之教，教化众生。’”李丙案的《三国史记》中写到：“他们注重和合忠节的品德，尊重名誉，心高气正，对自然山川草木有无尽的向往和热爱。”新罗的花郎把儒、佛、仙三教的优点结合于远游、山川而

※“韩国的茶道精神”，载 http://www.zgchawang.com/wh/cycd-view-id-13732.aspx。

使身心得到锻炼；把身心结合于饮茶，而使人体会并得其精神。因此，现在凡是花郎的古迹，就能发现与茶有关的石头茶具和有关文物。

（二）韩国茶道精神的根源

新罗时期的元晓大师曾提出“和”“静”思想和“茶禅一体”“茶禅一如”的思想，成为韩国茶道精神的根源。其“和”“静”思想并不是单纯的和合精神，而是与自然浑然一体。其中，最重要的是“寂之寂”的思想，即“极寂”。而寂的根源就是静，这一点与我国圣哲老子的思想一脉相承：“夫物云云，各归其根，归根回静”。(《道德经》第16章)

（三）高丽时期的茶道精神

高丽时期的茶道精神以著名诗人、学者、韩国茶道精神的集大成者李奎报（1168~1241年）的茶道思想为代表。他把参禅与饮茶联系在一起，其诗“草庵他日扣禅居，数卷玄书讨深旨。虽老犹堪手汲泉，一瓯即是参禅始”，集中体现了禅茶一味的精神。他的另一首茶诗：“农深莲漏响丁东，三语烦君别异同。多劫头燃难自求，片时目击皆成空。厌闻韩子提双乌，深喜庄生说二虫。活水香茶真味道，白云明月是家风。”是说饮茶之后领悟了真空妙有的真理，沉浸在清虚静寂的老庄思想当中。此诗把茶的韵味升华到道的境界，即清静之心。

（四）草衣禅师的茶道精神

朝鲜李朝时代是民间的茶生活走向衰弱、中正精神发展到顶峰的交叉时期。李朝初期受明朝茶文化影响，散茶壶泡法和杯泡法日渐流行，茶礼器具也更为完备。李朝中期以后，酒风盛行，又适逢清军入侵，致使茶文化一度衰落。至李朝晚期，方因丁若镛、草衣禅师等大师的热心维持，才渐见茶文化之恢复。

生活在朝鲜李朝晚期的丁若镛（1762~1836年），对茶推崇备至。其著有《东茶记》，乃韩国第一部茶书。

著名禅师、艺术家、文学家、茶人草衣禅师张意恂（1786~1866年），曾在丁若镛门下学习；他熟悉中国文化，对中国茶书很有研究，曾经摘抄明朝张源的《茶录》中关于采茶、制茶、泡茶、饮茶、品泉、茶具等内容，并编者按成《茶神传》一书，对韩国茶礼的振兴做出了重要贡献。此外，他还通过 40 余年的茶事生活，领悟了禅的玄妙和茶道精神，并综合新罗元晓大师的茶禅一体、茶禅一如的思想，形成了自己的茶道理论；其精髓便是中正。1837 年，他在一枝庵著述韩国的茶叶专著《东茶颂》，其书为诗歌体裁；《东茶颂》总有 17 颂，内容包括茶树生长环境、栽培、茶树形象、茶的故事、韩国茶的优点、茶的功能和效能、茶道精神等。其《东茶颂》第 15 颂写道："中有玄微妙难显，真精莫教体神分。体神虽全犹恐过中正，中正不过健灵并。"集中体现了韩国茶道精神中的"中正"思想。"中正"的含义可以概括为：既不多余、又不缺少，万人平等，人后己，追思根源、回归自然。"中正"是韩国茶道精神的集大成说，故后人把草衣尊为韩国的茶圣。

近些年来，中、日、韩三国之间的茶道文化交流日趋活跃、繁荣，如 2011 年 11 月 5 日，于昆明恢弘启幕的的首届"大益嘉年华【茶之道】中日韩三国茶文化国际交流会"，便是备受瞩目、影响较大的一次。日本著名的"茶道三千家"中的里千家、表千家代表团，以及韩国摩诃禅茶院代表团、釜山女子大学代表团的茶道精英们，应中国茶道代表团——大益茶道院的邀请，与中国茶人一起探讨茶道文化精髓，上演了一场汇聚中外茶文化大美的国际交流盛会。在中国茶道"洁静正雅，守真益和"、日本茶道"和静清寂"和韩国茶道"和敬俭真"的精神指引下，传承了数千年的茶与茶文化正焕发出新的青春和生命力，散发出由内而外的美，一种体现了形体、气质与文化相结合的茶道之大美。

第四节
各国茶俗

一、英国※

英国素有“饮茶王国”之称。据统计，英国每年消耗近20万吨的茶叶，占世界茶叶贸易总量的20%，平均每10个英国人中便有8人饮茶，为西方各国之冠。作为传统的大众化饮料，英国茶可分为红茶、绿茶、花茶、茉莉花茶、浓茶、淡茶、柠檬茶。英国茶一般加牛奶，有时也加糖，但更多的是加上橙片、茉莉等制成所谓的伯爵红茶、茉莉红茶、果酱红茶、蜜蜂红茶等。同时，品茶时佐以饼干、甜点等茶点。茶点一般是现成的食品：面包、黄油、果酱、糕点和饼干，各种糕点比面包更受欢迎。在城镇的旅馆、茶馆或小吃馆、饭店、快餐馆均有茶水供应。

英国与中国同为饮茶大国，两者的茶文化各具特色，代表着东西方不同的饮茶风格。有意思的是，历史上从未种过一片茶叶的英国人，却用中国的舶来品创造了自己独特的品饮方式，以内涵丰富、形式优雅的“英式下午茶”享誉天下。如今，无论英式红茶、香草茶还是水果茶，世界各地的人们皆对其兴趣盎然。“英式下午茶”已成为英式典雅生活方式的象征。一首英国民谣就是这样唱的：“当时钟敲响四下时，世上的一切瞬间为茶而停。”

英国人每天喝茶的时间非常多，使外来者感觉英国人1/3的人生都消耗在

※“英国茶文化：英伦香飘下午茶”，载 http://www.fjdh.conywumin/2010/04/213307106477.html。

饮茶之中。清早刚一睁眼，即靠在床头享受一杯“床前茶”；早餐时再来一杯“早餐茶”；上午公务再繁忙，也得停顿20分钟啜口“工休茶”；下午下班前又到了喝茶吃甜点的固定时刻；回家后晚餐前再来一次傍晚茶（下午五六点之间，有肉食冷盘的正式茶点）；就寝前还少不了“告别茶”。英国人真正做到了每天的生活以茶开始，以茶结束，并乐此不疲。此外，英国还有名目繁多的茶宴、花园茶会以及周末郊游的野餐茶会，花样百出，让人应接不暇。

二、俄罗斯※

俄罗斯的茶叶源自中国，流传至今，上至总统，下至平民，饮茶成风，并逐步创造并拥有了自己独特的茶文化——俄罗斯“饮茶”。

从饮茶的品种来看，俄罗斯人酷爱红茶。有趣的是红茶在俄语里的表述是“黑茶”。从饮茶的味道看，俄国人更喜欢喝甜茶，喝红茶时习惯于加糖、柠檬片，有时也加牛奶。因而，在俄罗斯的茶文化中糖和茶密不可分，人们用（直译为“谢谢糖茶”）来表示对主人热情款待的谢意。从饮茶的具体方式看，俄罗斯人喝甜茶有三种方式：一是把糖放入茶水里，用勺搅拌后喝，这是最普遍的方式；二是将糖咬下一小块含在嘴里喝茶，此法多为老年人和农民所用；三是看糖喝茶，既不把糖搁到茶水里，也不含在嘴里，而是看着或想着糖喝茶。这其实常常是指在没有糖的情形下，喝茶人意念当中想着糖，一边品着茶，就会品出茶里的甜味。

值得一提的是，俄罗斯人还喜欢喝一种不加糖而加蜜的甜茶。在俄国的乡村，人们喜欢把茶水倒进小茶碟，而不是倒入茶碗或茶杯，手掌平放，托着茶碟，用茶勺送一口蜜进嘴里后含着，接着将嘴贴着茶碟边，带着响声一口一口地吮茶。喝茶人的脸被茶的热气烘得红扑扑的，透着无比的幸福与满足。这种喝茶的方式俄语中叫“用茶碟喝茶”。有时代替蜜的是自制果酱，喝法与伴蜜茶一样。在18～19世纪的俄国乡村，这是人们比较推崇的一种饮茶方式。

俄罗斯人重视饮茶，也就常常赋予饮茶以更多的文化内涵，从而使俄语里

※“俄罗斯饮茶文化”，载 http://baike.baidu.com/view/1055041.htm。

的“茶”一词有了更多的意义。俄罗斯人常以“请来喝杯茶”向友人发出作客的邀请，同时也是向对方表示友好诚意的一种最佳方式。另外，旧时俄国人有喝茶给小费的习惯，后来俄语这一表达方式转义表示在任何场合的“付小费”。

俄国有“无茶炊便不能算饮茶”的说法。茶炊在俄语中叫“沙玛瓦特”，大部分是相当精致的银制品。俄罗斯人喜爱摆上茶炊喝茶，这样的场合很多：当亲人朋友欢聚一堂时，当熟人或路人突然造访时；清晨早餐时，傍晚蒸浴后；炎炎夏日农忙季节的田头，大雪纷飞人马攒动的驿站；在幸福快乐欲与人分享时，在失落悲伤需要慰藉时；在平平常常的日子，在全民喜庆的佳节……不少俄国人家中有两个茶炊，一个在平常日子里用，另一个只在逢年过节的时候才用，后者一般放在客厅一角处专门用来搁置茶炊的小桌上。还有些人家专门辟出一间茶室，茶室中的主角非茶炊莫属。茶炊通常是铜制的，为了保持铜制品的光泽，主人用完后会给茶炊罩上专门用丝绒布缝制的套或蒙上罩布。

现代俄罗斯人的家庭生活中仍离不开茶炊，只是改成了电茶炊。电茶炊的中心部分已没有了盛木炭的直筒，也没有其他隔片。茶炊的主要用途变得单一，即烧开水。人们用瓷茶壶泡茶叶，茶叶量根据喝茶人数而定，一般一人一茶勺。泡茶 3 ~ 5 分钟之后，给每人杯中倒入适量泡好的浓茶叶，再从茶炊里接煮开的水入杯。在现代俄罗斯的城市家庭中，逐渐用茶壶代替茶炊，茶炊更多时候只起装饰品、工艺品的作用。每逢重大节日，俄罗斯人一定会把茶炊摆上餐桌，家人、亲朋好友围坐在茶炊旁饮茶。只有这样，节日的气氛、人间的亲情才能得以尽情渲染。而传统意义上的“围着茶炊饮茶”在俄罗斯乡村的木屋里一直流传至今。

三、土耳其※

土耳其地处亚洲小亚细亚和欧洲巴尔干岛东南，茶是当地人生活的必需品，土耳其语茶的发音与汉语相似，土耳其人与中国人一样热爱茶叶。早晨起床，未曾刷牙用餐，先得喝杯茶。通常在每天的早饭、午饭前后甚至是每一餐

※“土耳其茶俗”，载 http://www.lotour.com/snapshot/2005-1-23/snapshot_6571.shtml。

后，土耳其人都要喝两杯红茶，平均每天要喝 15 ~ 20 杯。而在黑海附近居住的土耳其人每餐都会将茶与食物一同食用。

与中国不同的是，土耳其并没有“茶艺”，喝茶也没有特别的仪式，但是土耳其人煮茶的方式很特别。煮茶时使用一大一小两把茶壶，在下面的大壶中注水，在上面的小壶内投入干茶叶，两把壶一同加热，待大茶壶中的水煮沸后，冲入放有干茶叶的小茶壶中，继续加热，加热时间要根据茶的质量和个人口味而定，茶水比为 1∶10。煮好茶后，将小茶壶中的浓茶倒入垫有小碟子的玻璃茶杯中，然后，将大茶壶中的沸水冲入杯中，依客人口味加入方糖，并用小茶匙搅拌至糖融化后饮用。

在土耳其，无论是大、中城市还是小城镇，到处都有茶馆，甚至点心店、小吃店也兼卖茶。别有情趣的是，凡在城市工作的人，只须一吹口哨，附近茶馆的服务员即手托精致茶盘，盘上放一杯热茶奉上。所以，城市里不但茶馆星罗棋布，而且到处都可以看到有走街串巷、挨门挨户送茶的服务员。至于车船码头还有专门卖茶的人，口中不断地喊着“刚煮的茶”来回卖。在学校教师办公室里，还专门安有一个电铃，教师若要喝茶，只要一按电铃，就会有人提着茶盘和杯子将茶送去。就连学生，在课间也可去学校专门开设的茶室里喝茶。总之，茶已渗透到土耳其的每个角落和各个阶层，成为一道颇具特色的生活景观。

四、摩洛哥※

茶经过丝绸之路传入阿拉伯世界，来到地处北非的摩洛哥；之后饮茶之风盛行，摩洛哥人一日三餐不离茶。摩洛哥人爱喝绿茶，从清晨起来就开始喝，一般要先喝完茶才吃早餐。中餐和晚餐也要喝煮好的清茶，饭后有时还要喝三道茶，而且茶量很大。一直以来，摩洛哥人的食物以牛羊肉和牛奶为主，喝茶可以帮助消化、消除疲劳，因此喝茶的人越来越多，逐渐成为社会习俗。摩洛哥人饮茶的习惯至今已有几个世纪的历史了。

※“茶风”，载 http://baike.baidu.com/view/1639029.htm#5。

摩洛哥人在招待亲朋好友时，会精心制作一杯飘着薄荷香味的清茶，他们把这视为很高的礼节。在节日宴会和社交活动等正式场合，还可用这种薄荷茶还可以以茶代酒。制作薄荷甜茶的方法十分讲究，需要把绿茶和新鲜的薄荷叶放在特制的铁壶里煮，直到汁水煮浓，再加入糖，一杯清香四溢的薄荷甜茶就制成了。薄荷茶在摩洛哥任何地方都可以找到，无论是沙漠中的绿洲还是海边小镇，无论是雪山餐馆还是城市街角，只要留心，都可以看见翠绿的身影，闻见迷人的清香。摩洛哥风景如画，在这样的背景下，摩洛哥翠绿的薄荷茶立即成为视觉图案的一部分、感官体验的点睛之笔。

五、法国

法国人接触茶叶，是中国茶传入荷兰后转销而来的。史载，1636 年饮茶风气虽在巴黎盛行，但直到 20 世纪初，普通法国人并不饮茶。只是到了近年，法国人养成午后饮茶习俗后，饮茶才在法国各阶层兴起。

法国人饮茶一般在下午四时半至五时半，有清饮和调饮两种。其中清饮和我国目前的饮茶方式相似；调饮则加方糖或新鲜薄荷叶，茶味甘甜。而无论清饮或调饮，均有各式甜糕饼佐茶。法国人喜欢喝红茶、绿茶、花茶和沱茶，而尤以绿茶为主流；名贵茶饮用者主要是上流社会人士，年轻人视茶为老派人物饮料，过去多拒之，近年大有改变；以茶代替可乐或牛奶者，已经大有人在，法国的茶室也已多过了餐饮店。

如今，法国是欧洲第四大饮茶国家，仅次于爱尔兰和英国，与德国不相上下。20 多年前法国人饮茶不太普遍，年输入茶叶约 8 000 吨。近年来茶叶消费量逐年上升，目前年增长约 3%，年进口达 14 000 吨，人均消费约 0.25kg。当前法国人对茶的认同程度比以往任何一个时期都要高。

拓展阅读

一、波士顿倾茶事件※

波士顿倾茶事件 (Boston Tea Party) 又称波士顿茶党事件，是1773年发生的北美殖民地波士顿人民反对英国东印度公司垄断茶叶贸易的事件。1773年，英国政府为倾销东印度公司的积存茶叶，通过了《救济东印度公司条例》。该条例给予东印度公司到北美殖民地销售积压茶叶的专有权，免缴高额的进口关税，只征收轻微的茶税，且明令禁止殖民地贩卖“私茶”。东印度公司因此垄断了北美殖民地的茶叶运销，其输入的茶叶价格较“私茶”便宜50%。该条例引起北美殖民地人民的极大愤怒，人们饮用的走私茶占消费量的90%。

当年11月，7艘大型商船浩浩荡荡开往殖民地，其中4艘开往波士顿，其他3艘分别开往纽约、查里斯顿和费城，船还没靠岸，报纸评论便充满了火药味。纽约、查里斯顿和费城三地的进口商失去了接货的勇气，数以吨计的茶叶不得不再被运回伦敦，而运往波士顿的4艘茶叶船命运更加悲惨。1773年12月16日，塞缪尔、亚当斯率领60名自由之子化装成印第安人潜入商船，把船上价值约1.5万英镑的342箱茶叶全部倒入大海，整个过程相当平和安静。不过此举被认为是对殖民政府的挑衅，英国政府派兵镇压，终于导致1775年4月美国独立战争的第一声枪响。

波士顿倾茶事件是一场由马塞诸塞波士顿居民对抗英国国会的政治示威。它是北美人民反对殖民统治暴力行动的开始，是美国革命的关键点之一，也是美国建国的主要国家神话之一。

※ “波士顿倾茶事件”，载 http://baike.baidu.com/view/26828.htm。

【复习题】

一、名词解释

1. 和、敬、清、寂
2. 一期一会
3. 独坐
4. 五行茶礼

二、简述题

1. 简述日本茶道的发展历程。
2. 简述韩国茶道精神的发展历史。
3. 简述英国喝茶文化的特色。

三、论述题

1. 试述中国茶道的对外传播概况。
2. 试比较一下中国茶道和日本茶道。

参考文献

[1] 吴远之，吴然．茶悟人生［M]. 西安：陕西人民出版社，2008.

[2] 吴坤雄．大益茶典［M]. 昆明：云南科学技术出版社，2009.

[3] 吴坤雄．那山，那茶，那歌［M]. 昆明：云南科学技术出版社，2007.

[4] 吴坤雄．享受大益［M]. 昆明：云南科学技术出版社，2007.

[5] 李少林，王达林．中国茶话全书［M]. 北京：北京燕山出版社，2007.

[6] 陈椽．茶业通史［M]. 第2版．北京：中国农业出版社，2008.

[7] 陈文华．中华茶文化基础知识［M]. 北京：中国农业出版社，2003.

[8] 丁以寿．中华茶道［M]. 合肥：安徽教育出版社，2008.

[9] 丁以寿．中华茶艺［M]. 合肥：安徽教育出版社，2008.

[10] 王玲．中国茶文化［M]. 北京：九州出版社，2009.

[11] 陈宗懋．中国茶经［M]. 上海：上海文化出版社出版，1992.

[12] 林治．中国茶道［M]. 北京：中国工商联合出版社，2000.

[13] 吴觉农．茶经述评［M]. 北京：中国农业出版社，2005.

[14] 刘勤晋．茶文化学［M]. 北京：中国农业出版社，2007.

[15] 滕军．日本茶道文化概论［M]. 上海：东方出版中心，1992.

[16] 冯友兰．中国哲学简史［M]. 上海：三联书店出版，2009.

[17] 徐秀棠．宜兴紫砂五百年［M]. 上海：上海辞书出版社，2009.

[18] 读图时代．中国现代茶具图鉴［M]. 北京：中国轻工出版社，2007.

[19] 王建荣．中国茶具百科［M]. 济南：山东科技出版社，2008.

[20] 董京泉．老子道德经新编［M]. 北京：中国社会科学出版社，2008.

[21] 许云峰，刘向阳. 茶韵禅风 [M]. 北京：农村读物出版社，2005.

[22] 康乃. 中国茶文化趣谈 [M]. 北京：中国旅游出版社，2006.

[23] 徐凤龙. 饮茶事典 [M]. 长春：吉林科技出版社，2006.

[24] 李莫森. 咏茶诗词曲赋鉴赏 [M]. 上海：上海社会科学出版社，2006.

[25] 陆羽. 茶经 [M]. 李勇，李艳华注. 北京：华夏出版社 2006.

[26] 胡付照. 紫砂茗壶文化价值研究 [M]. 北京：中国物资出版社，2009.

[27] 洪启嵩. 喝茶解禅 [M]. 上海：三联书店，2010.

[28] 关剑平. 禅茶：历史与现实 [M]. 杭州：浙江大学出版社，2011.

[29] 林瑞萱. 韩国茶道九讲 [M]. 台湾：武陵出版有限公司，2003.

[30] 袁培智. 道德经智慧 [M]. 北京：中国长安出版社，2009.

[31] 李泽厚. 论语今读 [M]. 桂林：广西师范大学出版社，2007.

[32] 雷原. 中国人的圣经——论语 [M]. 北京：北京大学出版社，2007.

[33] 于观亭. 中华茶人手册 [M]. 北京：中国林业出版社，1998.

[34] 巫灵青. 名人与茶 [J/OL]. 国际线上论坛，2006.

[35] 陈平原，凌云岚. 茶人茶话 [M]. 北京：三联书店，2007.

[36] 姚国坤. 图说中国茶 [M]. 上海：上海文化出版社，2007.

[37] 程启坤，姚国坤，张莉颖. 茶及茶文化二十一讲 [M]. 上海：上海文化出版社，2010.

[38] 威廉 · 乌克斯. 茶叶全书 [M]. 北京：东方出版社，2011.